U0263095

变分方法理论及应用

（第二版）

宋叔尼　　张国伟　编著

科学出版社

北京

内 容 简 介

本书第 1～5 章是变分方法所需要的泛函分析基础内容；第 6 章主要介绍了相互等价的 Ekeland 变分原理与 Caristi 不动点定理，侧重于变分原理与不动点理论之间的关系；第 7～8 章是 Sobolev 空间和 Banach 空间中微分学的基本知识，同时讨论了 Poisson 方程与泛函极值问题的互相转化；第 9～10 章的重点是临界点理论和泛函极值问题，分别用 Ekeland 变分原理和下降流线方法给出了著名的山路定理，应用山路定理和最小作用原理研究二阶半线性椭圆方程边值问题，同时包括与单调梯度映射相关的变分方法；最后第 11 章致力于变分方法在具体工程问题中的应用.

本书的内容适用于数学类相关研究人员、研究生和高年级本科生阅读，也可供相应的工程类研究人员参考.

图书在版编目（CIP）数据

变分方法理论及应用/宋叔尼，张国伟编著. —2 版. —北京：科学出版社，2018.8
ISBN 978-7-03-058557-8

Ⅰ.①变… Ⅱ.①宋… ②张… Ⅲ.①变分法-研究 Ⅳ.①O176

中国版本图书馆 CIP 数据核字（2018）第 191841 号

责任编辑：张中兴 梁 清/责任校对：张凤琴
责任印制：赵 博/封面设计：迷底书装

科学出版社 出版

北京东黄城根北街 16 号
邮政编码：100717
http://www.sciencep.com

天津市新科印刷有限公司印刷
科学出版社发行 各地新华书店经销
*

2012 年 9 月第 一 版 开本：B5（720×1000）
2018 年 8 月第 二 版 印张：11
2025 年 5 月第七次印刷 字数：221 000

定价：49.00 元
（如有印装质量问题，我社负责调换）

第二版前言

我们在第二版对在第一版中发现的疏漏之处进行了修改,并采纳了一些读者提出的建议,谨向他们表示感谢. 同时对部分内容进行了增删.

欢迎读者对书中的错误和不足之处提出宝贵意见,如有赐教,作者不胜感激,请将内容发至邮箱 gwzhang@mail.neu.edu.cn.

作　者

2018 年 1 月于东北大学

第一版前言

变分方法是非线性分析的重要部分之一,起源于 J. Bernoulli 提出的最速下降线问题,目前已经成为解决某些数学物理和工程问题的基本方法. 它的主要内容包含着两个相反的方面,一方面是研究泛函的极值或极值点,转化为求解微分方程(即相应的 Euler 方程)问题;另一方面是研究具有变分结构的微分方程,转化为求泛函的极值点或临界点(即可微泛函导数值为零的点).

本书第 1~5 章是变分方法所需要的泛函分析基础内容;第 6 章主要介绍了相互等价的 Ekeland 变分原理与 Caristi 不动点定理,侧重于变分原理与不动点理论之间的关系;第 7~8 章是 Sobolev 空间和 Banach 空间中微分学的基本知识,同时讨论了 Poisson 方程与泛函极值问题的互相转化;第 9~10 章的重点是临界点理论和泛函极值问题,分别用 Ekeland 变分原理和下降流线方法给出了著名的山路定理,应用山路定理和最小作用原理研究二阶半线性椭圆方程边值问题,同时包括与单调梯度映射相关的变分方法;最后第 11 章致力于变分方法在具体工程问题中的应用.

本书的内容适用于数学类相关研究人员、研究生和高年级本科生阅读,也可供相应的工程类研究人员参考.

感谢刘静宜和赵文静两位老师在我们写作过程中提出的很多宝贵意见和建议,同时也感谢科学出版社的大力支持. 本书的出版得到东北大学"变分方法的理论及应用"出版立项及辽宁省自然科学基金的资助.

欢迎读者对书中的不足之处给予批评和建议,如有赐教,作者不胜感激,请将内容发至邮箱 d. mathneu@yahoo. com. cn.

作　者

2012 年 7 月于东北大学

目　　录

第1章 度量空间的完备性与紧性

1.1 完备的度量空间与压缩映射原理

设 X 是非空集合,如果映射 $d(\cdot,\cdot):X\times X\to\mathbf{R}^1$ 满足下列条件(称为**度量公理**):

(1) **正定性** $d(x,y)\geqslant0,\forall x,y\in X$,且 $d(x,y)=0\Leftrightarrow x=y$;

(2) **对称性** $d(y,x)=d(x,y),\forall x,y\in X$;

(3) **三角不等式** $d(x,y)\leqslant d(x,z)+d(z,y),\forall x,y,z\in X.$

则称 $d(\cdot,\cdot)$ 是 X 上的**度量函数**或**距离函数**,非负实数 $d(x,y)$ 称为两点 $x,y\in X$ 之间的距离. 定义了距离的集合称为**度量空间**或**距离空间**,记作 (X,d). 如果不需要特别指明度量,简记为 X.

如果 X_1 是度量空间 (X,d) 的非空子集,显然 $d(\cdot,\cdot)$ 也是 X_1 上的度量函数,这时称 (X_1,d) 是 (X,d) 的**子空间**.

设 $\{x_n\mid n\in\mathbf{N}\}$ 是度量空间 (X,d) 中的点列,$x_0\in X$. 如果 $d(x_n,x_0)\to0(n\to\infty)$,则称点列 $\{x_n\}$ 收敛于 x_0,也称 x_0 是点列 $\{x_n\}$ 的极限,记作 $x_n\to x_0(n\to\infty)$ 或 $\lim\limits_{n\to\infty}x_n=x_0$.

在度量空间 (X,d) 中有如下一些结论(见参考文献[1]). 点列 $\{x_n\}$ 的极限具有唯一性. 如果点列 $\{x_n\}$ 收敛于 x_0,则 $\{x_n\}$ 的任意子列 $\{x_{n_k}\}$ 也收敛于 x_0. 在度量空间 (X,d) 中可以定义邻域、内点、边界点、聚点和开集、闭集、闭包等概念. 设 F 是度量空间 X 中的子集,则 F 是闭集当且仅当对 F 中的任意点列 $\{x_n\}$,如果 $x_n\to x_0$,那么 $x_0\in F$. 设 $x_0\in X$,F 是度量空间 (X,d) 中的非空闭子集. 如果 $x_0\notin F$,则 x_0 到 F 的距离 $d(x_0,F)=\inf\limits_{x\in F}d(x_0,x)>0.$

定义 1.1 度量空间 (X,d) 中的点列 $\{x_n\}$ 称为 **Cauchy 列**,是指 $d(x_n,x_m)\to0$ $(n,m\to\infty)$,即 $\forall\varepsilon>0$,存在正整数 N,当 $n,m>N$ 时,$d(x_n,x_m)<\varepsilon$. 若 (X,d) 中所有的 Cauchy 列都收敛到 X 中的点,则称 (X,d) 是**完备的**.

例 1.1 度量空间 $(\mathbf{R}^n,d)$ 是完备的,其中 d 表示 Euclid 距离.

证明 $(\mathbf{R}^n,d)$ 是度量空间(详细证明可参见参考文献[1]中命题 1.1).

设 $\{x_m\}\subset(\mathbf{R}^n,d)$ 是 Cauchy 列,即 $x_m=(x_1^{(m)},x_2^{(m)},\cdots,x_n^{(m)})(m=1,2,\cdots)$,并且 $\forall\varepsilon>0$,存在正整数 N,当 $m,k>N$ 时,有

$$d(x_m, x_k) = \Big[\sum_{l=1}^{n} (x_l^{(m)} - x_l^{(k)})^2 \Big]^{\frac{1}{2}} < \varepsilon. \tag{1.1}$$

对给定 $1 \leqslant l \leqslant n$，有 $|x_l^{(m)} - x_l^{(k)}| \leqslant d(x_m, x_k) < \varepsilon$. 所以可设 $x_l^{(m)} \to x_l^{(0)}$ ($m \to \infty$). 显然 $x_0 = (x_1^{(0)}, x_2^{(0)}, \cdots, x_n^{(0)}) \in \mathbf{R}^n$. 在(1.1)式中令 $k \to \infty$，可得 $d(x_m, x_0) \leqslant \varepsilon$（证明见参考文献[1]中命题 1.2）. 因此 $x_m \to x_0 (m \to \infty)$，故 $(\mathbf{R}^n, d)$ 是完备的. ■

如果在 $\mathbf{R}^n$ 中定义度量

$$d_1(x, y) = \sum_{k=1}^{n} |x_k - y_k|$$

或

$$d_2(x, y) = \max_{1 \leqslant k \leqslant n} |x_k - y_k|, x = (x_1, x_2, \cdots, x_n), y = (y_1, y_2, \cdots, y_n) \in \mathbf{R}^n,$$

容易证明 $(\mathbf{R}^n, d_1)$ 和 $(\mathbf{R}^n, d_2)$ 都是完备的.

例 1.2　如果在 $C[a, b]$ 中定义 $d(x, y) = \max\limits_{a \leqslant t \leqslant b} |x(t) - y(t)|$，$\forall x, y \in C[a, b]$，则 $C[a, b]$ 是完备的度量空间.

证明　易证 $d(x, y)$ 是 $C[a, b]$ 上的度量函数，并且当 $x_n, x_0 \in C[a, b]$ ($n = 1, 2, \cdots$) 时，$x_n \to x_0 \Leftrightarrow x_n(t)$ 在 $[a, b]$ 上一致收敛到 $x_0(t)$.

如果 $\{x_n\}$ 是空间 $C[a, b]$ 中的 Cauchy 列，则 $\forall \varepsilon > 0$，存在正整数 N，当 $n, m > N$ 时，$\max\limits_{a \leqslant t \leqslant b} |x_n(t) - x_m(t)| < \varepsilon$，即 $|x_n(t) - x_m(t)| < \varepsilon$，$\forall t \in [a, b]$. 故 $x_n(t)$ 在 $[a, b]$ 上一致收敛到连续函数 $x_0(t)$，从而 $x_n \to x_0 (n \to \infty)$，于是 $C[a, b]$ 是完备的度量空间. ■

例 1.3　设 $L^p[a, b] = \Big\{ x \mid \int_a^b |x(t)|^p \mathrm{d}t < +\infty \Big\}$ ($1 \leqslant p < +\infty$)，其中几乎处处相等的函数看作同一个元素. 定义 $d(x, y) = \Big[\int_a^b |x(t) - y(t)|^p \mathrm{d}t \Big]^{\frac{1}{p}}$，$\forall x, y \in L^p[a, b]$，则 $L^p[a, b]$ 是完备的度量空间.

证明　首先证明 $L^p[a, b]$ 是线性空间，从而 $d(x, y)$ 有意义. 事实上，设 α, β 为实数，$x, y \in L^p[a, b]$. 由于对 $p \geqslant 1$，$f(t) = t^p$ 是 $[0, +\infty)$ 上的凸函数，所以当 $u, v \geqslant 0$ 时，

$$\left| \frac{\alpha u + \beta v}{2} \right|^p \leqslant \left(\frac{|\alpha u| + |\beta v|}{2} \right)^p = f\left(\frac{|\alpha u| + |\beta v|}{2} \right)$$

$$\leqslant \frac{f(|\alpha u|) + f(|\beta v|)}{2} = \frac{|\alpha u|^p + |\beta v|^p}{2},$$

$$|\alpha u + \beta v|^p \leqslant 2^{p-1}(|\alpha|^p |u|^p + |\beta|^p |v|^p),$$

故

$$\int_a^b |\alpha x(t) + \beta y(t)|^p \mathrm{d}t \leqslant 2^{p-1} \Big(|\alpha|^p \int_a^b |x(t)|^p \mathrm{d}t + |\beta|^p \int_a^b |y(t)|^p \mathrm{d}t \Big) < +\infty.$$

从而 $L^p[a, b]$ 是线性空间.

下证 $d(x,y)$ 是 $L^p[a,b]$ 上的度量函数. 为此需要首先证明 Hölder 不等式和 Minkowski 不等式.

Hölder 不等式

设 $\dfrac{1}{p}+\dfrac{1}{q}=1, p>1, q>1$（称 p 和 q 为一对共轭数），则有 Hölder 不等式（$p=q=2$ 时称为 Cauchy 不等式）如下：

$$\int_a^b |x(t)y(t)|\,\mathrm{d}t \leqslant \left(\int_a^b |x(t)|^p\mathrm{d}t\right)^{\frac{1}{p}} \left(\int_a^b |y(t)|^q\mathrm{d}t\right)^{\frac{1}{q}}, \forall x \in L^p[a,b], y \in L^q[a,b].$$

事实上，因为 $g(t)=\mathrm{e}^t$ 是凸函数，所以当 $u,v>0$ 时，

$$u^{\frac{1}{p}}v^{\frac{1}{q}} = \mathrm{e}^{\frac{1}{p}\ln u+\frac{1}{q}\ln v} = g\left(\frac{1}{p}\ln u+\frac{1}{q}\ln v\right)$$

$$\leqslant \frac{1}{p}g(\ln u)+\frac{1}{q}g(\ln v) = \frac{u}{p}+\frac{v}{q},$$

即有 Young 不等式

$$u^{\frac{1}{p}}v^{\frac{1}{q}} \leqslant \frac{u}{p}+\frac{v}{q}(u,v \geqslant 0). \tag{1.2}$$

如果 $\displaystyle\int_a^b |x(t)|^p\mathrm{d}t = 0$ 或 $\displaystyle\int_a^b |y(t)|^q\mathrm{d}t = 0$，Hölder 不等式显然成立. 否则取

$$u = |x(t)|^p\left(\int_a^b |x(t)|^p\mathrm{d}t\right)^{-1}, \quad v = |y(t)|^q\left(\int_a^b |y(t)|^q\mathrm{d}t\right)^{-1}.$$

代入到 (1.2) 式中再积分即得 Hölder 不等式.

Minkowski 不等式

设 $p \geqslant 1, \forall x,y \in L^p[a,b]$,

$$\left(\int_a^b |x(t)+y(t)|^p\mathrm{d}t\right)^{\frac{1}{p}} \leqslant \left(\int_a^b |x(t)|^p\mathrm{d}t\right)^{\frac{1}{p}} + \left(\int_a^b |y(t)|^p\mathrm{d}t\right)^{\frac{1}{p}}.$$

当 $p=1$ 时，不等式显然成立. 当 $p>1$ 时，由于 $x+y \in L^p[a,b]$，则 $|x+y|^{\frac{p}{q}} \in L^q[a,b]$. 于是由 Hölder 不等式

$$\int_a^b |x(t)+y(t)|^p\mathrm{d}t$$

$$= \int_a^b |x(t)+y(t)||x(t)+y(t)|^{p-1}\mathrm{d}t$$

$$\leqslant \int_a^b |x(t)||x(t)+y(t)|^{\frac{p}{q}}\mathrm{d}t + \int_a^b |y(t)||x(t)+y(t)|^{\frac{p}{q}}\mathrm{d}t$$

$$\leqslant \left[\left(\int_a^b |x(t)|^p\mathrm{d}t\right)^{\frac{1}{p}} + \left(\int_a^b |y(t)|^p\mathrm{d}t\right)^{\frac{1}{p}}\right]\left(\int_a^b |x(t)+y(t)|^p\mathrm{d}t\right)^{\frac{1}{q}}.$$

从而 Minkowski 不等式得证.

利用 Minkowski 不等式，易证 $d(x,y)$ 是度量函数.（完备性的证明见参考文

献[2].)

例 1.4 设 $l^p = \left\{ x = (x_1, x_2, \cdots, x_n, \cdots) \mid \sum\limits_{n=1}^{\infty} |x_n|^p < +\infty \right\} (1 \leqslant p < +\infty)$,

易见 l^p 是线性空间,定义 $d(x,y) = \left(\sum\limits_{n=1}^{\infty} |x_n - y_n|^p \right)^{\frac{1}{p}}, \forall x, y \in l^p$. 设 $\dfrac{1}{p} + \dfrac{1}{q} = 1, p > 1, q > 1$, 有离散形式的 Hölder 不等式($p = q = 2$, 并且为有限和时称为 Cauchy 不等式)

$$\sum_{n=1}^{\infty} |x_n y_n| \leqslant \left(\sum_{n=1}^{\infty} |x_n|^p \right)^{\frac{1}{p}} \left(\sum_{n=1}^{\infty} |y_n|^q \right)^{\frac{1}{q}}, \forall x \in l^p, y \in l^q,$$

离散形式的 Minkowski 不等式

$$\left(\sum_{n=1}^{\infty} |x_n + y_n|^p \right)^{\frac{1}{p}} \leqslant \left(\sum_{n=1}^{\infty} |x_n|^p \right)^{\frac{1}{p}} + \left(\sum_{n=1}^{\infty} |y_n|^p \right)^{\frac{1}{p}}, \forall x, y \in l^p.$$

易证 $d(x,y)$ 是 l^p 上的度量函数,可以证明 (l^p, d) 是完备的度量空间(见参考文献[1]).

例 1.5 设 $L^\infty[a,b]$ 表示 $[a,b]$ 上本性有界函数的全体,即在 $[a,b]$ 中去掉某个零测度集以后有界的可测函数集合,在 $L^\infty[a,b]$ 中将几乎处处相等的函数看作同一个函数. 易见 $L^\infty[a,b]$ 是线性空间,定义

$$d(x,y) = \inf_{\substack{\mu E_0 = 0 \\ E_0 \subset [a,b]}} \left\{ \sup_{t \in [a,b] \backslash E_0} |x(t) - y(t)| \right\}$$

$$= \operatorname*{varisup}_{t \in [a,b]} |x(t) - y(t)|, \forall x, y \in L^\infty[a,b].$$

$d(x,y)$ 是 $L^\infty[a,b]$ 上的度量函数,可以证明 $(L^\infty[a,b], d)$ 是一个完备的度量空间(见参考文献[2]).

例 1.6 设 $l^\infty = \{ x = (x_1, x_2, \cdots, x_n, \cdots) \mid \sup\limits_{n \geqslant 1} |x_n| < +\infty \}$, 即 l^∞ 是有界数列的集合,易见 l^∞ 是线性空间. 定义 $d(x,y) = \sup\limits_{n \geqslant 1} |x_n - y_n|, \forall x, y \in l^\infty$, $d(x,y)$ 是 l^∞ 上的度量函数,可以证明 (l^∞, d) 是完备的度量空间(见参考文献[3]).

容易证明完备度量空间的闭子空间也是完备的.

定理 1.1(Cantor 定理)　设 (X,d) 是完备度量空间,$\{M_n\}$ 是 X 中的一列非空闭集,满足 $M_1 \supset M_2 \supset \cdots \supset M_n \supset \cdots$. 记 M_n 的直径为 $\delta(M_n) = \sup\limits_{x,y \in M_n} d(x,y)$, 如果 $\lim\limits_{n \to \infty} \delta(M_n) = 0$, 则存在唯一的元素 $x \in \bigcap\limits_{n=1}^{\infty} M_n$.

证明　存在性. 取 $x_n \in M_n$, 当 $m > n$ 时,因为 $d(x_m, x_n) \leqslant \delta(M_n) \to 0 (n \to \infty)$, 所以 $\{x_n\}$ 是 X 中的 Cauchy 列,于是可设 $x_n \to x$. 而对任意的 n, 当 $m > n$ 时,$x_m \in M_n$, 由于 M_n 是闭集,令 $m \to \infty$, 可得 $x \in M_n$, 即 $x \in \bigcap\limits_{n=1}^{\infty} M_n$.

唯一性. 如果 $x, y \in \bigcap\limits_{n=1}^{\infty} M_n$, 则对任意的 $n, x, y \in M_n$, 所以 $d(x,y) \leqslant \delta(M_n) \to 0$

$(n \to \infty)$，因此 $x = y$.　　　　　　　　　　　　　　　　　　■

定义 1.2　设 (X, d_1) 和 (Y, d_2) 都是度量空间，映射 $T : (X, d_1) \to (Y, d_2)$ 称为**在点 $x_0 \in X$ 连续**，如果对于 X 中任意收敛于 x_0 的点列 $\{x_n\}$，即 $d_1(x_n, x_0) \to 0$，Y 中的相应点列 $\{Tx_n\}$ 收敛于 Tx_0，即 $d_2(Tx_n, Tx_0) \to 0$. 如果 T 在 X 中的每一点都连续，则称 T 是 X 上的**连续映射**.

易见 $T : (X, d_1) \to (Y, d_2)$ 在点 $x_0 \in X$ 连续的充分必要条件是 $\forall \varepsilon > 0$，存在 $\delta > 0$，使得当 $d_1(x, x_0) < \delta$ 时，$d_2(Tx, Tx_0) < \varepsilon$.

定义 1.3　设 (X, d) 是度量空间，映射 $T : (X, d) \to (X, d)$ 称为**压缩映射**，如果存在常数 $0 \leqslant \alpha < 1$，使得 $\forall x, y \in X, d(Tx, Ty) \leqslant \alpha d(x, y)$，其中 α 称为**压缩常数**.

易见压缩映射在 X 上是连续的.

例 1.7　设 $X = [a, b]$，$T(x)$ 是 $[a, b]$ 上的可微函数. 如果 $T(x) \in [a, b], \forall x \in [a, b]$，且 $|T'(x)| \leqslant \alpha < 1$，则 T 是压缩映射.

设 X 是非空集合，$x \in X$ 称为映射 $T : X \to X$ 的**不动点**，是指 $Tx = x$.

定理 1.2（Banach 不动点定理-压缩映射原理，1922）　设 (X, d) 是完备的度量空间，$T : (X, d) \to (X, d)$ 是压缩映射，则 T 在 X 中存在唯一的不动点，并且 $\forall x_0 \in X$，由 $x_{n+1} = Tx_n (n = 0, 1, 2, \cdots)$ 定义的迭代序列 $\{x_n\}$ 收敛到该不动点.

证明　设 $x_{n+1} = Tx_n (n = 0, 1, 2, \cdots)$. 对任意正整数 p，

$$d(x_{n+p}, x_n) \leqslant \sum_{k=n}^{n+p-1} d(x_{k+1}, x_k) \leqslant \sum_{k=n}^{n+p-1} \alpha^k d(x_1, x_0) \leqslant \frac{\alpha^n}{1-\alpha} d(x_1, x_0) \to 0 (n \to \infty),$$

所以 $\{x_n\}$ 是 Cauchy 列. 由空间的完备性，存在 $x^* \in X$，使得 $x_n \to x^*$. 由于压缩映射是连续的，对 $x_{n+1} = Tx_n$，令 $n \to \infty$，得 $x^* = Tx^*$，即 x^* 是 T 的不动点.

如果 $x^{**} \in X$，使得 $x^{**} = Tx^{**}$，则 $d(x^*, x^{**}) = d(Tx^*, Tx^{**}) \leqslant \alpha d(x^*, x^{**})$，可见 $d(x^*, x^{**}) = 0$，即 $x^* = x^{**}$.　　　　　　　　■

例 1.8（Picard 定理）　考虑常微分方程初值问题

$$\begin{cases} \dfrac{\mathrm{d}x}{\mathrm{d}t} = f(t, x(t)), \\ x(0) = x_0. \end{cases} \tag{1.3}$$

如果 $f(t, x)$ 在 $[-h, h] \times [x_0 - \delta, x_0 + \delta]$ $(h > 0, \delta > 0)$ 上连续不恒为零，且关于 x 满足 Lipschitz 条件，即存在常数 $L > 0$，使得 $\forall x_1, x_2 \in [x_0 - \delta, x_0 + \delta]$，有

$$|f(t, x_1) - f(t, x_2)| \leqslant L |x_1 - x_2|, \forall t \in [-h, h],$$

则存在 $h_1 \in (0, h)$，使得初值问题 (1.3) 在 $[-h_1, h_1]$ 上存在唯一解.

证明　取 $h_1 > 0$ 满足 $h_1 < \min \left\{ h, \dfrac{\delta}{M}, \dfrac{1}{L} \right\}$，其中

$$M > \max \{ |f(t, x)| \, | \, (t, x) \in [-h, h] \times [x_0 - \delta, x_0 + \delta] \}.$$

初值问题 (1.3) 在 $[-h_1, h_1]$ 上的解等价于积分方程

$$x(t) = x_0 + \int_0^t f(\tau, x(\tau)) d\tau$$

在$[-h_1, h_1]$上的连续函数解.

取$\overline{B}(x_0, \delta) = \{x \in C[-h_1, h_1] \mid d(x, x_0) = \max\limits_{t \in [-h_1, h_1]} |x(t) - x_0| \leqslant \delta\}$, 则$\overline{B}(x_0, \delta)$是$C[-h_1, h_1]$的闭子空间, 从而是完备的. 定义映射 T 为

$$(Tx)(t) = x_0 + \int_0^t f(\tau, x(\tau)) d\tau, \forall x \in \overline{B}(x_0, \delta).$$

由于

$$d(Tx, x_0) = \max_{t \in [-h_1, h_1]} |(Tx)(t) - x_0| = \max_{t \in [-h_1, h_1]} \left| \int_0^t f(\tau, x(\tau)) d\tau \right| \leqslant h_1 M \leqslant \delta,$$

故 $T : \overline{B}(x_0, \delta) \to \overline{B}(x_0, \delta)$. 因为 $\forall x, y \in \overline{B}(x_0, \delta)$,

$$\begin{aligned}
d(Tx, Ty) &= \max_{t \in [-h_1, h_1]} |(Tx)(t) - (Ty)(t)| \\
&= \max_{t \in [-h_1, h_1]} \left| \int_0^t [f(\tau, x(\tau)) - f(\tau, y(\tau))] d\tau \right| \\
&\leqslant h_1 \max_{t \in [-h_1, h_1]} |f(t, x(t)) - f(t, y(t))| \\
&\leqslant L h_1 \max_{t \in [-h_1, h_1]} |x(t) - y(t)| = L h_1 d(x, y),
\end{aligned}$$

而 $Lh_1 < 1$, 所以 T 是压缩映射. 根据 Banach 不动点定理, T 在 $\overline{B}(x_0, \delta)$ 中存在唯一不动点 x^*, 即 $x^*(t) = x_0 + \int_0^t f(\tau, x^*(\tau)) d\tau$, 故 $x^*(t)$ 是初值问题(1.3)在$[-h_1, h_1]$唯一解.

同时, 由 $x_{n+1}(t) = x_0 + \int_0^t f(\tau, x_n(\tau)) d\tau (n = 0, 1, 2, \cdots)$, 其中 $x_0(t) \equiv x_0$, 得到的函数列$\{x_n(t)\}$在$[-h_1, h_1]$一致收敛到 $x^*(t)$. ■

1.2　空间的完备化

在 Banach 不动点定理中, 对空间(X, d)完备性要求是不可缺少的. 例如 $T(x) = \frac{1}{2}\sqrt{x+1}$在$[0, 1]$上有定义, 并且有唯一的不动点 $x_0 = (\sqrt{17} + 1)/8$. 然而若取 $X = [0, 1] \backslash \{x_0\}$, 那么 $T : X \to X$ 是压缩映射, 但 T 在 X 中没有不动点. 另外空间的完备性与空间中的度量也有关. 例如在 $C[0, 1]$中赋予度量

$$d_1(x, y) = \int_0^1 |x(t) - y(t)| dt, \forall x, y \in C[0, 1],$$

则$(C[0, 1], d_1)$不是完备的. 事实上, 取函数列 $x_n(t) (n \geqslant 2)$如下:

$$x_n(t) = \begin{cases} 0, & t \in \left[0, \frac{1}{2}\right), \\ n\left(t - \frac{1}{2}\right), & t \in \left(\frac{1}{2}, \frac{1}{2} + \frac{1}{n}\right], \\ 1, & t \in \left(\frac{1}{2} + \frac{1}{n}, 1\right]. \end{cases}$$

显然 $x_n \in C[0,1]$，并且 $\forall \varepsilon > 0$，当 $n, m > \frac{1}{\varepsilon}$ 时，$d_1(x_n, x_m) < \varepsilon$. 实际上 $d_1(x_n, x_m)$ 即是 $x_n(t)$ 与 $x_m(t)$ 所围图形的面积. 所以 $\{x_n\}$ 是 $(C[0,1], d_1)$ 中的 Cauchy 列. 假若存在 $x_0 \in C[0,1]$，使得 $d_1(x_n, x_0) \to 0$. 由于

$$\int_0^1 |x_n(t) - x_0(t)|\, \mathrm{d}t$$

$$= \int_0^{\frac{1}{2}} |x_0(t)|\, \mathrm{d}t + \int_{\frac{1}{2}}^{\left(\frac{1}{2} + \frac{1}{n}\right)} |x_n(t) - x_0(t)|\, \mathrm{d}t + \int_{\left(\frac{1}{2} + \frac{1}{n}\right)}^1 |1 - x_0(t)|\, \mathrm{d}t,$$

令 $n \to \infty$，那么 $0 = \int_0^{\frac{1}{2}} |x_0(t)|\, \mathrm{d}t + \int_{\frac{1}{2}}^1 |1 - x_0(t)|\, \mathrm{d}t$，从而

$$\int_0^{\frac{1}{2}} |x_0(t)|\, \mathrm{d}t = 0, \quad \int_{\frac{1}{2}}^1 |1 - x_0(t)|\, \mathrm{d}t = 0.$$

于是

$$x_0(t) = \begin{cases} 0, & t \in \left[0, \frac{1}{2}\right), \\ 1, & t \in \left(\frac{1}{2}, 1\right]. \end{cases}$$

与 $x_0 \in C[0,1]$ 矛盾.

定义 1.4 设 (X, d) 和 (X_1, d_1) 是度量空间. 如果存在映射 $\varphi: X \to X_1$，满足

(1) φ 是满射；

(2) $d_1(\varphi(x), \varphi(y)) = d(x, y)$，$\forall x, y \in X$（可见 φ 也是单射）. 则称 (X, d) 与 (X_1, d_1) **等距**，φ 称为**等距映射**.

如果度量空间 (X, d) 与度量空间 (X_1, d_1) 的一个子空间 (X_0, d_1) 等距，则称 (X, d) 可以等距嵌入到 (X_1, d_1). 在等距的意义下，(X, d) 可以看做是 (X_1, d_1) 的子空间，记作 $(X, d) \subset (X_1, d_1)$.

定义 1.5 设 (X, d) 是度量空间，集合 $E \subset X$ 称为在 X 中**稠密**，如果 $\overline{E} = X$，也即是 $\forall x \in X$，存在点列 $\{x_n\} \subset E$，使得 $x_n \to x$.

关于稠密性，容易证明有下面两个等价条件：

(1) $\forall x \in X$，$\forall \varepsilon > 0$，存在 $y \in E$，使得 $d(x, y) < \varepsilon$；

(2) $\forall \varepsilon > 0$，$\bigcup_{y \in E} \{x \in X \mid d(x, y) < \varepsilon\} \supset X$，即覆盖.

显然有理数集和无理数集在实数集中稠密.

例 1.9　$[a,b]$上的多项式的全体记作 $P[a,b]$,则根据 Weierstrass 定理可知 $P[a,b]$在 $C[a,b]$中稠密.

定理 1.3　对每一个度量空间(X,d),都存在一个完备的度量空间(X_1,d_1), 使得(X,d)等距于(X_1,d_1)的一个稠密子空间,并且在等距的意义下,(X_1,d_1)是唯一的.

此时称(X_1,d_1)是(X,d)的**完备化空间**(定理证明见参考文献[4]).

例 1.10　$C[0,1]$在度量$d_1(x,y)=\int_0^1|x(t)-y(t)|\,\mathrm{d}t,\forall x,y\in C[0,1]$下的完备化空间是 $L^1[0,1]$.

证明见参考文献[1]中定理 3.11.

1.3　紧性与可分性

定义 1.6　设(X,d)是度量空间,$A\subset X$. 如果 A 中的任意无穷点列都存在收敛子列,则称 A 是(X,d)中的**列紧集**(也称**相对紧集**).

命题 1.1　$\mathbf{R}^n$ 中的有界集合是列紧的.

证明见参考文献[4]. 但是并不是任何度量空间中的有界集合都是列紧的.

例 1.11　设函数列 $x_n(t)=\begin{cases}1-nt, & t\in\left[0,\dfrac{1}{n}\right], \\ 0, & t\in\left(\dfrac{1}{n},1\right].\end{cases}$ 显然 $x_n\in C[0,1]$. 由于 $\max\limits_{0\leqslant t\leqslant 1}|x_n|=1$,所以 $\{x_n\}$ 是有界的. 如果存在 $x_0\in C[0,1]$,使得 $\{x_n\}$ 的某一子列 $\{x_{n_k}\}$ 收敛到 x_0,则 $x_0(t)=\begin{cases}1, & t=0, \\ 0, & t\in(0,1].\end{cases}$ 与 $x_0\in C[0,1]$矛盾,所以 $\{x_n\}$ 不是列紧的. ∎

定义 1.7　设(X,d)是度量空间,$M\subset X$. 如果对给定的 $\varepsilon>0$,存在集合 $A\subset M$,使得 $\forall x\in M$,存在 $y\in A$,满足 $d(x,y)<\varepsilon$,则称 A 是 M 的一个 **ε 网**. 如果 A 是有限集合,则称 A 是 M 的一个**有限 ε 网**.

显然,如果 A 是 M 的一个 ε 网,则 $M\subset\bigcup\limits_{y\in A}\{x\in X\,|\,d(x,y)<\varepsilon\}$. 可见如果 M 存在有限 ε 网,那么 M 有界.

定理 1.4(Hausdorff)　在完备度量空间(X,d)中,M 是列紧集当且仅当 $\forall\varepsilon>0,M$ 存在有限 ε 网.

证明　设 M 是列紧的,但是存在 $\varepsilon_0>0$,使得 M 不存在有限 ε_0 网. 取 $x_1\in M$,存在 $x_2\in M$,使得 $d(x_1,x_2)\geqslant\varepsilon_0$,即 $x_2\in M\backslash B(x_1,\varepsilon_0)$. 同理可知存

在 $x_3 \in M \backslash (B(x_1, \varepsilon_0) \bigcup B(x_2, \varepsilon_0))$, 依此下去, 存在 $x_{n+1} \in M \backslash \left(\bigcup\limits_{k=1}^{n} B(x_k, \varepsilon_0) \right)$. 显然点列 $\{x_n\} \subset M$, 并且 $d(x_n, x_m) \geqslant \varepsilon_0 (n \neq m)$, $\{x_n\}$ 没有收敛子列, 与 M 列紧矛盾.

设 $\forall \varepsilon > 0$, M 存在有限 ε 网. 取无穷的序列 $\{x_n\} \subset M$, 对有限的 1 网, 存在 $y_1 \in M$ 及 $\{x_n\}$ 的无穷子列 $\{x_n^{(1)}\} \subset B(y_1, 1)$. 对有限的 $\frac{1}{2}$ 网, 存在 $y_2 \in M$ 及 $\{x_n^{(1)}\}$ 的无穷子列 $\{x_n^{(2)}\} \subset B\left(y_2, \frac{1}{2}\right)$, 依此下去, 对有限的 $\frac{1}{k}$ 网, 存在 $y_k \in M$ 及 $\{x_n^{(k-1)}\}$ 的无穷子列 $\{x_n^{(k)}\} \subset B\left(y_k, \frac{1}{k}\right)$. 取对角线序列 $\{x_n^{(n)}\}$, 它是 $\{x_n\}$ 的子列. 下证 $\{x_n^{(n)}\}$ 是 Cauchy 列. 事实上, $\forall \varepsilon > 0$, 当 $n > \dfrac{2}{\varepsilon}$ 时, 对任意的正整数 p

$$d(x_{n+p}^{(n+p)}, x_n^{(n)}) \leqslant d(x_{n+p}^{(n+p)}, y_n) + d(y_n, x_n^{(n)}) < \frac{2}{n} < \varepsilon.$$

故 $\{x_n\}$ 存在收敛子列. ■

【注】　在证明"M 是列紧集, 则 $\forall \varepsilon > 0$, M 存在有限 ε 网"时, 不需要空间的完备性, 且易见列紧集有界.

定理 1.5(Arzela-Ascoli)　集合 $F \subset C[a, b]$ 列紧的充分必要条件是:

(1) F 是一致有界的, 即存在常数 $M > 0$, 使得 $|x(t)| \leqslant M$, $\forall x \in F, t \in [a, b]$;

(2) F 是等度连续的, 即 $\forall \varepsilon > 0$, 存在 $\delta > 0$, $\forall x \in F, t_1, t_2 \in [a, b]$, 当 $|t_1 - t_2| < \delta$ 时, 有 $|x(t_1) - x(t_2)| < \varepsilon$.

定理 1.6(Riesz)　集合 $F \subset L^p[a, b] (1 \leqslant p < +\infty)$ 列紧的充分必要条件是

(1) F 是有界的, 即存在常数 $M > 0$, 使得 $\forall x \in F$, $\left(\int_a^b |x(t)|^p \mathrm{d}t \right)^{\frac{1}{p}} \leqslant M$;

(2) F 是等度整体连续的, 即 $\forall \varepsilon > 0$, 存在 $\delta > 0$, 使得 $\forall x \in F$, 当 $|\tau| < \delta$ 时, $\left(\int_a^b |x(t+\tau) - x(t)|^p \mathrm{d}t \right)^{\frac{1}{p}} < \varepsilon$, 其中 $x(t) = 0$, $\forall t \notin [a, b]$.

以上两个定理的证明见参考文献[5].

定义 1.8　度量空间 (X, d) 中集合 M 称为是**紧的**, 如果覆盖 M 的任意开集族中都存在有限个开集覆盖 M.

定理 1.7　在度量空间 (X, d) 中集合 M 是紧的当且仅当 M 是列紧的闭集.

证明见参考文献[4].

定义 1.9　度量空间称为是**可分的**, 是指存在至多可数的稠密子集.

空间 $\mathbf{R}^n, C[a, b], L^p[a, b], l^p (1 \leqslant p < +\infty)$ 都是可分的, 但是空间 $L^\infty[a, b]$ 和 l^∞ 不可分(见参考文献[6]).

定理 1.8　设 (X, d) 是度量空间, $X_1 \subset X$. 如果 X_1 是列紧集, 则 (X_1, d) 是可分的度量子空间; 如果 (X, d) 是可分的, 则 (X_1, d) 是可分的度量子空间.

证明 见参考文献[6].

习 题 1

1.1 证明完备度量空间的闭子空间是完备的,度量空间中的完备子空间是闭子集.

1.2 证明度量空间中的压缩映射是连续的.

1.3 设(X,d)是完备的度量空间,$x_0 \in X$,$B(x_0,r) = \{x \in X | d(x,x_0) < r\}$($r > 0$),映射 $T: B(x_0,r) \to X$ 是压缩常数 $\alpha < 1$ 的压缩映射. 如果 $d(Tx_0,x_0) < (1-\alpha)r$,则 T 存在不动点.

1.4 在度量空间中,证明列紧集的闭包是紧集.

1.5 在完备的度量空间中,证明集合 M 列紧当且仅当 $\forall \varepsilon > 0$,存在 M 的列紧 ε 网.

1.6 在度量空间中,证明紧集上的连续函数有界,并且可以达到它的上、下确界(即有最大、小值).

1.7 在度量空间中,证明紧集上的连续函数是一致连续的.

1.8 在度量空间中,证明连续映射将列紧集映成列紧集.

1.9 设(X,d)是度量空间,$M \subset X$ 是紧集,映射 $f: M \to M$ 满足
$$d(f(x_1),f(x_2)) < d(x_1,x_2), \forall x_1,x_2 \in M, x_1 \neq x_2,$$
证明 f 在 M 中存在唯一的不动点.

第 2 章　赋范线性空间

2.1　Banach 空间

定义 2.1　在数域 $\mathbf{K}$（复数域或实数域）上的线性空间 X 中定义实值函数 $\|\cdot\|:X\to\mathbf{R}^1$，满足

(1) **正定性**　即 $\|x\|\geqslant 0,\forall x\in X$，且 $\|x\|=0$ 当且仅当 $x=\theta$；

(2) **齐次性**　即 $\|\lambda x\|=|\lambda|\,\|x\|,\forall x\in X,\lambda\in\mathbf{K}$；

(3) **三角不等式**　即 $\|x+y\|\leqslant\|x\|+\|y\|,\forall x,y\in X$. 则称 $\|\cdot\|$ 为 X 中的范数，称 $(X,\|\cdot\|)$ 为**赋范线性空间**. 如果不需要特别指明范数，简记作 X.

在赋范线性空间 $(X,\|\cdot\|)$ 中定义 $d(x,y)=\|x-y\|,\forall x,y\in X$，易证 d 是 X 中度量函数. 完备的赋范线性空间称为 **Banach 空间**. 容易证明

命题 2.1　设 X 是赋范线性空间，则

(1) 若 $x_n\to x$，那么 $\{\|x_n\|\}$ 是有界数列；

(2) $\|\cdot\|$ 是 X 上的连续函数；

(3) 若 $x_n\to x,y_n\to y$，那么 $x_n+y_n\to x+y$；

(4) 若 $\lambda_n\to\lambda(\lambda_n,\lambda\in K),x_n\to x$，那么 $\lambda_n x_n\to\lambda x$.

Banach 空间的例子：

Euclid 空间 $\mathbf{R}^n$ 和酉空间 $\mathbf{C}^n$，定义 $\|x\|=\left(\sum\limits_{i=1}^n|x_i|^2\right)^{\frac12},\forall x=(x_1,x_2,\cdots,x_n)\in\mathbf{R}^n$ 或 $\mathbf{C}^n$；

$C[a,b]$，定义 $\|x\|=\max\limits_{t\in[a,b]}|x(t)|,\forall x\in C[a,b]$；

$L^p[a,b](1\leqslant p<+\infty)$，定义 $\|x\|=\left(\int_a^b|x(t)|^p\mathrm{d}t\right)^{\frac1p},\forall x\in L^p[a,b]$；

$l^p(1\leqslant p<+\infty)$，定义 $\|x\|=\left(\sum\limits_{i=1}^\infty|x_i|^p\right)^{\frac1p},\forall x=(x_1,x_2,\cdots,x_n,\cdots)\in l^p$；

$L^\infty[a,b]$，定义 $\|x\|=\inf\limits_{\substack{\mu E_0=0\\ E_0\subset[a,b]}}\sup\limits_{t\in[a,b]\backslash E_0}|x(t)|=\operatorname{varisup}\limits_{t\in[a,b]}|x(t)|,\forall x\in L^\infty[a,b]$；

l^∞，定义 $\|x\|=\sup\limits_{k\geqslant 1}|x_k|,\forall x=(x_1,x_2,\cdots,x_n,\cdots)\in l^\infty$.

显然 $\mathbf{R}^n$ 和 $\mathbf{C}^n$ 都是 n 维空间，即是有限维的.

设 $e_n=(0,\cdots,0,1,0,\cdots)(n=1,2,\cdots)$，于是 $\{e_n\}\subset l^p(1\leqslant p\leqslant\infty)$，并且 $\{e_n\}$ 中

任意有限个元素都是线性无关的,所以 $l^p(1\leqslant p\leqslant\infty)$ 是无穷维的.

设 $x_n(t)=t^n, t\in[a,b](n=0,1,2,\cdots)$,于是 $\{x_n\}\subset C[a,b]\subset L^p[a,b](1\leqslant p\leqslant\infty)$,对任意的 n 及实数 $\lambda_n(n=0,1,2,\cdots)$,如果 $\lambda_0+\lambda_1 t+\cdots+\lambda_n t^n=0, \forall t\in[a,b]$ $(a<b)$,根据算数基本定理,若系数不全为零,多项式 $\lambda_0+\lambda_1 t+\cdots+\lambda_n t^n$ 最多有 n 个不同的零点,于是 $\lambda_k=0(0\leqslant k\leqslant n)$,即 $\{x_n\}$ 中任意有限个元素都是线性无关的,所以 $C[a,b]$ 和 $L^p[a,b](1\leqslant p\leqslant\infty)$ 都是无穷维的.

对于任意的赋范线性空间 $(X,\|\cdot\|)$,都存在 Banach 空间 $(X_1,\|\cdot\|_1)$ 以及同构的等距映射,使得 $(X_1,\|\cdot\|_1)$ 为 $(X,\|\cdot\|)$ 的完备化空间. 例如在 $C[a,b]$ 中定义范数 $\|x\|_1=\int_a^b|x(t)|\mathrm{d}t, \forall x\in C[a,b]$,它不是 Banach 空间,其完备化空间是 $L^1[a,b]$.

定义 2.2 设 $\|\cdot\|_1$ 和 $\|\cdot\|_2$ 是线性空间 X 中的范数,若 $\|x_n\|_2\to0$,就有 $\|x_n\|_1\to0$,那么称 $\|\cdot\|_2$ 比 $\|\cdot\|_1$ 强. 如果 $\|\cdot\|_2$ 比 $\|\cdot\|_1$ 强,且 $\|\cdot\|_1$ 比 $\|\cdot\|_2$ 强,则称 $\|\cdot\|_1$ 与 $\|\cdot\|_2$ 等价.

命题 2.2 设 X 是线性空间,则范数 $\|\cdot\|_2$ 比范数 $\|\cdot\|_1$ 强的充分必要条件是存在常数 $C>0$,使得 $\|x\|_1\leqslant C\|x\|_2, \forall x\in X$.

证明 充分性显然. 下证必要性. 如若不然,存在 $\{x_n\}\subset X$,使得 $\|x_n\|_1>n\|x_n\|_2$. 令 $y_n=\dfrac{x_n}{\|x_n\|_1}$,则 $\|y_n\|_1=1$,而 $\|y_n\|_2<\dfrac{1}{n}\to0$,由于 $\|\cdot\|_2$ 比 $\|\cdot\|_1$ 强,从而 $\|y_n\|_1\to0$,这与 $\|y_n\|_1=1$ 矛盾. ∎

推论 1 在线性空间 X 中范数 $\|\cdot\|_1$ 与 $\|\cdot\|_2$ 等价当且仅当存在常数 $C_1,C_2>0$,使得 $C_1\|x\|_1\leqslant\|x\|_2\leqslant C_2\|x\|_1, \forall x\in X$.

易见线性空间在等价范数下的完备性相同.

定理 2.1 设 X 是 n 维实赋范线性空间,$\{e_1,e_2,\cdots,e_n\}$ 是 X 的一个基,则存在常数 $C_1,C_2>0$,使得 $C_2\Big(\sum_{i=1}^n|\xi_i|^2\Big)^{\frac{1}{2}}\leqslant\|x\|\leqslant C_1\Big(\sum_{i=1}^n|\xi_i|^2\Big)^{\frac{1}{2}}, \forall x=\sum_{i=1}^n\xi_i e_i\in X$,其中 $\xi_i\in\mathbf{R}^1$.

证明 $\forall x\in X$,由 Hölder 不等式,

$$\|x\|=\Big\|\sum_{i=1}^n\xi_i e_i\Big\|\leqslant\sum_{i=1}^n|\xi_i|\|e_i\|\leqslant\Big(\sum_{i=1}^n|\xi_i|^2\Big)^{\frac{1}{2}}\Big(\sum_{i=1}^n\|e_i\|^2\Big)^{\frac{1}{2}},$$

令 $C_1=\Big(\sum_{i=1}^n\|e_i\|^2\Big)^{\frac{1}{2}}$,显然 $C_1>0$.

定义函数 $f:\mathbf{R}^n\to\mathbf{R}^1$ 为 $f(\xi_1,\xi_2,\cdots,\xi_n)=\|x\|$,其中 $x=\sum_{i=1}^n\xi_i e_i$.

任取 $(\eta_1,\eta_2,\cdots,\eta_n)\in\mathbf{R}^n, y=\sum_{i=1}^n\eta_i e_i$,则

$$|f(\xi_1,\xi_2,\cdots,\xi_n)-f(\eta_1,\eta_2,\cdots,\eta_n)|$$

$$= |\,\|x\| - \|y\|\,| \leqslant \|x - y\| \leqslant C_1 \Big(\sum_{i=1}^{n} |\xi_i - \eta_i|^2 \Big)^{\frac{1}{2}}.$$

于是 f 是连续函数. 记

$$S = \Big\{ (\xi_1, \xi_2, \cdots, \xi_n) \in \mathbf{R}^n \,|\, \Big(\sum_{i=1}^{n} |\xi_i|^2 \Big)^{\frac{1}{2}} = 1 \Big\},$$

即 S 是 $\mathbf{R}^n$ 中的单位球面, S 是 $\mathbf{R}^n$ 中的紧集. 由习题 1.6 可知, f 在 S 上取到最小值 C_2 >0. $\forall x \neq \theta$, 令 $x' = x \Big/ \Big(\sum_{i=1}^{n} |\xi_i|^2 \Big)^{\frac{1}{2}} = \sum_{i=1}^{n} \zeta_i e_i$, 其中 $\zeta_i = \xi_i \Big/ \Big(\sum_{i=1}^{n} |\xi_i|^2 \Big)^{\frac{1}{2}}$ $(i = 1,$ $2, \cdots, n)$, 于是 $(\zeta_1, \zeta_2, \cdots, \zeta_n) \in S$. 所以 $f(\zeta_1, \zeta_2, \cdots, \zeta_n) = \|x'\| \geqslant C_2$, 从而 $\|x\| \geqslant$ $C_2 \Big(\sum_{i=1}^{n} |\xi_i|^2 \Big)^{\frac{1}{2}}$. ■

推论 2　有限维赋范线性空间中的不同范数都等价; 任意有限维赋范线性空间都是 Banach 空间.

引理 2.1 (Riesz)　如果 X_0 是赋范线性空间 X 的真闭子空间, 则 $\forall \varepsilon > 0$, 存在 $x_0 \in X, \|x_0\| = 1$, 使得 $\|x_0 - x\| \geqslant 1 - \varepsilon, \forall x \in X_0$, 即 $d(x_0, X_0) \geqslant 1 - \varepsilon$.

证明　不妨设 $0 < \varepsilon < 1$. 取 $x_1 \in X \backslash X_0$, 令 $d = d(x_1, X_0) = \inf_{x \in X_0} \|x_1 - x\|$. 因为 $x_1 \notin X_0, X_0$ 是闭集, 所以 $d > 0$. 对 $\eta = \dfrac{d\varepsilon}{1 - \varepsilon}$, 存在 $x_2 \in X_0$, 使得 $d \leqslant \|x_1 - x_2\| < d + \eta$. 令 $x_0 = \dfrac{x_1 - x_2}{\|x_1 - x_2\|}$, 则 $\|x_0\| = 1$, 且 $\forall x \in X_0$,

$$\|x_0 - x\| = \Big\| \frac{(x_1 - x_2)}{\|x_1 - x_2\|} - x \Big\| = \frac{\|x_1 - (x_2 + \|x_1 - x_2\| x)\|}{\|x_1 - x_2\|},$$

而 $x_2 + \|x_1 - x_2\| x \in X_0$, 所以 $\|x_0 - x\| \geqslant \dfrac{d}{d + \eta} = 1 - \varepsilon$. ■

定理 2.2　赋范线性空间 X 是有限维的充分必要条件为 X 中的任意有界集是列紧的.

证明　必要性. 不妨设 X 是 n 维实赋范线性空间. 由定理 2.1 可知, X 与 $\mathbf{R}^n$ 拓扑同构, 而 $\mathbf{R}^n$ 中任意的有界集是列紧的, 所以 X 中任意有界集是列紧的.

充分性. 如果 X 是无穷维的. 设 $S = \{ x \in X \,|\, \|x\| = 1 \}$, 即 X 中的单位球面. 任取 $x_1 \in S$, 记 $X_1 = \mathrm{span}\{x_1\}$, 则 X_1 是 X 的有限维真子空间, 所以 X_1 是闭的. 由 Riesz 引理, 存在 $x_2 \in S$, 使得 $\|x_2 - x\| \geqslant \dfrac{1}{2}, \forall x \in X_1$. 特别地, $\|x_2 - x_1\| \geqslant \dfrac{1}{2}$. 记 $X_2 = \mathrm{span}\{x_1, x_2\}$, 则 X_2 也是 X 的有限维真子空间, 因此 X_2 也是闭的. 再由 Riesz 引理, 存在 $x_3 \in S$, 使得 $\|x_3 - x\| \geqslant \dfrac{1}{2}, \forall x \in X_2$. 特别地, $\|x_3 - x_i\| \geqslant \dfrac{1}{2} (i = 1, 2)$. 因为 X 是无穷维的, 依此下去得到 S 中的序列 $\{x_n\}$, 使得 $\|x_n - x_m\| \geqslant \dfrac{1}{2} (n \neq m)$. 于是

$\{x_n\}$没有收敛子列,而 S 是有界集,矛盾.

推论 3　赋范线性空间 X 是有限维的当且仅当 X 中的单位球面是紧集.

推论 4　赋范线性空间 X 是有限维的当且仅当 X 中的单位闭球是紧集.

2.2　Hilbert 空间

定义 2.3　设 X 是数域 $\mathbf{K}$ 上的线性空间.函数 $(\cdot,\cdot):X\times X\to\mathbf{K}$ 称为 X 中的内积,如果满足

(1) **正定性**　$(x,x)\geqslant 0,\forall x\in X$,且 $(x,x)=0$ 当且仅当 $x=\theta$;

(2) **线性**　$\forall\lambda,\mu\in\mathbf{K},\forall x,y,z\in X,(\lambda x+\mu y,z)=\lambda(x,z)+\mu(y,z)$;

(3) **共轭对称性**　$(x,y)=\overline{(y,x)},\forall x,y\in X$.

具有内积的线性空间称为**内积空间**.

例 2.1　在 Euclid 空间 $\mathbf{R}^n$ 和酉空间 $\mathbf{C}^n$ 空间中可以分别定义内积为

$$(x,y)=\sum_{i=1}^{n}x_iy_i(\forall x,y\in\mathbf{R}^n),(x,y)=\sum_{i=1}^{n}x_i\overline{y_i}(\forall x,y\in\mathbf{C}^n).$$

例 2.2　在 $L^2[a,b]$ 和 l^2 中可以分别定义内积为 $(x,y)=\int_a^b x(t)y(t)\mathrm{d}t(\forall x,y\in L^2[a,b])$ 和 $(x,y)=\sum_{i=1}^{\infty}x_iy_i(\forall x,y\in l^2)$.

命题 2.3　在内积空间 X 中,定义 $\|x\|=(x,x)^{1/2},\forall x\in X$,则 $\|\cdot\|$ 是 X 中的范数.

证明　只需证明三角不等式 $\|x+y\|\leqslant\|x\|+\|y\|,\forall x,y\in X$.为此首先证明 Schwarz 不等式

$$|(x,y)|\leqslant\|x\|\|y\|,\forall x,y\in X$$

(在 $L^2[a,b]$ 和 l^2 中即 Hölder 不等式).

事实上,$\forall\lambda\in\mathbf{K},x,y\in X,(x+\lambda y,x+\lambda y)\geqslant 0$.于是

$$(x,x)+\lambda(y,x)+\overline{\lambda}(x,y)+|\lambda|^2(y,y)\geqslant 0.$$

不妨设 $y\neq\theta$,令 $\lambda=-\dfrac{(x,y)}{(y,y)}$,代入上式得

$$(x,x)-\frac{2|(x,y)|^2}{(y,y)}+\frac{|(x,y)|^2}{(y,y)}\geqslant 0,$$

即 $|(x,y)|^2\leqslant(x,x)(y,y)$.

根据 Schwarz 不等式,

$$\|x+y\|^2=(x+y,x+y)=\|x\|^2+2\mathrm{Re}(x,y)+\|y\|^2$$
$$\leqslant\|x\|^2+2|(x,y)|+\|y\|^2\leqslant(\|x\|+\|y\|)^2.$$

于是三角不等式成立.

完备的内积空间称为 **Hilbert 空间**,如 $\mathbf{R}^n,\mathbf{C}^n,L^2[a,b],l^2$. 不完备的内积空间可以按照内积导出的范数完备化成 Hilbert 空间.

命题 2.4　内积 (x,y) 是双变元的连续函数,即当 $x_n \to x, y_n \to y$ 时, $(x_n,y_n) \to (x,y)$.

证明　设 $x_n \to x, y_n \to y$,则 $\{\|x_n\|\}$ 和 $\{\|y_n\|\}$ 是有界数列,从而存在 $M>0$,使得对任意正整数 n, $\|x_n\| \leqslant M, \|y_n\| \leqslant M$. 于是

$$|(x_n,y_n) - (x,y)|$$
$$= |(x_n,y_n) - (x,y_n) + (x,y_n) - (x,y)|$$
$$= |(x_n - x,y_n) + (x,y_n - y)| \leqslant |(x_n - x,y_n)| + |(x,y_n - y)|$$
$$\leqslant \|x_n - x\|\|y_n\| + \|x\|\|y_n - y\|$$
$$\leqslant M\|x_n - x\| + \|x\|\|y_n - y\| \to 0.$$

命题 2.5　赋范线性空间 $(X,\|\cdot\|)$ 中可以定义内积使得由内积导出的范数与原范数一致的充分必要条件是范数 $\|\cdot\|$ 满足平行四边形等式

$$\|x+y\|^2 + \|x-y\|^2 = 2(\|x\|^2 + \|y\|^2), \quad \forall x,y \in X.$$

证明　必要性. 直接计算即可.

充分性. 当 **K** 是实数域时,定义 $(x,y) = \dfrac{1}{4}(\|x+y\|^2 - \|x-y\|^2), \forall x,y \in X$;

当 **K** 是复数域时,定义 $(x,y) = \dfrac{1}{4}(\|x+y\|^2 - \|x-y\|^2 + \mathrm{i}\|x+\mathrm{i}y\|^2 - \mathrm{i}\|x-\mathrm{i}y\|^2)$,

$\forall x,y \in X.$

上述两个等式表明内积与范数之间的关系,称为**极化恒等式**.

设 $C[a,b]$ 的范数为 $\|x\| = \max\limits_{t \in [a,b]} |x(t)|, \forall x \in C[a,b]$. 不能定义内积使得由内积导出的范数就是原范数. 例如,取 $x(t) = 1, y(t) = \dfrac{t-a}{b-a}$,则 $\|x\| = \|y\| = 1$, $\|x+y\| = 2, \|x-y\| = 1$,不满足平行四边形等式. 在 $C[a,b]$ 中可以定义内积 $(x,y) = \displaystyle\int_a^b x(t)y(t)\mathrm{d}t, \forall x,y \in C[a,b]$,它的完备化空间是 $L^2[a,b]$.

设 $L^p[a,b](1 \leqslant p < +\infty, p \neq 2)$ 的范数为 $\|x\| = \left(\displaystyle\int_a^b |x(t)|^p \mathrm{d}t\right)^{1/p}, \forall x \in L^p[a,b]$,不能定义内积使得由内积导出的范数是原范数. 例如取

$$x(t) = 1, y(t) = \begin{cases} 1, & a \leqslant t \leqslant \dfrac{a+b}{2}, \\ -1, & \dfrac{a+b}{2} < t \leqslant b. \end{cases}$$

则 $\|x\|=\|y\|=(b-a)^{\frac{1}{p}}$，$\|x+y\|=\|x-y\|=2\left(\dfrac{b-a}{2}\right)^{\frac{1}{p}}$，不满足平行四边形等式.

设 $l^p(1\leqslant p<+\infty,p\neq 2)$ 的范数为 $\|x\|=\left(\sum\limits_{i=1}^{\infty}|x_i|^p\right)^{\frac{1}{p}}$，$\forall x\in l^p$，不能定义内积使得由内积导出的范数是原范数. 例如取 $x=(1,1,0,\cdots),y=(1,-1,0,\cdots)$，则 $\|x\|=\|y\|=2^{\frac{1}{p}}$，但是 $\|x+y\|=\|x-y\|=2$，不满足平行四边形等式.

定义 2.4　在内积空间 X 中，两个元素 x 与 y 称为正交的，是指 $(x,y)=0$，记作 $x\perp y$. 设 M 是 X 的一个非空子集，$x\in X$，如果 x 与 M 中每一个元素都正交，即 $(x,y)=0$，$\forall y\in M$，则称 x 与 M **正交**，记作 $x\perp M$. 称集合 $\{x\in X\,|\,x\perp M\}$ 为 M 的 **正交补**，记作 $M^{\perp}$.

命题 2.6　在内积空间 X 中，

(1) 如果 $x\perp y$，则 $\|x+y\|^2=\|x\|^2+\|y\|^2$（勾股定理）；

(2) 正交补 $M^{\perp}$ 是 X 的闭线性子空间.

证明　(1) $\|x+y\|^2=(x+y,x+y)=(x,x)+(x,y)+(y,x)+(y,y)=\|x\|^2+\|y\|^2$.

(2) 设 $x,y\in M^{\perp}$，$\lambda,\mu\in\mathbf{K}$，于是 $\forall z\in M,(\lambda x+\mu y,z)=\lambda(x,z)+\mu(y,z)=0$，因此 $\lambda x+\mu y\in M^{\perp}$，即 $M^{\perp}$ 是 X 的线性子空间.

如果 $x_n\in M^{\perp}$，$x_n\rightarrow x$，$\forall z\in M$，因为 $0=(x_n,z)\rightarrow(x,z)$，所以 $x\in M^{\perp}$，即 $M^{\perp}$ 是 X 的闭集. ■

定理 2.3（正交分解定理）　设 X 是 Hilbert 空间，M 是 X 的闭子空间，则 $\forall x\in X$，存在唯一的正交分解 $x=y+z$，其中 $y\in M,z\in M^{\perp}$，称 y 为 x 在 M 上的 **正交投影**.

【注】　定理表明 $X=M\oplus M^{\perp}$，即直和. 定理也说明 $\forall x\in X$，在 M 中存在唯一的最佳逼近元 y. 事实上，对任意 $y'\in M$，
$$\|x-y'\|^2$$
$$=(x-y',x-y')=(y+z-y',y+z-y')$$
$$=(z,z)+(z,y-y')+(y-y',z)+(y-y',y-y')$$
$$=\|z\|^2+\|y-y'\|^2\geqslant\|z\|^2=\|x-y\|^2,$$
等号成立当且仅当 $y=y'$.

证明　不妨设 $M\neq\{\theta\}$，且 M 是 X 的真闭子空间，$x\notin M$. 记
$$d=\inf_{y\in M}\|x-y\|=d(x,M).$$
由于 M 是闭的，则 $d>0$. 对任意正整数 n，存在 $x_n\in M$，使得 $d\leqslant\|x-x_n\|<d+\dfrac{1}{n}$. 由平行四边形等式
$$\|x_m-x_n\|^2=\|x_m-x+x-x_n\|^2$$

$$= 2(\|x_m - x\|^2 + \|x_n - x\|^2) - 4\left\|x - \frac{x_m + x_n}{2}\right\|^2$$

$$\leqslant 2\left(\left(d + \frac{1}{m}\right)^2 + \left(d + \frac{1}{n}\right)^2\right) - 4d^2 \to 0(n, m \to \infty),$$

从而$\{x_n\}$是一个 Cauchy 列. 因为 M 是完备的,存在 $y \in M$,使得 $x_n \to y$,并且 $\|x - y\| = d$.

下面证明$(x - y) \perp M$. $\forall y' \in M, \lambda \in \mathbf{K}$,由 $y + \lambda y' \in M$,

$$d^2 \leqslant \|x - y - \lambda y'\|^2 = (x - y - \lambda y', x - y - \lambda y')$$

$$= \|x - y\|^2 - \bar{\lambda}(x - y, y') - \lambda(y', x - y) + |\lambda|^2 \|y'\|^2,$$

所以$\bar{\lambda}(x - y, y') + \lambda(y', x - y) - |\lambda|^2 \|y'\|^2 \leqslant 0$. 不妨设 $y' \neq \theta$,取 $\lambda = \dfrac{(x - y, y')}{\|y'\|^2}$,则

$$\frac{2|(x - y, y')|^2}{\|y'\|^2} - \frac{|(x - y, y')|^2}{\|y'\|^2} \leqslant 0,$$

即$(x - y, y') = 0, x - y \perp y'$. 令 $z = x - y$,则 $z \in M^\perp$,且 $x = y + z$.

再证唯一性. 设$x = y_1 + z_1, y_1 \in M, z_1 \in M^\perp$. 因为 $y_1 + z_1 = y + z, y_1 - y = z - z_1 \in M \cap M^\perp$,所以 $y_1 - y = z - z_1 = \theta$,即 $y_1 = y, z = z_1$. ∎

定义 2.5　设 X 是内积空间,$\{e_n\} \subset X$ 称为是 X 中的**标准正交系**,如果

$$(e_n, e_m) = \delta_{nm} = \begin{cases} 1, & n = m, \\ 0, & n \neq m. \end{cases}$$

例如在$L^2[0, 2\pi]$中,$\left\{\dfrac{1}{\sqrt{2\pi}}, \dfrac{1}{\sqrt{\pi}} \sin t, \dfrac{1}{\sqrt{\pi}} \cos t, \cdots, \dfrac{1}{\sqrt{\pi}} \sin nt, \dfrac{1}{\sqrt{\pi}} \cos nt, \cdots\right\}$是标准正交系,在 l^2 中,$\{e_n\} = \{(0, \cdots, 0, 1, 0, \cdots)\}$是标准正交系.

定义 2.6　内积空间 X 中的标准正交系称为是**完备的**(或称为 X 的一个**基**),如果$\forall x \in X$, $x = \sum\limits_{n=1}^{\infty}(x, e_n)e_n$, 即 $\left\|x - \sum\limits_{i=1}^{n}(x, e_i)e_i\right\| \to 0(n \to \infty)$,其中$\{(x, e_n)\}$称为 x 关于$\{e_n\}$的 **Fourier 系数**.

对标准正交系$\{e_n\}$,如果存在数列$\{c_n\}$,使得 $x = \sum\limits_{n=1}^{\infty} c_n e_n$, 则 $c_n = (x, e_n)(n = 1, 2, \cdots)$. 事实上,$(x, e_n) = \lim\limits_{k \to \infty}\left(\sum\limits_{i=1}^{k} c_i e_i, e_n\right) = (c_n e_n, e_n) = c_n$. 可见如果$\{e_n\}$是一个基,Fourier 系数相当于在基下的坐标,并且易证$\forall x, y \in X$,有

$$(x, y) = \sum_{n=1}^{\infty}(x, e_n)\overline{(y, e_n)}.$$

定理 2.4(Bessel 不等式)　设$\{e_n\}$是内积空间 X 中的标准正交系,则$\forall x \in X$,

$\sum\limits_{n=1}^{\infty} | (x,e_n) |^2 \leqslant \| x \|^2$，从而$(x,e_n) \to 0$.

证明 因为

$$0 \leqslant \left\| x - \sum_{i=1}^{n} (x,e_i)e_i \right\|^2 = \| x \|^2 - 2\sum_{i=1}^{n} | (x,e_i) |^2 + \sum_{i=1}^{n} | (x,e_i) |^2$$

$$= \| x \|^2 - \sum_{i=1}^{n} | (x,e_i) |^2, \tag{2.1}$$

于是 $\sum\limits_{i=1}^{n} | (x,e_i) |^2 \leqslant \| x \|^2$，令 $n \to \infty$ 即可. ∎

由 Bessel 不等式，$\forall x \in L^2[0,2\pi]$，有 $\int_0^{2\pi} x(t)\sin nt\,dt \to 0, \int_0^{2\pi} x(t)\cos nt\,dt \to 0$，即 Riemann-Lebesgue 定理.

定理 2.5(Parseval 等式) 设$\{e_n\}$是内积空间 X 中的标准正交系，则$\{e_n\}$是完备的当且仅当 $\forall x \in X$，Parseval 等式 $\sum\limits_{n=1}^{\infty} | (x,e_n) |^2 = \| x \|^2$ 成立.

证明 由 $\| x \|^2 - \sum\limits_{i=1}^{n} | (x,e_i) |^2 = \left\| x - \sum\limits_{i=1}^{n} (x,e_i)e_i \right\|^2 \to 0$ 即可得. ∎

定理 2.6 设$\{e_n\}$是内积空间 X 中的标准正交系，则$\{e_n\}$完备的充分必要条件是 $\mathrm{span}\{e_1,e_2,\cdots,e_n,\cdots\}$ 在 X 中稠密，其中 $\mathrm{span}\{e_1,e_2,\cdots,e_n,\cdots\}$ 的意义见定理后面的注.

证明 必要性. 如果$\{e_n\}$完备，则 Parseval 等式成立，由定理 2.5 的证明可知

$$\left\| x - \sum_{i=1}^{n} (x,e_i)e_i \right\|^2 \to 0, \forall x \in X,$$

因此 $\mathrm{span}\{e_1,e_2,\cdots,e_n,\cdots\}$ 在 X 中稠密.

充分性. $\forall x \in X$，因为 $\mathrm{span}\{e_1,e_2,\cdots,e_n,\cdots\}$ 在 X 中稠密，所以 $\forall \varepsilon > 0$，存在

$$x_{n_0} = \sum_{i=1}^{n_0} c_i e_i \in \mathrm{span}\{e_1,e_2,\cdots,e_n,\cdots\}, c_i \in \mathbf{K}(i=1,2,\cdots,n_0),$$

使得$\| x - x_{n_0} \| < \varepsilon$. 由于 $\left(x - \sum\limits_{i=1}^{n_0} (x,e_i)e_i \right) \perp e_i (i=1,2,\cdots,n_0)$，因此

$$\left\| x - \sum_{i=1}^{n_0} c_i e_i \right\|^2 = \left\| x - \sum_{i=1}^{n_0} (x,e_i)e_i + \sum_{i=1}^{n_0} ((x,e_i) - c_i)e_i \right\|^2$$

$$= \left\| x - \sum_{i=1}^{n_0} (x,e_i)e_i \right\|^2 + \left\| \sum_{i=1}^{n_0} ((x,e_i) - c_i)e_i \right\|^2$$

$$= \left\| x - \sum_{i=1}^{n_0} (x,e_i)e_i \right\|^2 + \sum_{i=1}^{n_0} | (x,e_i) - c_i |^2$$

$$\geqslant \left\| x - \sum_{i=1}^{n_0} (x,e_i)e_i \right\|^2.$$

于是 $\left\| x - \sum_{i=1}^{n_0} (x,e_i)e_i \right\| \leqslant \| x - x_{n_0} \| < \varepsilon$. 当 $n > n_0$ 时,根据等式(2.1),

$$\left\| x - \sum_{i=1}^{n} (x,e_i)e_i \right\|^2 = \| x \|^2 - \sum_{i=1}^{n} |(x,e_i)|^2 \leqslant \| x \|^2 - \sum_{i=1}^{n_0} |(x,e_i)|^2$$

$$= \left\| x - \sum_{i=1}^{n_0} (x,e_i)e_i \right\|^2 < \varepsilon,$$

即 $\{e_n\}$ 是完备的. ∎

【注】 设 D 是线性空间 X 中的非空集合,X 中包含 D 的最小线性子空间称为由 D 生成的子空间,记为 $\mathrm{span}D$. 易证,$x \in \mathrm{span}D$ 当且仅当存在正整数 n,x_1,x_2,$\cdots$,$x_n \in D$ 以及 λ_1,λ_2,$\cdots$,$\lambda_n \in \mathbf{K}$,使得 $x = \lambda_1 x_1 + \lambda_2 x_2 + \cdots + \lambda_n x_n$.

定理 2.7　设 X 是 Hilbert 空间,$\{e_n\}$ 是 X 中的标准正交系,则 $\{e_n\}$ 完备的充分必要条件是不存在非零元与 $\{e_n\}$ 中的每一个元素正交.

证明　必要性. 设 $\{e_n\}$ 是完备的,如果 $x \in X$ 使得 $(x,e_n)=0 (n=1,2,\cdots)$,由 Parseral 等式 $\| x \|^2 = \sum_{n=1}^{\infty} |(x,e_n)|^2 = 0$,知 $x = \theta$.

充分性. $\forall x \in X$,令 $x_n = \sum_{i=1}^{n} (x,e_i)e_i$,对任意正整数 p,有

$$\| x_{n+p} - x_n \|^2 = \left\| \sum_{i=n+1}^{n+p} (x,e_i)e_i \right\|^2 = \sum_{i=n+1}^{n+p} |(x,e_i)|^2,$$

由 Bessel 不等式,$\| x_{n+p} - x_n \| \to 0 (n \to \infty)$,即 $\{x_n\}$ 是 Cauchy 列,$\sum_{n=1}^{\infty} (x,e_n)e_n$ 收敛. 而

$$\left(x - \sum_{i=1}^{\infty} (x,e_i)e_i, e_n \right) = (x,e_n) - \lim_{k \to \infty} \left(\sum_{i=1}^{k} (x,e_i)e_i, e_n \right)$$

$$= (x,e_n) - (x,e_n)(e_n,e_n) = 0 \ (n=1,2,\cdots),$$

可知 $x = \sum_{i=1}^{\infty} (x,e_i)e_i$,即 $\{e_n\}$ 是完备的. ∎

由定理 2.6 可以证明前面给出的 $L^2[0,2\pi]$ 中标准正交系是完备的(参见参考文献[2]). 由定理 2.7 易证前面给出的 l^2 中标准正交系也是完备的.

定理 2.8　可分的内积空间 $X \neq \{\theta\}$ 中存在完备的标准正交系.

证明　设 $\{x_n\}$ 是 X 中的至多可数稠密子集,下面通过 Gram-Schimidt 正交化过程得到标准正交系.

取 $\{x_n\}$ 中的第一个非零元素 x_{n_1},令 $e_1 = \dfrac{x_{n_1}}{\| x_{n_1} \|}$,$X_1 = \mathrm{span}\{e_1\}$.

取$\{x_n\}$中的第一个不在X_1中的元素x_{n_2},记$y_2 = x_{n_2} - (x_{n_2}, e_1)e_1$,易见$y_2 \neq \theta$,并且$y_2 \perp e_1$. 令$e_2 = \dfrac{y_2}{\|y_2\|}$,$X_2 = \mathrm{span}\{e_1, e_2\}$.

依此下去,记$X_{k-1} = \mathrm{span}\{e_1, e_2, \cdots, e_{k-1}\}$,取$\{x_n\}$中的第一个不在$X_{k-1}$中的元素$x_{n_k}$,记$y_k = x_{n_k} - \sum\limits_{i=1}^{k-1}(x_{n_k}, e_i)e_i$,易见$y_k \neq \theta$,并且$y_k \perp e_i(i = 1, 2, \cdots, k-1)$,令$e_k = \dfrac{y_k}{\|y_k\|}$.

继续这个过程,即得到至多可数的标准正交系$\{e_k\}$. 从构造过程中可见$\{x_n\}$与$\{e_k\}$可以互相线性表示,所以$\mathrm{span}\{e_1, e_2, \cdots, e_k, \cdots\} = \mathrm{span}\{x_1, x_2, \cdots, x_n, \cdots\}$. 因为$\{x_n\}$在$X$中稠密,从而$\mathrm{span}\{x_1, x_2, \cdots, x_n, \cdots\}$即$\mathrm{span}\{e_1, e_2, \cdots, e_k, \cdots\}$在$X$中稠密. 根据定理2.6可知,$\{e_k\}$是$X$中完备的标准正交系. ∎

习　题　2

2.1　设X是赋范线性空间. $A, B \subset X$,定义$d(A, B) = \inf\limits_{x \in A, y \in B}\|x - y\|$. 证明如果$A, B$是$X$中紧集,则存在$x_0 \in A$,$y_0 \in B$,使得$d(A, B) = \|x_0 - y_0\|$.

2.2　设X是Banach空间. 如果$\sum\limits_{n=1}^{\infty}\|x_n\| < \infty$,证明$\sum\limits_{n=1}^{\infty}x_n$收敛.

2.3　设X是赋范线性空间,$M \subset X$是有限维真子空间. 证明存在$y \in X$,$\|y\| = 1$,使得$\|y - x\| \geqslant 1$,$\forall x \in M$.

2.4　证明无穷维的赋范线性空间中的紧集没有内点.

2.5　设M是内积空间X的稠密子集,如果$x \in X$,使得$x \perp M$,则$x = \theta$.

2.6　证明内积空间中有限个两两正交的元素是线性无关的.

2.7　设$\{e_n\}$是Hilbert空间X中的标准正交系,证明$\forall x \in X$,Fourier级数$\sum\limits_{n=1}^{\infty}(x, e_n)e_n$收敛.

第 3 章　线性算子与线性泛函

3.1　有界线性算子

定义 3.1　设 X,Y 是同一数域 $\mathbf{K}$ 上的线性空间,D 是 X 的子空间,$T:D\to Y$ 是映射(以后称为**算子**). 如果 $\forall x,y\in D,\lambda,\mu\in\mathbf{K},T(\lambda x+\mu y)=\lambda Tx+\mu Ty$,则称 T 是**线性算子**. 如果线性算子 $f:D\to\mathbf{K}$,则称 f 为**线性泛函**,记作 $f(x),\forall x\in D$,或 $(f,x),\forall x\in D$.

命题 3.1　设 X,Y 是赋范线性空间,线性算子 $T:D\to Y$ 在 D 中处处连续当且仅当 T 在 $x=\theta$ 处连续.

证明　若 T 在 $x=\theta$ 处连续,则当 $\{x_n\}\subset D,x_n\to x_0\in D$ 时,$x_n-x_0\to\theta$,从而

$$Tx_n-Tx_0=T(x_n-x_0)\to T\theta=\theta,$$

即 $Tx_n\to Tx_0$. ∎

定义 3.2　设 X,Y 是赋范线性空间,算子 $T:D\subset X\to Y$ 称为**有界的**,如果 T 将 D 中的有界集映成 Y 中的有界集.

显然,赋范线性空间 X 中的恒等算子 I 和零算子都是有界线性算子.

命题 3.2　设 X,Y 是赋范线性空间,则线性算子 $T:D\to Y$ 有界的充分必要条件是存在常数 $M>0$,使得 $\|Tx\|\leqslant M\|x\|,\forall x\in D$.

证明　必要性. 设 T 是有界的,则存在常数 $M>0$,使得 $\left\|T\left(\dfrac{x}{\|x\|}\right)\right\|\leqslant M,\forall x\in D\backslash\{\theta\}$,于是 $\|Tx\|\leqslant M\|x\|,\forall x\in D$.

充分性. 设 $D_0\subset D$ 有界,则存在 $M_1>0$,使得 $\|x\|\leqslant M_1,\forall x\in D_0$. 于是 $\forall x\in D_0$,有 $\|Tx\|\leqslant M\|x\|\leqslant MM_1$. ∎

例 3.1　设 $T:\mathbf{R}^n\to\mathbf{R}^m$ 为线性算子,则 T 是有界的.

证明　因为 $T:\mathbf{R}^n\to\mathbf{R}^m$ 是线性算子,则存在矩阵 $(t_{ij})_{m\times n}$,使得

$$Tx=(t_{ij})_{m\times n}x\in\mathbf{R}^m,\forall x=(x_1,x_2,\cdots,x_n)^{\mathrm{T}}\in\mathbf{R}^n.$$

由 Hölder 不等式,

$$\|Tx\|=\left[\sum_{i=1}^m\left(\sum_{j=1}^n t_{ij}x_j\right)^2\right]^{\frac{1}{2}}\leqslant\left[\sum_{i=1}^m\left(\sum_{j=1}^n t_{ij}^2\right)\left(\sum_{j=1}^n x_j^2\right)\right]^{\frac{1}{2}}$$

$$=\left(\sum_{i=1}^m\sum_{j=1}^n t_{ij}^2\right)^{\frac{1}{2}}\left(\sum_{j=1}^n x_j^2\right)^{\frac{1}{2}}.$$

令 $M = \left(\sum_{i=1}^{m} \sum_{j=1}^{n} t_{ij}^2 \right)^{\frac{1}{2}}$，故 $\| Tx \| \leqslant M \| x \|$，$\forall x \in \mathbf{R}^n$. ∎

因为维数相同的有限维空间都是同构的并且范数都是等价的，所以由例 3.1 可知，在有限维赋范线性空间中的线性算子都是有界的.

例 3.2　在 $C[a,b]$ 中，定义 $f(x) = \int_a^b x(t)\mathrm{d}t$，$\forall x \in C[a,b]$，则 f 是有界线性泛函. 事实上，

$$\left| f(x) \right| \leqslant \int_a^b | x(t) | \mathrm{d}t \leqslant (b-a) \max_{a \leqslant t \leqslant b} | x(t) | = (b-a) \| x \|,\ \forall x \in C[a,b].$$

例 3.3（无界线性算子）　在 $C[0,1]$ 中，定义算子 $T = \dfrac{\mathrm{d}}{\mathrm{d}t} : C^1[0,1] \subset C[0,1] \to C[0,1]$. 其中 $C^1[0,1]$ 是 $[0,1]$ 上连续可导函数全体，$C^1[0,1]$ 是 $C[0,1]$ 的子空间，则 T 是无界线性算子. 事实上，取 $x_n = \cos n\pi t$，显然 $\{ x_n \} \subset C^1[0,1]$，$\| x_n \| = \max_{0 \leqslant t \leqslant 1} | \cos n\pi t | = 1$，即 $\{ x_n \}$ 有界，但是 $\| Tx_n \| = \max_{0 \leqslant t \leqslant 1} | n\pi \sin n\pi t | = n\pi \to \infty$.

可以证明，X 是无穷维的赋范线性空间，则存在不连续的线性泛函（见参考文献[6]）.

定理 3.1　设 X, Y 是赋范线性空间，则线性算子 $T : D \subset X \to Y$ 在 D 内连续的充分必要条件是 T 有界.

证明　充分性. 设 T 是有界线性算子，则存在常数 $M > 0$，使得 $\| Tx \| \leqslant M \| x \|$，$\forall x \in D$. 由命题 3.1 知，只需要证明 T 在 $x = \theta$ 处连续. 对任意点列 $\{ x_n \} \subset D$，$x_n \to \theta$，

$$\| Tx_n - T\theta \| = \| Tx_n \| \leqslant M \| x_n \| \to 0,$$

所以 T 在 D 内连续.

必要性. 设 T 在 D 内连续，如果 T 不是有界的，则对任意正整数 n，存在 $x_n \in D$，使得 $\| Tx_n \| > n \| x_n \|$. 令 $y_n = \dfrac{x_n}{\| Tx_n \|}$，于是 $\| y_n \| = \dfrac{\| x_n \|}{\| Tx_n \|} < \dfrac{1}{n} \to 0$. 因 T 连续，$\| Ty_n \| \to \| T\theta \| = 0$. 但是

$$\| Ty_n \| = \left\| T \left(\frac{x_n}{\| Tx_n \|} \right) \right\| = \frac{\| Tx_n \|}{\| Tx_n \|} = 1,$$

矛盾. 所以 T 是有界的. ∎

如果算子不是线性的，那么有界性和连续性不是等价的，见参考文献[7]中第一章例 2.

设 X, Y 是赋范线性空间. 用 $L(X,Y)$ 表示所有从 X 到 Y 的有界线性算子，并且定义线性运算：$\forall T_1, T_2 \in L(X,Y)$，$\lambda, \mu \in \mathbf{K}$，有 $(\lambda T_1 + \mu T_2)x = \lambda T_1 x + \mu T_2 x$，$\forall x \in X$. 此时 $L(X,Y)$ 成为线性空间，特别地，记 $L(X) = L(X,X)$，$X^* = L(X,\mathbf{K})$，即 X^* 表示 X 上有界线性泛函的全体，称 X^* 为 X 的**共轭空间**或**对偶空间**.

如果 $X \neq \{ \theta \}$，$\forall T \in L(X,Y)$，定义

$$\|T\| = \sup_{\substack{x \in X \\ x \neq \theta}} \frac{\|Tx\|}{\|x\|} = \sup_{\|x\|=1} \|Tx\|,$$

由命题 3.2 可知 $\|T\|$ 是有限的,并且 $\|Tx\| \leqslant \|T\| \|x\|, \forall x \in X.$

定理 3.2 设 $X \neq \{\theta\}$ 是赋范线性空间,Y 是 Banach 空间,则 $L(X, Y)$ 是以 $\|T\|$ 为范数的 Banach 空间.

证明 首先证明 $\|T\|$ 是 $L(X, Y)$ 中的范数.

(1) $\|T\| \geqslant 0, \forall T \in L(X, Y)$,且 $\|T\| = 0$ 等价于 $Tx = \theta, \forall x \in X$,即 $T = \theta$;

(2) $\forall \lambda \in \mathbf{K}, \|\lambda T\| = \sup_{\|x\|=1} \|\lambda Tx\| = |\lambda| \sup_{\|x\|=1} \|Tx\| = |\lambda| \|T\|$;

(3) $\forall T_1, T_2 \in L(X, Y)$,

$$\|T_1 + T_2\| = \sup_{\|x\|=1} \|(T_1 + T_2)x\| = \sup_{\|x\|=1} \|T_1 x + T_2 x\|$$

$$\leqslant \sup_{\|x\|=1} \|T_1 x\| + \sup_{\|x\|=1} \|T_1 x\| = \|T_1\| + \|T_2\|.$$

再证完备性.设 $\{T_n\} \subset L(X, Y)$ 是 Cauchy 列,即 $\forall \varepsilon > 0$,存在正整数 N,当 $n \geqslant N$ 时,对任意正整数 p,有 $\|T_{n+p} - T_n\| < \varepsilon$. 于是 $\forall x \in X$,有

$$\|T_{n+p} x - T_n x\| \leqslant \|T_{n+p} - T_n\| \|x\| < \varepsilon \|x\|. \tag{3.1}$$

故 $\{T_n x\}$ 是 Y 中的 Cauchy 列. 由于 Y 是 Banach 空间,那么 $T_n x \to y \in Y$. 记 $y = Tx$,易证算子 $T: X \to Y$ 是线性的. 在 (3.1) 式中,令 $p \to \infty$,则当 $n \geqslant N$ 时,

$$\|Tx - T_n x\| \leqslant \varepsilon \|x\|. \tag{3.2}$$

于是 $\|Tx\| \leqslant \|T_N x\| + \varepsilon \|x\| \leqslant (\|T_N\| + \varepsilon) \|x\|, \forall x \in X.$ 从而 $\|T\| \leqslant \|T_N\| + \varepsilon, T \in L(X, Y)$.

由 (3.2) 式可知,$\forall \varepsilon > 0$,当 $n \geqslant N$ 时,$\dfrac{\|(T - T_n)x\|}{\|x\|} \leqslant \varepsilon, \forall x \in X \backslash \{\theta\}$. 于是

$$\|T - T_n\| = \sup_{\substack{x \in X \\ x \neq \theta}} \frac{\|(T - T_n)x\|}{\|x\|} \leqslant \varepsilon,$$

即 $T_n \to T$. 故 $L(X, Y)$ 是 Banach 空间. ∎

由定理 3.2 可知,任意赋范线性空间 X 的共轭空间 X^* 是 Banach 空间.

例 3.4 设 $k(t, s)$ 在 $[a, b] \times [a, b]$ 上连续. 在 $C[a, b]$ 中定义 Hammerstein 积分算子 T 为

$$y(t) = (Tx)(t) = \int_a^b k(t, s) x(s) \mathrm{d}s, \forall x \in C[a, b],$$

易证 $T: C[a, b] \to C[a, b]$ 是有界线性算子,且可以证明 $\|T\| = \max_{a \leqslant t \leqslant b} \int_a^b |k(t, s)| \mathrm{d}s$ (证明见参考文献[4]). ∎

易见恒等算子 I 的范数为 $\|I\| = 1$.

在例 3.1 中,如果将有界线性算子 $T: \mathbf{R}^n \to \mathbf{R}^m$ 等价地看作矩阵 $(t_{ij})_{m \times n}$,可以

证明 $\|T\| = \max\limits_{1 \leqslant j \leqslant n} \sqrt{\lambda_j}$，其中 λ_j 是矩阵 $T^{\mathsf{T}}T$ 的全体特征根.

在例 3.2 中有界线性泛函的范数 $\|f\| = b - a$. 事实上，已知 $\|f\| \leqslant b - a$，取 $x_0(t) \equiv 1$，$\|f\| = \sup\limits_{\|x\|=1} |f(x)| \geqslant |f(x_0)| = \int_a^b \mathrm{d}x = b - a$.

在 $C^1[0,1]$ 中，定义范数 $\|x\|_{C^1} = \max\left\{ \max\limits_{0 \leqslant t \leqslant 1} |x(t)|, \max\limits_{0 \leqslant t \leqslant 1} |x'(t)| \right\}$，$\forall x \in C^1[0,1]$. 易证在 $\|\cdot\|_{C^1}$ 下，$C^1[0,1]$ 是 Banach 空间. $T = \dfrac{\mathrm{d}}{\mathrm{d}t} : C^1[0,1] \to C[0,1]$ 是有界线性算子，且 $\|T\| = 1$. 事实上，$\forall x \in C^1[0,1]$，$\|Tx\|_C = \max\limits_{0 \leqslant t \leqslant 1} |x'(t)| \leqslant \|x\|_{C^1}$，可见 $\|T\| \leqslant 1$. 如果取 $x_0(t) = t$，可得 $\|T\| = \sup\limits_{\|x\|_{C^1}=1} \|Tx\|_C \geqslant \|Tx_0\|_C = 1$.

定义 3.3 设 $T_1 \in L(X_1, X_2)$，$T_2 \in L(X_2, X_3)$，定义算子乘积 $T_2 T_1 : X_1 \to X_3$ 为 $(T_2 T_1)(x) = T_2(T_1 x)$，$\forall x \in X_1$.

显然 $T_2 T_1 \in L(X_1, X_3)$，且 $\|T_2 T_1\| \leqslant \|T_2\| \cdot \|T_1\|$. 算子乘积满足结合律和对加法的分配律，但是一般不满足交换律. 如果 $T \in L(X)$，可定义算子幂 $T^n \in L(X)$，易见 $\|T^n\| \leqslant \|T\|^n$.

设 X, Y 是线性空间，$T : X \to Y$ 是线性算子. 如果 T 是一一对应的，即既是单射又是满射，则可以定义逆算子 $S = T^{-1}$. 易见 $T^{-1} : Y \to X$ 是线性的. 线性算子 $T : X \to Y$ 存在逆算子当且仅当存在线性算子 $S : Y \to X$，使得 $ST = I_X$，$TS = I_Y$. 逆算子是唯一的. 如果 $T_1 \in L(X_1, X_2)$，$T_2 \in L(X_2, X_3)$ 都可逆，则 $T_2 T_1$ 也是可逆的，且 $(T_2 T_1)^{-1} = T_1^{-1} T_2^{-1}$.

定理 3.3 设 X 是 Banach 空间，$T \in L(X)$. 如果 $\|T\| < 1$，则 $I - T$ 存在逆算子 $(I-T)^{-1} \in L(X)$，且 $(I-T)^{-1} = \sum\limits_{n=0}^{\infty} T^n$，$\|(I-T)^{-1}\| \leqslant \dfrac{1}{1 - \|T\|}$，其中 $T^0 = I$.

证明 因为 X 是 Banach 空间，所以 $L(X)$ 也是 Banach 空间. 令 $S_n = \sum\limits_{i=0}^{n} T^i$，显然 $S_n \in L(X)$. 对任意的正整数 p，

$$\|S_{n+p} - S_n\| = \left\| \sum_{i=n+1}^{n+p} T^i \right\| \leqslant \sum_{i=n+1}^{n+p} \|T\|^i$$

$$= \frac{\|T\|^{n+1}(1 - \|T\|^p)}{1 - \|T\|} \leqslant \frac{\|T\|^{n+1}}{1 - \|T\|} \to 0 (n \to \infty),$$

即 $\{S_n\}$ 是 $L(X)$ 中的 Cauchy 列，则存在 $S \in L(X)$，使得 $S_n \to S$，$S = \sum\limits_{n=0}^{\infty} T^n$. 因为

$$(I - T)\left(\sum_{i=0}^{n} T^i \right) = \left(\sum_{i=0}^{n} T^i \right)(I - T) = I - T^{n+1}, \tag{3.3}$$

而 $\|T^{n+1}\| \leqslant \|T\|^{n+1} \to 0 (n \to \infty)$，即 $T^{n+1} \to \theta$，在 (3.3) 式中令 $n \to \infty$，得

$$(I - T)S = S(I - T) = I,$$

则 $(I-T)^{-1}$ 存在,并且 $(I-T)^{-1}=S\in L(X)$, $(I-T)^{-1}=\sum_{n=0}^{\infty}T^n$. 另外

$$\|(I-T)^{-1}\|=\|S\|=\lim_{n\to\infty}\|S_n\|=\lim_{n\to\infty}\Big\|\sum_{i=0}^{n}T^i\Big\|\leqslant\lim_{n\to\infty}\sum_{i=0}^{n}\|T\|^i=\frac{1}{1-\|T\|}. \blacksquare$$

3.2　Baire 纲定理和 Banach 逆算子定理

定义 3.4　设 (X,d) 是度量空间, $E\subset X$. 如果 $\overline{E}$ 的内点集是空集,称 E 为**疏集**. 无穷维赋范线性空间中的紧集是疏集(见习题 2.4).

命题 3.3　设 (X,d) 是度量空间, $E\subset X$ 为疏集的充分必要条件是对任意球 $B(x_0,r_0)$,存在球 $B(x_1,r_1)\subset B(x_0,r_0)$,使得 $\overline{E}\bigcap\overline{B}(x_1,r_1)=\varnothing$.

证明　必要性. 由于 E 是疏集,所以 $\overline{E}$ 不包含 $B(x_0,r_0)$,于是存在 $x_1\in B(x_0,r_0)$, $x_1\notin\overline{E}$. 又因为 $\overline{E}$ 是闭集,则 $d(x_1,\overline{E})>0$,于是存在 $\varepsilon_1>0$,使得 $\overline{E}\bigcap\overline{B}(x_1,\varepsilon_1)=\varnothing$. 取 $0<r_1<\min\{\varepsilon_1,r_0-d(x_0,x_1)\}$,则 $B(x_1,r_1)\subset B(x_0,r_0)$,且 $\overline{E}\bigcap\overline{B}(x_1,r_1)=\varnothing$.

充分性. 若 E 不是疏集,则 $\overline{E}$ 中含有内点,于是存在球 $B(x_0,r_0)\subset\overline{E}$,矛盾. $\blacksquare$

定义 3.5　设 (X,d) 是度量空间, $E\subset X$ 称为**第一纲的**,如果 $E=\bigcup_{n=1}^{\infty}E_n$,其中 E_n 是疏集. 不是第一纲的集合,称其为是**第二纲的**.

例如在 $\mathbf{R}^1$ 中,有限点集是疏集,可数点集是第一纲的,特别地,有理数集合是第一纲的.

定理 3.4(Baire 纲定理)　完备的度量空间 (X,d) 中的非空开集 U (特别地, $U=X$)是第二纲的.

证明　如果 U 是第一纲的,则有 $U=\bigcup_{n=1}^{\infty}X_n$,其中 X_n 是疏集. 取 $x_0\in U$,因为 U 是开集,于是存在球 $B(x_0,r_0)\subset U$,根据命题 3.3,存在球 $B(x_1,r_1)(r_1<1)$,使得 $B(x_1,r_1)\subset B(x_0,r_0)$,并且 $\overline{X}_1\bigcap\overline{B}(x_1,r_1)=\varnothing$. 然后存在球 $B(x_2,r_2)\big(r_2<\frac{1}{2}\big)$,使得 $B(x_2,r_2)\subset B(x_1,r_1)$,并且 $\overline{X}_2\bigcap\overline{B}(x_2,r_2)=\varnothing$,依此下去,存在球 $B(x_n,r_n)\big(r_n<\frac{1}{n}\big)$,使得 $B(x_n,r_n)\subset B(x_{n-1},r_{n-1})$,并且 $\overline{X}_n\bigcap\overline{B}(x_n,r_n)=\varnothing$. 从而得到闭球套 $\overline{B}(x_0,r_0)\supset\overline{B}(x_1,r_1)\supset\cdots\supset\overline{B}(x_n,r_n)\supset\cdots$,并且 $\overline{B}(x_n,r_n)$ 的直径 $2r_n\to 0$. 根据 Cantor 定理,存在 $x\in U$,使得对任意正整数 $n,x\in\overline{B}(x_n,r_n)$. 于是

$$x\in\bigcap_{n=1}^{\infty}\overline{B}(x_n,r_n)=\Big(\bigcap_{n=1}^{\infty}\overline{B}(x_n,r_n)\Big)\bigcap U=\Big(\bigcap_{n=1}^{\infty}\overline{B}(x_n,r_n)\Big)\bigcap\Big(\bigcup_{n=1}^{\infty}X_n\Big)$$

$$=\bigcup_{n=1}^{\infty}\Big(\Big(\bigcap_{n=1}^{\infty}\overline{B}(x_n,r_n)\Big)\bigcap X_n\Big)\subset\bigcup_{n=1}^{\infty}\big(\overline{B}(x_n,r_n)\bigcap X_n\big)=\varnothing,$$

矛盾. 从而 U 是第二纲的.

定理 3.5（开映射定理）　设 X,Y 是 Banach 空间,如果 $T \in L(X,Y)$ 是满射,则 T 将 X 中的开集映成 Y 中的开集,即 T 是开映射.

证明见参考文献[8].

定理 3.6（Banach 逆算子定理）　设 X,Y 是 Banach 空间,如果 $T \in L(X,Y)$ 既是单射又是满射,则 $T^{-1} \in L(Y,X)$.

证明　由开映射定理,$TB(\theta,1)$ 是 Y 中开集,于是存在 $\delta > 0$,使 $B(\theta,\delta) \subset TB(\theta,1)$,从而 $T^{-1}B(\theta,\delta) \subset B(\theta,1)$.

设 $D \subset Y$ 是有界的,则存在 $M > 0$,使得 $\|x\| \leqslant M$,$\forall x \in D$. 而 $\dfrac{\delta}{M+1}D \subset B(\theta,\delta)$,故 $\forall x \in D$,$\|T^{-1}x\| = \dfrac{M+1}{\delta}\left\|T^{-1}\left(\dfrac{\delta}{M+1}x\right)\right\| \leqslant \dfrac{M+1}{\delta}$,即 T^{-1} 将 D 映成 X 中的有界集.

定理 3.7（等价范数定理）　如果线性空间 X 在范数 $\|\cdot\|_1$ 和 $\|\cdot\|_2$ 下都是 Banach 空间,并且 $\|\cdot\|_2$ 比 $\|\cdot\|_1$ 强,则 $\|\cdot\|_1$ 与 $\|\cdot\|_2$ 等价.

证明　恒等算子 $I:X \to X$ 是 $(X,\|\cdot\|_2)$ 到 $(X,\|\cdot\|_1)$ 的线性算子,由于 $\|\cdot\|_2$ 比 $\|\cdot\|_1$ 强,所以存在常数 $C > 0$,使得 $\|x\|_1 \leqslant C\|x\|_2$,$\forall x \in X$,即 $\|Ix\|_1 \leqslant C\|x\|_2$,$\forall x \in X$,所以 I 是有界的. 而 I 既是单射又是满射,于是 $I^{-1}:(X,\|\cdot\|_1) \to (X,\|\cdot\|_2)$ 是有界的,即存在常数 $M > 0$,使得 $\|I^{-1}x\|_2 = \|x\|_2 \leqslant M\|x\|_1$,$\forall x \in X$,从而 $\|\cdot\|_1$ 与 $\|\cdot\|_2$ 等价.

3.3　闭图像定理与共鸣定理

设 X,Y 是数域 $\mathbf{K}$ 上的赋范线性空间,在 $X \times Y = \{(x,y) \,|\, x \in X, y \in Y\}$ 中定义线性运算:$\forall (x_1,y_1),(x_2,y_2) \in X \times Y$,$\lambda,\mu \in \mathbf{K}$,

$$\lambda(x_1,y_1) + \mu(x_2,y_2) = (\lambda x_1 + \mu x_2, \lambda y_1 + \mu y_2).$$

可见 $X \times Y$ 是线性空间. 易见 $X \times Y$ 在范数 $\|(x,y)\| = \|x\| + \|y\|$ 下成为赋范线性空间.

定义 3.6　设 $T:D \subset X \to Y$ 是线性算子,$X \times Y$ 的线性子空间 $G_T = \{(x,Tx) \,|\, x \in D\}$ 称为 T 的**图像**. 如果 G_T 是 $X \times Y$ 中的闭子空间,称 T 是**闭算子**.

命题 3.4　设 X,Y 是赋范线性空间,线性算子 $T:D \subset X \to Y$ 是闭算子的充分必要条件是 $\forall \{x_n\} \subset D$,如果 $x_n \to x \in X$,$Tx_n \to y \in Y$,则 $x \in D$,$Tx = y$.

证明　充分性. 设 $(x_n,Tx_n) \in G_T$ $(n=1,2,\cdots)$,并且 $(x_n,Tx_n) \to (x,y)$,则 $x_n \to x$,$Tx_n \to y$. 由条件可知,$x \in D$,$Tx = y$,即 $(x,y) \in G_T$,所以 G_T 是闭的.

必要性. 如果 $x_n \to x$,$Tx_n \to y$,则有 $(x_n,Tx_n) \to (x,y)$,又因为 G_T 是闭的,所

以有 $(x,y) \in G_T$，即 $x \in D, Tx = y$.

例 3.5　$T = \dfrac{\mathrm{d}}{\mathrm{d}t} : C^1[0,1] \subset C[0,1] \to C[0,1]$ 是闭线性算子. 因为 $\forall \{x_n\} \subset$ $C^1[0,1]$，如果 $x_n \to x, Tx_n \to y$，则在 $[0,1]$ 上，$x_n(t)$ 一致收敛到 $x(t), x_n'(t)$ 一致收敛到 $y(t)$. 所以 $x(t)$ 连续可导，且 $x'(t) = y(t)$，即 $x \in C^1[0,1], Tx = y$.

命题 3.5　设 X, Y 是赋范线性空间，$T : D \subset X \to Y$ 是有界线性算子，如果 D 是闭子空间(特别地，$D = X$)，则 T 是闭线性算子.

定理 3.8(闭图像定理)　设 X, Y 都是 Banach 空间，$T : D \subset X \to Y$ 是闭线性算子. 如果 D 是闭的(特别地，$D = X$)，则 T 是有界线性算子.

证明　因为 D 是 Banach 空间 X 的闭子空间，则 D 是 Banach 空间. 在 D 中引入图范数 $\|\cdot\|_G$ 为 $\|x\|_G = \|x\| + \|Tx\|$，$\forall x \in D$. 下证 $(D, \|\cdot\|_G)$ 是 Banach 空间.

设 $\{x_n\} \subset (D, \|\cdot\|_G)$ 是 Cauchy 列，即

$$\|x_m - x_n\|_G = \|x_m - x_n\| + \|Tx_m - Tx_n\| \to 0 \ (m, n \to \infty).$$

由于 X 和 Y 是 Banach 空间，则存在 $x \in X, y \in Y$，使得 $x_n \xrightarrow{\|\cdot\|} x, Tx_n \to y$. 因为 $T : D \subset X \to Y$ 是闭线性算子，由命题 3.4 知，$x \in D, y = Tx$. 因此

$$\|x_n - x\|_G = \|x_n - x\| + \|Tx_n - Tx\| \to 0 \ (n \to \infty),$$

所以 $(D, \|\cdot\|_G)$ 是 Banach 空间.

显然图范数 $\|\cdot\|_G$ 比 $\|\cdot\|$ 强. 根据等价范数定理，存在常数 $M > 0$，使得

$$\|Tx\| \leqslant \|x\|_G \leqslant M\|x\|, \ \forall x \in D.$$

于是 T 是有界线性算子.

定理 3.9(共鸣定理，一致有界定理)　设 X 是 Banach 空间，Y 是赋范线性空间，有界线性算子族 $\{T_\lambda | \lambda \in \Lambda\} \subset L(X, Y)$. 如果 $\forall x \in X, \sup\limits_{\lambda \in \Lambda} \|T_\lambda x\| < +\infty$，则存在常数 $M > 0$，使得 $\|T_\lambda\| \leqslant M, \forall \lambda \in \Lambda$.

证明　$\forall x \in X$，定义 $\|x\|_1 = \|x\| + \sup\limits_{\lambda \in \Lambda} \|T_\lambda x\|$. 易证 $\|\cdot\|_1$ 是 X 中的范数.

设 $\{x_n\} \subset (X, \|\cdot\|_1)$ 是 Cauchy 列，即

$$\|x_m - x_n\|_1 = \|x_m - x_n\| + \sup\limits_{\lambda \in \Lambda} \|T_\lambda x_m - T_\lambda x_n\| \to 0 \ (m, n \to \infty).$$

由于 X 是 Banach 空间，则存在 $x \in X$，使得 $x_n \xrightarrow{\|\cdot\|} x$，而且 $\forall \varepsilon > 0$，存在正整数 N，使得当 $m, n > N$ 时，$\sup\limits_{\lambda \in \Lambda} \|T_\lambda x_m - T_\lambda x_n\| < \varepsilon$. 从而 $\forall \lambda \in \Lambda, \|T_\lambda x_m - T_\lambda x_n\| < \varepsilon$. 令 $m \to \infty$，得到当 $n > N$ 时，$\forall \lambda \in \Lambda$，有 $\|T_\lambda x_n - T_\lambda x\| \leqslant \varepsilon$，即当 $n > N$ 时，$\sup\limits_{\lambda \in \Lambda} \|T_\lambda x_n - T_\lambda x\| \leqslant \varepsilon$. 从而 $\sup\limits_{\lambda \in \Lambda} \|T_\lambda x_n - T_\lambda x\| \to 0 (n \to \infty)$. 因此

$$\|x_n - x\|_1 = \|x_n - x\| + \sup\limits_{\lambda \in \Lambda} \|T_\lambda x_n - T_\lambda x\| \to 0 \ (n \to \infty).$$

即 $(X, \|\cdot\|_1)$ 是 Banach 空间.

显然 $\|\cdot\|_1$ 比 $\|\cdot\|$ 强. 根据等价范数定理, 存在常数 $M>0$, 使得

$$\|T_\lambda x\| \leqslant \sup_{\lambda \in \Lambda} \|T_\lambda x\| \leqslant \|x\|_1 \leqslant M\|x\|, \forall x \in X.$$

从而 $\|T_\lambda\| \leqslant M, \forall \lambda \in \Lambda.$ ■

更一般地有

定理 3.10 设 X, Y 是赋范线性空间, $\{T_\lambda \mid \lambda \in \Lambda\} \subset L(X, Y)$. 如果存在 X 中的第二纲集 D(例如 Banach 空间 X 中的开球), 使得 $\forall x \in D, \sup_{\lambda \in \Lambda} \|T_\lambda x\| < +\infty$, 则存在常数 $M>0$, 使得 $\|T_\lambda\| \leqslant M, \forall \lambda \in \Lambda.$

证明见参考文献[9].

3.4 Hahn-Banach 定理和 Riesz 表示定理

定义 3.7 设 X 是实线性空间, 泛函 $p: X \rightarrow \mathbf{R}^1$. 如果满足条件

(1) **次线性** $p(x+y) \leqslant p(x) + p(y), \forall x, y \in X$;

(2) **正齐性** $p(\lambda x) = \lambda p(x), \forall x \in X, \lambda \geqslant 0.$

则称 p 为 X 上的**次线性泛函**.

引理 3.1(实 Hahn-Banach 定理) 设 X 是实线性空间, $p: X \rightarrow \mathbf{R}^1$ 是次线性泛函, X_0 是 X 的实线性子空间. 如果 $f_0: X_0 \rightarrow \mathbf{R}^1$ 是线性泛函, 且 $f_0(x) \leqslant p(x), \forall x \in X_0$, 则存在线性泛函 $f: X \rightarrow \mathbf{R}^1$, 满足

(1) **延拓条件** $f(x) = f_0(x), \forall x \in X_0$;

(2) **控制条件** $f(x) \leqslant p(x), \forall x \in X.$

证明见参考文献[8].

定理 3.11(Hahn-Banach 定理) 设 X_0 是赋范线性空间 X 的子空间, f_0 是 X_0 上的有界线性泛函, 则存在有界线性泛函 $f: X \rightarrow \mathbf{R}^1$, 满足

(1) **延拓条件** $f(x) = f_0(x), \forall x \in X_0$;

(2) **保范条件** $\|f\| = \|f_0\|_0$, 其中 $\|f_0\|_0$ 表示 f_0 在 X_0 中的范数.

定理的证明见参考文献[8].

定理 3.12 设 X 是数域 $\mathbf{K}$ 上赋范线性空间, M 是 X 的线性子空间. 如果 $x_0 \in X$, 并且 $d = d(x_0, M) > 0$, 则存在 $f \in X^*$, 使得 $f(x) = 0, \forall x \in M, f(x_0) = d$, $\|f\| = 1.$

证明 令 $X_0 = \{x + \alpha x_0 \mid x \in M, \alpha \in \mathbf{K}\}$, 显然 X_0 是 X 的线性子空间. 定义泛函 $f_0: X_0 \rightarrow K$ 为 $f_0(y) = \alpha d, \forall y = x + \alpha x_0 \in X_0.$ 易证 f_0 是 X_0 上的线性泛函, 并且 $f_0(x) = 0, \forall x \in M, f_0(x_0) = d.$ 下证 f_0 是有界的, 且 $\|f_0\|_0 = 1.$

$\forall y = x + \alpha x_0 \in X_0, |f_0(y)| = |\alpha| d.$ 当 $\alpha \neq 0$ 时, $|f_0(y)| \leqslant |\alpha| \left\| \dfrac{x}{\alpha} + x_0 \right\| =$

$\|y\|$;当 $\alpha=0$ 时,$|f_0(y)|=0\leqslant\|y\|$.所以线性泛函 f_0 是 X_0 中的有界线性泛函,且 $\|f_0\|_0\leqslant1$.

因为存在 $\{x_n\}\subset M$,使得 $\|x_n-x_0\|\to d$. 而

$$d=|f_0(x_0)|=|f_0(x_n-x_0)|\leqslant\|f_0\|_0\|x_n-x_0\|,$$

令 $n\to\infty$,可得 $\|f_0\|_0\geqslant1$. 从而 $\|f_0\|_0=1$.

根据 Hahn-Banach 定理,可将 f_0 保范延拓到 X 上,记作 f,即为所求. ∎

推论 1 设 X 是赋范线性空间,M 是 X 的子空间,则 $x_0\in\overline{M}$ 当且仅当如果 $\forall f\in X^*$,$f(x)=0$,$\forall x\in M$,那么 $f(x_0)=0$.

推论 2 设 X 是赋范线性空间,则 $\forall x_0\in X\backslash\{\theta\}$,存在 $f\in X^*$,使得 $f(x_0)=\|x_0\|$,并且 $\|f\|=1$.

推论 3 设 X 是赋范线性空间,$x_0=\theta$ 当且仅当 $\forall f\in X^*$,$f(x_0)=0$.

定理 3.13(Riesz 表示定理) 设 X 是 Hilbert 空间,$\forall f\in X^*$,存在唯一的 $u\in X$,使得 $f(x)=(x,u)$,$\forall x\in X$,且 $\|f\|=\|u\|$. 反之,$\forall u\in X$,定义 $f(x)=(x,u)$,$\forall x\in X$,则 $f\in X^*$,且 $\|f\|=\|u\|$.

证明 设 $f\in X^*$,不妨设 $f\neq\theta$. 令 $M=\{x\in X\mid f(x)=0\}$,即 M 是 f 的核空间,则 M 是 X 的真闭子空间. 由正交分解定理,$X=M\oplus M^\perp$,$M^\perp\neq\{\theta\}$. 故存在 $x_0\neq\theta$,$x_0\perp M$. 于是 $x_0\notin M$,$f(x_0)\neq0$.

$\forall x\in X$,$f\left(x-\dfrac{f(x)}{f(x_0)}x_0\right)=0$,即 $x-\dfrac{f(x)}{f(x_0)}x_0\in M$,故

$$\left(x-\frac{f(x)}{f(x_0)}x_0,x_0\right)=0.$$

于是

$$\frac{f(x)}{f(x_0)}\|x_0\|^2=(x,x_0).$$

从而

$$f(x)=\left(x,\overline{\frac{f(x_0)}{\|x_0\|^2}}x_0\right).$$

取 $u=\overline{\dfrac{f(x_0)}{\|x_0\|^2}}x_0$. 下面证明 u 的唯一性以及 $\|f\|=\|u\|$.

如果存在 $u'\in X$,使得 $f(x)=(x,u')$,$\forall x\in X$,于是 $(x,u-u')=0$,$\forall x\in X$. 由 x 的任意性可知,$u=u'$,唯一性得证. 由 Schwarz 不等式

$$|f(x)|=|(x,u)|\leqslant\|u\|\|x\|,\forall x\in X,$$

所以 $\|f\|\leqslant\|u\|$,而 $\|f\|\|u\|\geqslant|f(u)|=|(u,u)|=\|u\|^2$,则 $\|f\|\geqslant\|u\|$,故 $\|f\|=\|u\|$.

反之,由内积的定义和 Schwarz 不等式,易证由 $f(x)=(x,u)$,$\forall x\in X$ 定义

了 X 上的有界线性泛函,且 $\|f\|=\|u\|$. ■

【注】 在 Hilbert 空间 X 中,定义 $L:X\to X^*$ 为 $Lu=f$,其中 $f(x)=(x,u)$, $\forall x\in X$. 由 Riesz 表示定理,L 是有界线性算子,并且是等距映射,从而 X 与 X^* 等距同构,此时称 X 是**自共轭的**.

数域 **K** 上的线性空间 X 中二元函数 $a(\cdot,\cdot):X\times X\to$**K** 称为**共轭双线性泛函**,如果 $\forall x,y,x_1,y_1,x_2,y_2\in X,\lambda,\mu\in$**K**,

$$a(\lambda x_1+\mu x_2,y)=\lambda a(x_1,y)+\mu a(x_2,y),$$

$$a(x,\lambda y_1+\mu y_2)=\bar{\lambda}a(x,y_1)+\bar{\mu}a(x,y_2).$$

显然内积空间 X 中的内积是共轭双线性泛函.

定理 3.14(Lax-Milgram 定理)　设 X 是 Hilbert 空间,$a(x,y)$ 是共轭双线性泛函. 如果满足

(1) $a(x,y)$ 是**有界的**,即存在常数 $M>0$,使得 $|a(x,y)|\leqslant M\|x\|\|y\|,\forall x,y\in X$;

(2) $a(x,y)$ 是**强制的**,即存在常数 $\delta>0$,使得 $|a(x,x)|\geqslant\delta\|x\|^2,\forall x\in X$.

则 $\forall f\in X^*$,存在唯一的 $u\in X$,使得 $f(x)=a(x,u),\forall x\in X$,且 $\|u\|\leqslant\dfrac{1}{\delta}\|f\|$.

证明　因为 $a(x,y)$ 是有界共轭双线性泛函,则 $\forall y\in X,a(\cdot,y)$ 是 X 中有界线性泛函. 由 Riesz 表示定理,存在唯一的 $v\in X$,使得 $a(x,y)=(x,v),\forall x\in X$. 定义 $v=Ay$,则

$$a(x,y)=(x,Ay),\forall x,y\in X. \tag{3.4}$$

易证 A 是线性算子. 由 $a(x,y)$ 是有界的,

$$\|Ay\|^2=(Ay,Ay)=|a(Ay,y)|\leqslant M\|Ay\|\|y\|,\forall y\in X,$$

可知 A 是有界线性算子.

因为 $a(x,y)$ 是强制的,则由(3.4)式,

$$\delta\|y\|^2\leqslant|a(y,y)|=|(y,Ay)|\leqslant\|y\|\|Ay\|,\forall y\in X.$$

于是

$$\delta\|y\|\leqslant\|Ay\|,\forall y\in X, \tag{3.5}$$

从而 A 是单射. 下面证明 A 是满射.

首先证明 A 的值域 $\Re(A)$ 是闭集. 设 $\{u_n\}\subset\Re(A),u_n\to u_0$,则存在 $\{y_n\}\subset X$,使得 $u_n=Ay_n\to u_0$. 由(3.5)式可知,

$$\delta\|y_m-y_n\|\leqslant\|Ay_m-Ay_n\|\to 0(m,n\to\infty).$$

故 $\{y_n\}$ 是 Cauchy 列,令 $y_n\to y_0$,于是 $Ay_n\to Ay_0=u_0$,可见 $u_0\in\Re(A)$,即 $\Re(A)$ 是闭集.

如果 $\Re(A)\neq X$,根据正交分解定理,存在 $x_0\in X,x_0\neq\theta$,使得 $x_0\perp\Re(A)$,所

以 $(x_0, Ax_0) = a(x_0, x_0) = 0$, 由强制性条件, $x_0 = \theta$, 矛盾.

于是 A 即是单射又是满射, 根据 Banach 逆算子定理, $A^{-1} \in L(X)$.

$\forall f \in X^*$, 由 Riesz 表示定理, 存在唯一的 $w \in X$, 使得 $f(x) = (x, w)$, $\forall x \in X$, 且 $\|f\| = \|w\|$. 取 $u = A^{-1}w$, 则由(3.4)式, $f(x) = (x, Au) = a(x, u)$, $\forall x \in X$. 再由(3.5)式可知

$$\|u\| = \|A^{-1}w\| \leqslant \frac{1}{\delta}\|A(A^{-1}w)\| = \frac{1}{\delta}\|w\| = \frac{1}{\delta}\|f\|. \qquad \blacksquare$$

习　题　3

3.1　设 $T \in L(X, Y)$, 证明: $\|T\| = \sup\limits_{\|x\| \leqslant 1}\|Tx\| = \sup\limits_{\|x\| < 1}\|Tx\|$.

3.2　设 $T: L^1[a, b] \to C[a, b]$ 为 $(Tx)(t) = \int_a^t x(s)\mathrm{d}s$, $\forall x \in L^1[a, b]$, 证明: T 是有界线性算子, 且 $\|T\| = 1$. 当 $T: C[a, b] \to C[a, b]$ 时, 如何?

3.3　设 $f \in X^*$, 证明 $\|f\| = \sup\limits_{\|x\| = 1} f(x)$.

3.4　设 $x_1, x_2, \cdots, x_n$ 是赋范线性空间 X 中的 n 个线性无关的元素, 证明: 存在 $f_1, f_2, \cdots, f_n \in X^*$, 使得 $(f_i, x_j) = f_i(x_j) = \delta_{ij}$ $(i, j = 1, 2, \cdots, n)$.

第4章 自反空间、共轭算子和弱收敛

4.1 自 反 空 间

因为 $X=\mathbf{R}^n$ 是 Hilbert 空间,由 Riesz 表示定理,X^* 与 $\mathbf{R}^n$ 等距同构,并且 $f\in$ $(\mathbf{R}^n)^*$ 当且仅当存在唯一的 $\xi=(\xi_1,\xi_2,\cdots,\xi_n)^{\mathrm{T}}\in\mathbf{R}^n$,使得 $f(x)=\sum_{i=1}^{n}\xi_i x_i$, $\forall x=$ $(x_1,x_2,\cdots,x_n)^{\mathrm{T}}\in\mathbf{R}^n$. 于是可看作 $f=\xi$,在这种意义下,$(\mathbf{R}^n)^*=\mathbf{R}^n$.

设 $1\leqslant p<+\infty,\dfrac{1}{p}+\dfrac{1}{q}=1$(当 $p=1$ 时,$q=\infty$). 可以证明(见参考文献[2]),在等距同构的意义下,有以下结论:

(1) $(L^p[a,b])^*=L^q[a,b]$,并且 $f\in(L^p[a,b])^*$ 当且仅当存在唯一的 $y=$ $L^q[a,b]$,使得 $f(x)=\displaystyle\int_a^b y(t)x(t)\mathrm{d}t$, $\forall x\in L^p[a,b]$. 于是看作 $f=y$.

(2) $(l^p)^*=l^q$,并且 $f\in(l^p)^*$ 当且仅当存在唯一的 $(\xi_1,\xi_2,\cdots,\xi_n,\cdots)\in l^q$,使得 $f(x)=\displaystyle\sum_{i=1}^{\infty}\xi_i x_i$, $\forall x=(x_1,x_2,\cdots,x_n)\in l^p$. 于是看做 $f=(\xi_1,\xi_2,\cdots,\xi_n,\cdots)$.

对赋范线性空间 X,记 X^* 的共轭空间为 X^{**}. 对于 $x\in X$. 定义 $F(f)=f(x)$,$\forall f\in X^*$. 显然 $F\in X^{**}$,且 $\|F\|\leqslant\|x\|$. 定义 $J:X\to X^{**}$ 为 $Jx=F$.

命题 4.1 $J:X\to X^{**}$ 是有界线性算子,且 $\|Jx\|=\|x\|$,$\forall x\in X$.

证明 $\forall\alpha,\beta\in\mathbf{K},x_1,x_2\in X,f\in X^*$,则有

$$J(\alpha x_1+\beta x_2)(f)=f(\alpha x_1+\beta x_2)=\alpha f(x_1)+\beta f(x_2)$$
$$=\alpha(Jx_1)(f)+\beta(Jx_2)(f)=(\alpha Jx_1+\beta Jx_2)(f),$$

即 $J(\alpha x_1+\beta x_2)=\alpha Jx_1+\beta Jx_2$,$J$ 是线性算子.

$\forall x\in X,f\in X^*$,$|(Jx)(f)|=|f(x)|\leqslant\|f\|\|x\|$. 于是 $\|Jx\|\leqslant\|x\|$,$\forall x\in X$,即 J 是有界线性算子. 根据定理 3.12 推论 2,$\forall x\in X$,存在 $f\in X^*$,使得 $\|f\|=1$,$f(x)=\|x\|$. 于是 $\|x\|=|f(x)|=|(Jx)(f)|\leqslant\|Jx\|\|f\|=\|Jx\|$,故 $\|Jx\|=\|x\|$. ■

命题 4.2 赋范线性空间 X 与 X^{**} 的一个子空间等距同构.

称 $J:X\to X^{**}$ 为**自然嵌入映射**. 在等距同构的意义下,$X\subset X^{**}$.

定义 4.1 如果自然嵌入映射 $J:X\to X^{**}$ 是满射的,则称 X 是**自反的**,记作 $X=X^{**}$.

因为 X^{**} 是 Banach 空间,则自反空间是 Banach 空间.

$\mathbf{R}^n, L^p[a,b](1<p<+\infty), l^p(1<p<+\infty)$ 都是自反空间. Hilbert 空间是自反的.

定理 4.1(Pettis)　自反空间的闭子空间是自反的.

证明见参考文献[8].

4.2　共　轭　算　子

设 X,Y 都是赋范线性空间, $T\in L(X,Y)$. 对 $f\in Y^*$, 由 $f^*(x)=f(Tx), \forall x\in X$ 定义了 $f^*\in X^*$. 定义 $T^*:Y^*\to X^*$ 为 $T^*f=f^*$, 于是 $(T^*f,x)=(f,Tx)$, 称 T^* 为 T 的**共轭算子**.

例 4.1　设 $T\in L(\mathbf{R}^n,\mathbf{R}^m)$, 则存在矩阵 $(t_{ij})_{m\times n}$, 使得 $\forall x=(x_1,x_2,\cdots,x_n)^{\mathrm{T}}\in \mathbf{R}^n, Tx=(t_{ij})x\in\mathbf{R}^m$. 于是 $\forall f\in(\mathbf{R}^m)^*$, 存在 $\xi=(\xi_1,\xi_2,\cdots,\xi_m)\in\mathbf{R}^m$, 使得

$$f(y)=\sum_{i=1}^m \xi_i y_i, \forall y=(y_1,y_2,\cdots,y_m)\in\mathbf{R}^m,$$

并且 $f=\xi$. 于是 $\forall x=(x_1,x_2,\cdots,x_n)^{\mathrm{T}}\in\mathbf{R}^n$, 有

$$(T^*f,x)=(f,Tx)=\sum_{i=1}^m \xi_i \sum_{j=1}^n t_{ij}x_j = \sum_{j=1}^n x_j \sum_{i=1}^m t_{ij}\xi_i.$$

令 $\eta_j=\sum_{i=1}^m t_{ij}\xi_i(j=1,2,\cdots,n)$, 于是 $\eta=(\eta_1,\eta_2,\cdots,\eta_n)^{\mathrm{T}}\in\mathbf{R}^n$. 并且 $(T^*f,x)=(\eta,x)$, 从而 $T^*f=\eta=(t_{ij})^{\mathrm{T}}\xi$. 由于 $f=\xi$, 可见 $T^*=(t_{ij})^{\mathrm{T}}$.

例 4.2　设 $k(t,s)$ 是 $[a,b]\times[a,b]$ 上的实可测函数, 且满足

$$\int_a^b\int_a^b |k(t,s)|^q \mathrm{d}s\mathrm{d}t<+\infty(1<q<+\infty).$$

以 $k(t,s)$ 为核的积分算子 T 定义为 $(Tx)(t)=\int_a^b k(t,s)x(s)\mathrm{d}s, \forall x\in L^p[a,b]$ $\left(\dfrac{1}{p}+\dfrac{1}{q}=1\right)$. 于是 $T\in L(L^p[a,b],L^q[a,b])$.

事实上, $\forall x\in L^p[a,b]$,

$$|(Tx)(t)|=\left|\int_a^b k(t,s)x(s)\mathrm{d}s\right|\leqslant \int_a^b |k(t,s)|\,|x(s)|\mathrm{d}s$$

$$\leqslant \left(\int_a^b |k(t,s)|^q \mathrm{d}s\right)^{\frac{1}{q}}\left(\int_a^b |x(s)|^p \mathrm{d}s\right)^{\frac{1}{p}},$$

$$\|Tx\|=\left(\int_a^b |T(x)(t)|^q \mathrm{d}t\right)^{\frac{1}{q}}$$

$$\leqslant \left(\int_a^b\int_a^b |k(t,s)|^q \mathrm{d}s\mathrm{d}t\right)^{\frac{1}{q}}\left(\int_a^b |x(s)|^p \mathrm{d}s\right)^{\frac{1}{p}}$$

$$= \left(\int_a^b \int_a^b |k(t,s)|^q \mathrm{d}s\mathrm{d}t \right)^{\frac{1}{q}} \|x\|.$$

于是 $\forall f \in (L^q[a,b])^*$，存在 $z \in L^p[a,b]$，使得 $\forall y \in L^q[a,b]$，$f(y) = \int_a^b z(t)y(t)\mathrm{d}t$，并且 $f=z$. 因此，$\forall x \in L^p[a,b]$，由 Fubini 定理，有

$$(T^* f)(x) = (T^* f, x) = (f, Tx) = \int_a^b z(t)(Tx)(t)\mathrm{d}t$$

$$= \int_a^b z(t)\mathrm{d}t \int_a^b k(t,s)x(s)\mathrm{d}s = \int_a^b x(s)\mathrm{d}s \int_a^b k(t,s)z(t)\mathrm{d}t.$$

令 $\varphi(s) = \int_a^b k(t,s)z(t)\mathrm{d}t$，则 $\varphi \in L^q[a,b]$，且 $(T^* f, x) = (\varphi, x)$. 所以

$$(T^* f)(s) = \int_a^b k(t,s)z(t)\mathrm{d}t.$$

故 $(T^* f)(t) = \int_a^b k(s,t)f(s)\mathrm{d}s$.

命题 4.3　如果 $T \in L(X,Y)$，则 $T^* \in L(Y^*, X^*)$，且 $\|T^*\| = \|T\|$.

证明　$\forall \lambda, \mu \in \mathbf{K}, f, g \in Y^*$，则 $\forall x \in X$，

$$(T^*(\lambda f + \mu g), x) = (\lambda f + \mu g, Tx) = \lambda(f, Tx) + \mu(g, Tx)$$
$$= \lambda(T^* f, x) + \mu(T^* g, x) = (\lambda T^* f + \mu T^* g, x).$$

故 $T^*(\lambda f + \mu g) = \lambda T^* f + \mu T^* g$，即 T^* 是线性算子.

$\forall x \in X, f \in Y^*$，$|(T^* f)(x)| = |f(Tx)| \leqslant \|f\| \|Tx\| \leqslant \|f\| \|T\| \|x\|$. 于是
$$\|T^* f\| \leqslant \|f\| \|T\|,$$

即 T^* 是有界线性算子，且 $\|T^*\| \leqslant \|T\|$.

$\forall x \in X$，由定理 3.12 的推论 2，存在 $f \in Y^*$，使得 $\|f\| = 1, f(Tx) = \|Tx\|$. 于是
$$\|Tx\| = |f(Tx)| = |(f, Tx)|$$
$$= |(T^* f, x)| \leqslant \|T^* f\| \|x\| \leqslant \|T^*\| \|f\| \|x\| = \|T^*\| \|x\|,$$

即 $\|T\| \leqslant \|T^*\|$. 从而 $\|T\| = \|T^*\|$. ■

容易证明

命题 4.4　(1) 如果 $T \in L(X,Y)$，则 $\forall \alpha \in \mathbf{K}, (\alpha T)^* = \alpha T^*$；

(2) 如果 $T_1, T_2 \in L(X,Y)$，则 $(T_1 + T_2)^* = T_1^* + T_2^*$；

(3) 如果 $T_1 \in L(X_1, X_2), T_2 \in L(X_2, X_3)$，则 $(T_2 T_1)^* = T_1^* T_2^*$.

命题 4.5　设 $T \in L(X,Y)$，如果 T 存在有界逆算子，那么 T^* 也存在有界逆算子，并且 $(T^*)^{-1} = (T^{-1})^*$.

证明　因为 $T^{-1} \in L(Y,X)$，则 $(T^{-1})^* \in L(X^*, Y^*)$. 从而 $\forall x \in X, f \in X^*$，

$$(T^*(T^{-1})^* f, x) = ((T^{-1})^* f, Tx) = (f, T^{-1} Tx) = (f, x).$$

由 x 的任意性，$T^*(T^{-1})^* f = f$. 再由 f 的任意性，$T^*(T^{-1})^* = I_{X^*}$.

而 $\forall y \in Y, g \in Y^*, ((T^{-1})^* T^* g, y) = (T^* g, T^{-1} y) = (g, TT^{-1} y) = (g, y)$.
根据 y, g 的任意性,$(T^{-1})^* T^* = I_{Y^*}$. 因此 $(T^*)^{-1} = (T^{-1})^*$. ■

4.3　弱收敛和弱 * 收敛

定义 4.2　设 X 是赋范线性空间,$\{x_n\} \subset X, x_0 \in X$. 若 $\forall f \in X^*$,有 $f(x_n) \to f(x_0)$,则称 $\{x_n\}$ **弱收敛** 到 x_0,记作 $x_n \xrightarrow{w} x_0 (n \to \infty)$. 相应地,$x_n \to x_0$(依范数收敛)称为 **强收敛**.

命题 4.6　(1) 弱收敛的极限唯一;

(2) 如果 $x_n \to x_0$,则 $x_n \xrightarrow{w} x_0 (n \to \infty)$.

证明　(1) 设 $x_n \xrightarrow{w} x_0, x_n \xrightarrow{w} x_0'$,则 $\forall f \in X^*, f(x_n) \to f(x_0)$ 且 $f(x_n) \to f(x_0')$. 从而 $f(x_0) = f(x_0')$,即 $f(x_0 - x_0') = 0$. 根据定理 3.12 的推论 3,$x_0 - x_0' = \theta$. 即 $x_0 = x_0'$.

(2) 如果 $x_n \to x_0$,则 $\forall f \in X^*, |f(x_n) - f(x_0)| = |f(x_n - x_0)| \leqslant \|f\| \|x_n - x_0\| \to 0$. 即 $f(x_n) \to f(x_0)$,从而 $x_n \xrightarrow{w} x_0$. ■

命题 4.7　弱收敛的点列有界.

证明　设 $x_n \xrightarrow{w} x_0 (n \to \infty)$,则 $\forall f \in X^*, f(x_n) \to f(x_0)$. 因为 $X \subset X^{**}$,于是可看作 $x_n(f) \to x_0(f)$,所以 $\sup_{n \geqslant 1} |x_n(f)| < +\infty$. 由 X^* 是 Banach 空间,根据共鸣定理,可知 $\|x_n\|$ 有界. ■

命题 4.8　在有限维空间中,强收敛和弱收敛等价.

证明　设 X 是 m 维的赋范线性空间,$\{e_1, e_2, \cdots, e_m\}$ 是 X 的一个基. 令

$$x_n = \xi_1^{(n)} e_1 + \xi_2^{(n)} e_2 + \cdots + \xi_m^{(n)} e_m (n = 1, 2, \cdots),$$
$$x_0 = \xi_1^{(0)} e_1 + \xi_2^{(0)} e_2 + \cdots + \xi_m^{(0)} e_m.$$

由习题 3.4 可知,存在 $f_i \in X^* (i = 1, 2, \cdots, m)$,使得 $f_i(e_j) = \delta_{ij} (i, j = 1, 2, \cdots, m)$. 对 $1 \leqslant k \leqslant m, f_k(x_n) = \xi_k^{(n)}, f_k(x_0) = \xi_k^{(0)}$. 如果 $x_n \xrightarrow{w} x_0$,对任意 $1 \leqslant k \leqslant m, \xi_k^{(n)} \to \xi_k^{(0)}$,即依坐标收敛,根据定理 2.1,$x_n \to x_0$.

例 4.3　在 $C[0,1], x_n \xrightarrow{w} x_0$ 当且仅当 $\{\|x_n\|\}$ 有界,并且 $x_n(t) \to x(t), \forall t \in [a, b]$,即 $\{x_n(t)\}$ 一致有界且处处收敛到 $x(t)$. 参见参考文献[4].

在 $C[0,1]$ 中,取 $x_n(t) = \dfrac{nt}{1 + n^2 t^2} (n = 1, 2, \cdots)$. 于是 $\|x_n\| = \dfrac{1}{2} (n = 1, 2, \cdots)$,并且显然 $x_n(t) \to 0, \forall t \in [0, 1]$,故 $x_n \xrightarrow{w} \theta$,但 x_n 不收敛于 θ.

例 4.4　在 $L^p[a, b] (1 < p < +\infty)$ 中,$x_n \xrightarrow{w} x_0$ 当且仅当 $\{\|x_n\|\}$ 有界,并且

$$\int_a^t x_n(s)\mathrm{d}s \to \int_a^t x(s)\mathrm{d}s, \ \forall\, t \in [a,b].$$

参见参考文献[4].

在 $L^2[0,2\pi]$ 中, 取 $x_n(t) = \sin nt(n=1,2,\cdots)$. 于是 $\|x_n\| = \sqrt{\pi}(n=1,2,\cdots)$, 并且容易计算 $\int_0^t \sin ns\,\mathrm{d}s \to 0$, $\forall\, t \in [0,2\pi]$. 故 $x_n \xrightarrow{w} \theta$, 但是 x_n 不收敛于 θ.

例 4.5 在 $l^p(1 < p < +\infty)$ 中, $x_n \xrightarrow{w} x_0$ 当且仅当 $\{\|x_n\|\}$ 有界, 并且对任意的正整数 k, $\xi_k^{(n)} \to \xi_k^{(0)}(n \to \infty)$, 其中 $x_n = (\xi_1^{(n)}, \xi_2^{(n)}, \cdots, \xi_k^{(n)}, \cdots)$, $x_0 = (\xi_1^{(0)}, \xi_2^{(0)}, \cdots, \xi_k^{(0)}, \cdots)$.

在 l^1 中强收敛和弱收敛等价(Schur 定理), 见参考文献[6].

定理 4.2(Mazur) 设 X 是赋范线性空间, $\{x_n\} \subset X, x_0 \in X$, 如果 $x_n \xrightarrow{w} x_0$, 则存在 $y_m = \sum_{i=1}^{k(m)} \lambda_i^{(m)} x_i^{(m)}$, 使得 $y_m \to x_0$, 其中

$$\lambda_i^{(m)} \geqslant 0(1 \leqslant i \leqslant k(m)), \sum_{i=1}^{k(m)} \lambda_i^{(m)} = 1, \{x_1^{(m)}, x_2^{(m)}, \cdots, x_{k(m)}^{(m)}\} \subset \{x_n\},$$

即 y_m 是 $\{x_n\}$ 中有限个元素的凸组合.

证明见参考文献[8].

定义 4.3 设 X 是赋范线性空间, $\{f_n\} \subset X^*, f_0 \in X^*$. 如果 $\forall\, x \in X, f_n(x) \to f_0(x)$, 则称 f_n **弱 * 收敛**到 f_0, 记作 $f_n \xrightarrow{w^*} f_0$. 相应地, $f_n \to f_0$(依范数收敛)称为 **强收敛**.

因为 $X \subset X^{**}$, 所以 X^* 上弱收敛蕴含着弱 * 收敛, 在自反空间中, X^* 上的弱收敛和弱 * 收敛等价.

定义 4.4 设 X 是赋范线性空间, $A \subset X$ 称为 **弱列紧**的, 如果 A 中任意点列都有弱收敛的子列; $B \subset X^*$ 称为 **弱 * 列紧**的, 如果 B 中任意点列都有弱 * 收敛的子列.

定理 4.3(Eberlein-Shmulyan) 自反空间中的有界集是弱列紧的.

证明见参考文献[8]

定理 4.4 如果 X 是可分的, 则 X^* 中的有界集都是弱 * 列紧的.

证明 因为 X 是可分的, 所以存在 $\{x_k\}$ 在 X 中稠密. 设 $\{f_n\} \subset X^*$ 是有界的, 则存在常数 $M > 0$, 使得 $\|f_n\| \leqslant M(n=1,2,\cdots)$.

因为 $\{(f_n, x_1)\}$ 是有界数列, 于是存在 $\{f_n\}$ 的子列 $\{f_n^{(1)}\}$, 使得 $\{(f_n^{(1)}, x_1)\}$ 收敛. 而 $\{(f_n^{(1)}, x_2)\}$ 是有界数列, 于是存在 $\{f_n^{(1)}\}$ 的子列 $\{f_n^{(2)}\}$, 使得 $\{(f_n^{(2)}, x_2)\}$ 收敛. 依此下去, 可得到 $\{f_n^{(k-1)}\}$ 的子列 $\{f_n^{(k)}\}$, 使得 $\{(f_n^{(k)}, x_k)\}$ 收敛. 于是取对角线元素得到子列 $\{f_n^{(n)}\}$, 使得对任意 k, $\{(f_n^{(n)}, x_k)\}$ 收敛.

对 $x \in X$,由 $\{x_k\}$ 在 X 中稠密,$\forall \varepsilon > 0$,存在 k_0,使得 $\|x_{k_0} - x\| < \dfrac{\varepsilon}{3M}$. 存在正整数 N,使得 $n, m > N$ 时,

$$|(f_m^{(m)}, x_{k_0}) - (f_n^{(n)}, x_{k_0})| < \frac{\varepsilon}{3}.$$

所以当 $n, m > N$ 时,

$|(f_m^{(m)}, x) - (f_n^{(n)}, x)|$

$\leqslant |(f_m^{(m)}, x) - (f_m^{(m)}, x_{k_0})| + |(f_m^{(m)}, x_{k_0}) - (f_n^{(n)}, x_{k_0})| + |(f_n^{(n)}, x_{k_0}) - (f_n^{(n)}, x)|$

$\leqslant \|f_m^{(m)}\| \|x - x_{k_0}\| + \dfrac{\varepsilon}{3} + \|f_n^{(n)}\| \|x - x_{k_0}\| < \varepsilon.$

故 $\{(f_n^{(n)}, x)\}$ 收敛,令 $f(x) = \lim\limits_{n \to \infty} f_n^{(n)}(x)$. 易证 f 是 X 上的线性泛函. 因为 $|f(x)| = \lim\limits_{n \to \infty} |f_n^{(n)}(x)| \leqslant M\|x\|$,所以 $f \in X^*$,于是 $f_n^{(n)} \xrightarrow{w^*} f$. ∎

习　题　4

4.1　设 X, Y 是赋范线性空间,$T \in L(X, Y)$. 如果 $x_n \xrightarrow{w} x$,证明:$Tx_n \xrightarrow{w} Tx$(即有界线性算子弱连续).

4.2　设 X_0 是赋范线性空间 X 的闭子空间,$\{x_n\} \subset X_0$. 若 $x_n \xrightarrow{w} x$,证明:$x \in X_0$(即闭子空间是序列弱闭的).

4.3　证明:在 Hilbert 空间中,$x_n \to x$ 当且仅当 $x_n \xrightarrow{w} x$,$\|x_n\| \to \|x\|$.

4.4　在 Hilbert 空间中,如果 $x_n \to x$,$y_n \xrightarrow{w} y$,证明:$(x_n, y_n) \to (x, y)$.

第 5 章　Fredholm 理论和谱论初步

5.1　紧线性算子

定义 5.1　设 X,Y 是赋范线性空间,如果连续算子 $T:X \to Y$ 将 X 中的任意有界集映成 Y 中的列紧集,则称 T 是**紧的**.

显然紧算子是有界的.

命题 5.1　线性算子是紧的当且仅当对 X 中的任意有界点列 $\{x_n\}$,$\{Tx_n\}$ 有收敛子列.

命题 5.2　线性算子是紧的充分必要条件为 T 将 X 中的单位球 $B(\theta,1)$ 映成 Y 中的列紧集.

证明　必要性是显然的.现证充分性.设 A 是 X 中的有界集,则存在常数 $M>0$,使得 $\|x\| \leqslant M$,$\forall x \in A$. 于是 $\frac{1}{M+1}A \subset B(\theta,1)$,从而 $T\left(\frac{1}{M+1}A\right) \subset T(B(\theta,1))$,故 $T\left(\frac{1}{M+1}A\right)$ 是 Y 中的列紧集.因此 $T(A)=(M+1)T\left(\frac{1}{M+1}A\right)$ 也是 Y 中的列紧集. ∎

命题 5.3　设 $T_i:X \to Y(i=1,2)$ 是紧线性算子,则 $\forall \lambda_1,\lambda_2 \in \mathbf{K}$,$\lambda_1 T_1 + \lambda_2 T_2$ 是紧线性算子.

命题 5.4　设 $T_1 \in L(X_1,X_2)$,$T_2 \in L(X_2,X_3)$. 如果 T_1 和 T_2 中有一个是紧的,则 $T_2 T_1:X_1 \to X_3$ 是紧的.

证明　由有界线性算子将有界集映成有界集,将列紧集映成列紧集,可得结论. ∎

例 5.1　设 $k(t,s)$ 在 $[a,b] \times [a,b]$ 上连续,则由 $(Tx)(t)=\int_a^b k(t,s)x(s)\mathrm{d}s$ 定义的线性 Hammerstein 积分算子 $T:C[a,b] \to C[a,b]$ 是紧的.

证明　设 A 是 $C[a,b]$ 中的有界集,则存在常数 $M>0$,使得 $\|x\| \leqslant M$,$\forall x \in A$.

因为 $k(t,s)$ 在 $[a,b] \times [a,b]$ 上一致连续,所以 $\forall \varepsilon>0$,存在 $\delta>0$,使得当 $s,t_1,t_2 \in [a,b]$,$|t_1-t_2|<\delta$ 时,$|k(t_1,s)-k(t_2,s)|<\dfrac{\varepsilon}{M(b-a)}$. 因此 $\forall x \in A$,

$$|(Tx)(t_1)-(Tx)(t_2)| \leqslant \int_a^b |k(t_1,s)-k(t_2,s)| \, |x(s)| \mathrm{d}s < \varepsilon,$$

即 $T(A)$ 是等度连续. 又由例 3.4 知, T 是有界线性算子, 所以 $T(A)$ 有界. 根据 Arzela-Ascoli 定理 (定理 1.5) 可知 $T(A)$ 列紧, 故 T 是紧线性算子. ■

例 5.2　设 X,Y 是赋范线性空间, $T \in L(X,Y)$. 如果 T 的值域是有限维的 (此时称 T 是**有限秩算子**), 则 T 是紧的.

定理 5.1　如果线性算子 T 是紧的, 则 T 将 X 中的弱收敛点列映成强收敛点列.

证明　设 $x_n \xrightarrow{w} x$, 要证 $Tx_n \to Tx = y$. 如若不然, 存在 $\varepsilon_0 > 0$, 以及子列 $\{x_{n_i}\}$, 使得 $\|Tx_{n_i} - y\| \geqslant \varepsilon_0$. 因为 $\{x_n\}$ 是有界的, T 是紧的, 所以 $\{Tx_{n_i}\}$ 存在收敛子列, 不妨仍记为 $\{Tx_{n_i}\}$. 令 $Tx_{n_i} \to z$, 从而 $\|z - y\| \geqslant \varepsilon_0$. 但是 $\forall y^* \in Y^*$,

$$(y^*, Tx_{n_i} - y) = (y^*, T(x_{n_i} - x)) = (T^* y^*, x_{n_i} - x) \to 0,$$

于是 $Tx_{n_i} \xrightarrow{w} y$, 故 $y = z$, 矛盾. ■

定理 5.2　如果线性算子 $T: X \to Y$ 是紧的, 则其共轭算子 T^* 也是紧的.

证明见参考文献[8].

定理 5.3　设 X 是赋范线性空间, Y 是 Banach 空间, $T_n \in L(X,Y)$ $(n = 0, 1, 2, \cdots)$. 如果 $T_n (n = 1, 2, \cdots)$ 是紧的, 且 $\|T_n - T_0\| \to 0$, 则 T_0 是紧的. ■

证明　设 A 是 X 中的有界集, 则存在常数 $M > 0$, 使得 $\|x\| \leqslant M$, $\forall x \in A$, 且 $\|T_n(A)\|$ $(n = 1, 2, \cdots)$ 是列紧的. 因为 $\forall \varepsilon > 0$, 存在 n_0, 使得 $\|T_{n_0} - T_0\| < \dfrac{\varepsilon}{M}$, 所以 $\forall x \in A$, 有

$$\|T_{n_0} x - T_0 x\| = \|(T_{n_0} - T_0)x\| \leqslant \|T_{n_0} - T_0\| \|x\| < \varepsilon.$$

从而 $T_{n_0}(A)$ 是 $T_0(A)$ 的列紧的 ε 网. 由习题 1.5, $T_0(A)$ 是列紧的.

5.2　Fredholm 定理

定理 5.4　设 X 是赋范线性空间, $T: X \to X$ 是紧线性算子, $\lambda \neq 0$, 则 $\lambda I - T$ 的值域是 X 中的闭子空间.

证明　不妨设 $\lambda = 1 \left(\text{否则考虑 } I - \dfrac{1}{\lambda} T\right)$. 令 $S = I - T$, $\mathfrak{R}(S)$ 表示 S 的值域, 只需证明 $\mathfrak{R}(S) = \overline{\mathfrak{R}(S)}$.

$\forall y_0 \in \overline{\mathfrak{R}(S)}$, 则存在点列 $\{y_n\} \subset \mathfrak{R}(S)$, 使得 $y_n \to y_0$, 且存在点列 $\{x_n\} \subset X$, 使得 $y_n = Sx_n = x_n - Tx_n$.

记 $N(S) = \{x \in X \mid Sx = \theta\}$, 即 $N(S)$ 为 S 的核空间. 设 $\rho_n = \inf\limits_{x \in N(S)} \|x_n - x\|$, 则存在 $\{x_n'\} \subset N(S)$, 使得 $\|x_n - x_n'\| \leqslant \left(1 + \dfrac{1}{n}\right) \rho_n$. 令 $z_n = x_n - x_n'$, 于是 $Sz_n = S(x_n -$

$x_n') = y_n$.

下证 $\{z_n\}$ 有界, 只需证明数列 $\{\rho_n\}$ 有界. 如果 $\{\rho_n\}$ 无界, 不妨设 $\rho_n \to \infty$ $(n \to \infty)$, 令 $z_n' = \dfrac{z_n}{\rho_n}$, 则 $\|z_n'\| \leqslant 1 + \dfrac{1}{n}$, 且 $Sz_n' = \dfrac{1}{\rho_n} Sz_n = \dfrac{1}{\rho_n} y_n \to \theta$. 由于 T 是紧线性算子, $\{z_n'\}$ 有界, 所以存在子列 $\{z_{n_k}'\}$, 使得 $\{Tz_{n_k}'\}$ 收敛. 而 $z_{n_k}' = z_{n_k}' - Tz_{n_k}' + Tz_{n_k}' = Sz_{n_k}' + Tz_{n_k}'$, 故 $\{z_{n_k}'\}$ 收敛, 不妨设 $z_{n_k}' \to z_0'$ $(k \to \infty)$. 由 S 的连续性, $Sz_0' = \theta$, 于是 $z_0' \in N(S)$. 但是

$$\|z_{n_k}' - z_0'\| = \left\| \dfrac{z_{n_k}}{\rho_{n_k}} - z_0' \right\| = \left\| \dfrac{x_{n_k} - x_{n_k}'}{\rho_{n_k}} - z_0' \right\|$$

$$= \dfrac{1}{\rho_{n_k}} \|x_{n_k} - (x_{n_k}' + \rho_{n_k} z_0')\| \geqslant \dfrac{1}{\rho_{n_k}} \rho_{n_k} = 1.$$

(因为 $x_{n_k}' + \rho_{n_k} z_0' \in N(S)$), 此与 $z_{n_k}' \to z_0'$ $(k \to \infty)$ 矛盾. 因此 $\{z_n\}$ 有界.

由于 T 是紧线性算子, 点列 $\{z_n\}$ 有界, 所以存在子列 $\{z_{n_k}\}$, 使得 $\{Tz_{n_k}\}$ 收敛. 而 $z_{n_k} = Sz_{n_k} + Tz_{n_k} = y_{n_k} + Tz_{n_k}$, 故 $\{z_{n_k}\}$ 收敛. 令 $z_{n_k} \to z_0$ $(k \to \infty)$. 由 S 的连续性,

$$Sz_0 = z_0 - Tz_0 = y_0,$$

即 $y_0 \in \Re(S)$. 从而 $\overline{\Re(S)} \subset \Re(S)$, 故 $\overline{\Re(S)} = \Re(S)$. ■

【注】 从定理的证明可以看出, 如果 $\{y_n\} \subset \Re(S)$ 且收敛, 则存在有界点列 $\{x_n\} \subset X$, 使得 $y_n = Sx_n = x_n - Tx_n$, 并且 $\{x_n\}$ 有收敛子列.

定义 5.2 设 X 是赋范线性空间, $x \in X$, $f \in X^*$, 如果 $f(x) = (f, x) = 0$, 则称 x 与 f 正交, 记作 $x \perp f$; 设 $A \subset X$, $f \in X^*$, 如果 $x \perp f$, $\forall x \in A$, 则称 f 与 A 正交, 记作 $f \perp A$; 设 $x \in X$, $B \subset X^*$, 如果 $x \perp f$, $\forall f \in B$, 则称 x 与 B 正交, 记作 $x \perp B$; 设 $A \subset X$, $B \subset X^*$, 如果 $x \perp f$, $\forall x \in A$, $f \in B$, 则称 A 与 B 正交, 记作 $A \perp B$.

定理 5.5(Fredholm) 设 X 是赋范线性空间, $T: X \to X$ 是紧线性算子, $\lambda \neq 0$, 则

(1) 对 $y \in X$, 方程 $(\lambda I - T)x = y$ 有解的充分必要条件是 $y \perp N(\lambda I^* - T^*)$, 其中 T^* 是 T 的共轭算子, I^* 是 X^* 中的恒等算子, $N(\lambda I^* - T^*) = \{f \in X^* | (\lambda I^* - T^*)f = \theta\}$;

(2) 对 $g \in X^*$, 方程 $(\lambda I^* - T^*)f = g$ 有解的充分必要条件是 $g \perp N(\lambda I - T)$, 其中 $N(\lambda I - T) = \{x \in X | (\lambda I - T)x = \theta\}$;

证明 不妨设 $\lambda = 1$, 记 $S = I - T$.

(1) 必要性. 设 x 是方程 $(I - T)x = y$ 的解, 则 $\forall f \in N(I^* - T^*)$, 有

$$f(y) = (f, y) = (f, (I - T)x) = (f, x) - (f, Tx)$$

$$= (f, x) - (T^* f, x) = ((I^* - T^*)f, x) = 0,$$

故 $y \perp N(I^* - T^*)$.

充分性. 设 $y \perp N(I^* - T^*), y \neq \theta$. 只需证明 $y \in \Re(I-T) = \Re(S)$.

如果 $y \notin \Re(S)$, 由定理 5.4, $\Re(S)$ 是 X 的闭线性子空间. 根据定理 3.12, 存在常数 $d > 0, f_0 \in X^*$, 使得 $f_0(y) = d, \|f_0\| = 1$, 且 $f_0(z) = 0, \forall z \in \Re(S)$.

$\forall x \in X, 0 = (f_0, x - Tx) = (f_0, x) - (f_0, Tx) = ((I^* - T^*)f_0, x)$, 即 $f_0 \in N(I^* - T^*)$, 于是 $f_0(y) = 0$, 这与 $f_0(y) = d > 0$ 矛盾. 所以 $y \in \Re(S)$.

(2) 必要性. 设 f 是方程 $(I^* - T^*)f = g$ 的解, 则 $\forall x \in N(I-T)$, 有

$$g(x) = (g, x) = ((I^* - T^*)f, x) = (f, x) - (f, Tx) = (f, (I-T)x) = 0,$$

故 $g \perp N(I-T)$.

充分性. 设 $g \perp N(I-T), g \neq \theta$. 任取 $y \in \Re(S)$, 则存在 $x \in X$, 使得 $y = Sx$.

在值域 $\Re(S)$ 上定义泛函 f_0 为 $f_0(y) = g(x)$. 如果存在 $x' \in X$, 使得 $y = Sx'$, 那么有 $S(x-x') = \theta$, 即 $x-x' \in N(I-T)$. 于是 $g(x-x') = 0$, 即 $g(x) = g(x')$. 故 f_0 有意义.

下证 f_0 是 $\Re(S)$ 上的连续线性泛函. f_0 线性显然. 只需证明 f_0 在 θ 处连续.

令 $\{y_n\} \subset \Re(S), y_n \to \theta$, 则 $f_0(y_n) \to 0$. 如若不然, 存在常数 $\varepsilon_0 > 0$, 以及 $\{y_n\}$ 的子列 $\{y_{n_k}\}$, 使得 $|f_0(y_{n_k})| \geq \varepsilon_0$. 由 $y_{n_k} \to \theta$ 和定理 5.4 的注, 存在有界点列 $\{x_{n_k}\} \subset X$, 使得 $y_{n_k} = Sx_{n_k}$, 且 $\{x_{n_k}\}$ 有收敛子列, 不妨设 $x_{n_k} \to x_0$. 令 $k \to \infty$, 有 $Sx_0 = \theta$. 故 $x_0 \in N(S)$, 从而 $g(x_0) = 0$. 而 $f_0(y_{n_k}) = g(x_{n_k}) \to g(x_0) = 0$, 这与 $|f_0(y_{n_k})| \geq \varepsilon_0$ 矛盾. 所以 f_0 在 θ 处连续.

由 Hahn-Banach 定理, f_0 可以保范延拓到 X 上, 仍记作 f_0. $\forall x \in X$, 有

$$((I^* - T^*)f_0, x) = (f_0, x) - (T^*f_0, x) = (f_0, (I-T)x) = g(x) = (g, x),$$

故 $(I^* - T^*)f_0 = g$, 即 f_0 是方程 $(I^* - T^*)f = g$ 的解. ∎

定理 5.6(Fredholm)　设 X 是赋范线性空间, $T: X \to X$ 是紧线性算子, $\lambda \neq 0$, 则下面两个条件等价:

(1) $(\lambda I - T)(X) = X$, 即 $\lambda I - T$ 是满射;

(2) $(\lambda I - T)x = \theta$ 只有零解, 即 $\lambda I - T$ 是单射.

证明　不妨设 $\lambda = 1$, 记 $S = I - T$.

设 (1) 成立, 令 $N_n = \{x \in X \mid S^n x = \theta\} (n = 1, 2, \cdots)$. 由于 S^n 是有界线性算子, 所以零空间 N_n 是 X 的闭子空间, 且由 N_n 的定义, 可见 $N_1 \subset N_2 \subset \cdots \subset N_n \subset \cdots$.

如果 (2) 不成立, 则 $N_1 \neq \{\theta\}$. 取 $x_1 \in N_1, x_1 \neq \theta$. 由条件 (1), 可知存在 $x_2 \in X$, 使得 $Sx_2 = x_1$. 而对 x_2, 由条件 (1), 存在 $x_3 \in X$, 使得 $Sx_3 = x_2$. …… 依此下去, 得到点列 $\{x_n\}$, 使得 $Sx_{n+1} = x_n (n = 1, 2, \cdots)$. 由于 $x_1 \neq \theta$, 则 $x_2 \notin N_1$. 但是 $S^2 x_2 = Sx_1 = \theta$, 即 $x_2 \in N_2$, 所以 N_1 是 N_2 的真闭子空间. 依此可见 N_n 是 N_{n+1} 的真闭子空间.

由 2.1 节 Riesz 引理, 存在 $y_{n+1} \in N_{n+1} \backslash N_n$, 使得

$$\|y_{n+1}\|=1,\|y_{n+1}-y\|\geqslant\frac{1}{2},\forall\,y\in N_n(n=1,2,\cdots).$$

当 $m<n$ 时，$N_m\subset N_{n-1}$，且 $y_m\in N_m\setminus N_{m-1}\subset N_{n-1}$. 而

$$S^{n-1}(Sy_m)=S^ny_m=S^{n-m}(S^my_m)=\theta,$$

所以 $Ty_m=y_m-Sy_m\in N_{n-1}$. 又因为 $S^{n-1}(Sy_n)=S^ny_n=\theta$，有 $Sy_n\in N_{n-1}$. 故当 $m<n$ 时，

$$\|Ty_n-Ty_m\|=\|y_n-Sy_n-Ty_m\|\geqslant\frac{1}{2},$$

所以 $\{Ty_n\}$ 不存在收敛子列，这与 T 是紧线性算子矛盾. 所以(2)成立.

设(2)成立. 由定理 5.5(2)可知，方程 $(I^*-T^*)f=g$ 对任何 $g\in X^*$ 都有解，即 I^*-T^* 是满射. 由前面证明，$N(I^*-T^*)=\{\theta\}$. 由定理 5.5(1)，$\forall\,y\in X,(I-T)x=y$ 都有解，即 $I-T$ 是满射. 所以(1)成立. ■

5.3　有界线性算子的谱

定义 5.3　设 X 是复 Banach 空间，$T\in L(X)$，λ 为复数.

(i) 如果 $\lambda I-T$ 有有界的逆算子，则称 λ 为 T 的**正则值**，正则值的全体称为 T 的**正则集**，记为 $\rho(T)$. 当 $\lambda\in\rho(T)$ 时，记 $R_\lambda=(\lambda I-T)^{-1}$，称为 T 的**预解算子**.

(ii) 如果 $\lambda\notin\rho(T)$（即 $\lambda I-T$ 没有有界的逆算子），则称 λ 为 T 的**谱点**，谱点的全体称为 T 的**谱集**或**谱**，记为 $\sigma(T)$. 特别地，当 $\lambda\in\sigma(T)$，并且算子方程 $(\lambda I-T)x=\theta$ 有非零解，即有非平凡解，则称 λ 为 T 的**特征值**，对应的非零解称为 T 的**特征向量**.

命题 5.5　设 X 是复 Banach 空间，$T\in L(X)$，则 $\sigma(T)\neq\varnothing$.

应用复变函数论中著名的 Liouville 定理可以证明这个命题，证明可参见参考文献[4]. 容易证明如下命题.

命题 5.6　设 X 是复 Banach 空间，$T\in L(X)$.

(i) 若 λ 为 T 的特征值，则 T 对应于 λ 的全部特征向量加上零元构成 X 的一个闭子空间（称为 T 对应于 λ 的**特征向量空间**）；

(ii) 设 $\lambda_k(k=1,2,\cdots,n)$ 是 T 的 n 个不同的特征值，任取 T 对应于 λ_k 的特征向量 x_k，则 $x_1,x_2,\cdots,x_n$ 线性无关.

定理 5.7　设 X 是复 Banach 空间，$T\in L(X)$，则 T 的正则集 $\rho(T)$ 是开集，T 的谱集 $\sigma(T)$ 是有界闭集，且 $|\lambda|\leqslant\|T\|,\forall\lambda\in\sigma(T)$.

证明　设 $\lambda_0\in\rho(T)$，则

$$\lambda I-T=(\lambda-\lambda_0)I+(\lambda_0 I-T)=(\lambda_0 I-T)[I+(\lambda-\lambda_0)(\lambda_0 I-T)^{-1}].$$

当 $\|(\lambda-\lambda_0)(\lambda_0 I-T)^{-1}\|<1$，即 $|\lambda-\lambda_0|<\|(\lambda_0 I-T)^{-1}\|^{-1}=\|R_{\lambda_0}\|^{-1}$ 时，根据定理 3.3，$I+(\lambda-\lambda_0)(\lambda_0 I-T)^{-1}$ 有有界的逆算子，所以 $\lambda I-T$ 有有界的逆算子，即 $\lambda\in\rho(T)$，故 $\rho(T)$ 是开集.

由 $\sigma(T)=\mathbf{C}\backslash\rho(T)$ 知 $\sigma(T)$ 是闭集. 当 $|\lambda|>\|T\|$ 时，$\left\|\dfrac{T}{\lambda}\right\|<1$，根据定理 3.3 知 $I-\dfrac{T}{\lambda}$ 有有界的逆算子，于是 $\lambda I-T$ 有有界的逆算子，即 $\lambda\in\rho(T)$，所以 $\lambda\in\sigma(T)$ 时，$|\lambda|\leqslant\|T\|$，故 $\sigma(T)$ 是有界集. ■

定义 5.4　设 X 是复 Banach 空间，$T\in L(X)$. 称 $R(T)=\sup\{|\lambda|\,|\,\lambda\in\sigma(T)\}$ 为 T 的**谱半径**.

定理 5.8（Gelfand 公式）　设 X 是复 Banach 空间，$T\in L(X)$，则 $R(T)=\lim\limits_{n\to\infty}\|T^n\|^{\frac{1}{n}}$.

证明见参考文献[8].

因为 $\|T^n\|\leqslant\|T\|^n$，所以由 Gelfand 公式，谱半径 $R(T)\leqslant\|T\|$. 设 X 是复 Banach 空间，如果 $T\in L(X)$ 是压缩算子，则存在常数 $0\leqslant\alpha<1$，使得 $\forall x\in X$，$\|Tx\|=\|Tx-T\theta\|\leqslant\alpha\|x\|$，从而 $\|T\|\leqslant\alpha$，可知谱半径 $R(T)\leqslant\alpha<1$. 反之，我们有如下定理.

定理 5.9　设 X 是复 Banach 空间，$T\in L(X)$. 如果谱半径 $R(T)<1$，则存在 X 中的等价范数 $\|\cdot\|^*$，使得 T 在范数 $\|\cdot\|^*$ 下是压缩算子.

证明　如果谱半径 $R(T)<1$，取 $\varepsilon>0$，使得 $R(T)+\varepsilon<1$. 根据 Gelfand 公式，存在正整数 N，当 $n\geqslant N$ 时，

$$\|T^n\|\leqslant(R(T)+\varepsilon)^n. \tag{5.1}$$

$\forall x\in X$，定义

$$\|x\|^*=(R(T)+\varepsilon)^{N-1}\|x\|+(R(T)+\varepsilon)^{N-2}\|Tx\|+\cdots+\|T^{N-1}x\|. \tag{5.2}$$

易证 $\|\cdot\|^*$ 是 X 中的范数，并且

$$(R(T)+\varepsilon)^{N-1}\|x\|$$
$$\leqslant\|x\|^*\leqslant((R(T)+\varepsilon)^{N-1}+(R(T)+\varepsilon)^{N-2}\|T\|+\cdots+\|T^{N-1}\|)\|x\|,$$

可见 $\|\cdot\|^*$ 与 $\|\cdot\|$ 是等价范数. 另外由(5.1)式和(5.2)式可知，$\forall x\in X$，

$$\|Tx\|^*=(R(T)+\varepsilon)^{N-1}\|Tx\|+(R(T)+\varepsilon)^{N-2}\|T^2x\|+\cdots+\|T^Nx\|$$
$$\leqslant(R(T)+\varepsilon)((R(T)+\varepsilon)^{N-2}\|Tx\|+\cdots+\|T^{N-1}x\|+(R(T)+\varepsilon)^{N-1}\|x\|)$$
$$=(R(T)+\varepsilon)\|x\|^*,$$

所以 $\|T\|^*\leqslant(R(T)+\varepsilon)<1$，因此 $\forall x,y\in X$，

$$\|Tx-Ty\|^*=\|T(x-y)\|^*\leqslant\|T\|^*\|x-y\|^*\leqslant(R(T)+\varepsilon)\|x-y\|^*,$$

即 T 在范数$\|\cdot\|^*$下是压缩算子. ■

【注】 如果谱半径 $R(T)<1$,则逆算子$(I-T)^{-1}\in L(X)$,且 $(I-T)^{-1}=\sum_{n=0}^{\infty} T^n$,其中 $T^0=I$. 与定理 3.3 相比较. 事实上,取 $\varepsilon>0$,使得 $R(T)+\varepsilon<1$,存在正整数 N,当 $n\geqslant N$ 时,(5.1)式成立. 令 $S_n=\sum_{i=0}^{n} T^i$,显然 $S_n\in L(X)$. 对任意的正整数 p,当 $n\geqslant N$ 时,

$$\|S_{n+p}-S_n\| = \|\sum_{i=n+1}^{n+p} T^i\| \leqslant \sum_{i=n+1}^{n+p} \|T^i\| \leqslant \sum_{i=n+1}^{n+p} (R(T)+\varepsilon)^i$$
$$= \frac{(R(T)+\varepsilon)^{n+1}(1-(R(T)+\varepsilon)^p)}{1-(R(T)+\varepsilon)}$$
$$\leqslant \frac{(R(T)+\varepsilon)^{n+1}}{1-(R(T)+\varepsilon)} \to 0(n\to\infty),$$

即 $\{S_n\}$ 是 $L(X)$ 中的 Cauchy 列,则存在 $S\in L(X)$,使得 $S_n\to S$, $S=\sum_{n=0}^{\infty} T^n$. 因为

$$(I-T)(\sum_{i=0}^{n} T^i) = (\sum_{i=0}^{n} T^i)(I-T) = I-T^{n+1},$$

而 $\|T^{n+1}\|\leqslant(R(T)+\varepsilon)^{n+1}\to0(n\to\infty)$,令 $n\to\infty$,得$(I-T)S=S(I-T)=I$.

下面的结论称为紧线性算子的 Riesz-Schauder 理论.

定理 5.10 设 X 是复 Banach 空间,$T:X\to X$ 是紧线性算子,$\lambda\neq0$,则 λ 为 T 的正则值的充分必要条件是下面两个条件之一:

(1) $(\lambda I-T)(X)=X$,即 $\lambda I-T$ 是满射;

(2) $(\lambda I-T)x=\theta$ 只有零解,即 $\lambda I-T$ 是单射.

证明 如果 λ 为 T 的正则值,则(1)和(2)同时成立. 反之,如果(1)和(2)中之一成立,由定理 5.6 知,它们均成立,即 $\lambda I-T$ 既是单射又是满射. 由 Banach 逆算子定理可知,$\lambda I-T$ 有有界逆算子,即 λ 为 T 的正则值. ■

定理 5.11 设 X 是复 Banach 空间,$T:X\to X$ 是紧线性算子,则

(i) 复数 $\lambda\neq0$ 或者为 T 的正则值,或者为 T 的特征值,且当 $\lambda\neq0$ 是 T 的特征值时,对应的特征向量空间是有限维的;

(ii) T 的谱集 $\sigma(T)$ 或者是有限集,或者是以零为极限的可数集;

(iii) 当 X 是无穷维时,$0\in\sigma(T)$;

(iv) 当 X 是有限维时,如果 $0\in\sigma(T)$,那么 0 是 T 的特征值.

证明 (i) 设 $\lambda\neq0$ 不是 T 的正则值,由定理 5.10 的(2),$(\lambda I-T)x=\theta$ 有非零解,即 λ 为 T 的特征值. 设 T 对应于 λ 的特征向量空间是 X_λ,在 X_λ 中任取有界集 A. 因为 $\forall x\in A$,有 $Tx=\lambda x$,所以 $T(A)=\lambda A$. 由 T 是紧线性算子,$T(A)$ 列紧,从而 A 列紧. 根据定理 2.2 知 X_λ 是有限维的.

（ii）由定理 5.7 知 $\sigma(T)$ 是有界闭集. 若 $\sigma(T)$ 不是有限集,取 $\{\lambda_n\}\subset\sigma(T)$,$\lambda_n\rightarrow$ λ_0,其中 λ_n 两两不同. 倘若 $\lambda_0\neq0$,可设 $\lambda_n\neq0(n=1,2,\cdots)$. 由（i）知 λ_n 都是 T 的特征值,取其对应的特征向量 x_n,由命题 5.6,$x_1,x_2,\cdots,x_n$ 线性无关. 令 $X_n=$ $\mathrm{span}\{x_1,x_2,\cdots,x_n\}$,则 X_n 是闭子空间,且 $X_n\subset X_{n+1}$,$X_n\neq X_{n+1}(n=1,2,\cdots)$,即 X_n 是 X_{n+1} 的真闭子空间. 根据 Riesz 引理（引理 2.1）,可取 $y_{n+1}\in X_{n+1}$,使得 $\|y_{n+1}\|=1$,$\rho_n=\inf\limits_{y\in X_n}\|y_{n+1}-y\|\geqslant\dfrac{1}{2}$ $(n=1,2,\cdots)$. 设 $y_n=\alpha_1^{(n)}x_1+\alpha_2^{(n)}x_2+\cdots+$ $\alpha_n^{(n)}x_n$,其中 $\alpha_i^{(n)}(i=1,2,\cdots,n)$ 为常数,于是

$$Ty_n=\alpha_1^{(n)}\lambda_1 x_1+\alpha_2^{(n)}\lambda_2 x_2+\cdots+\alpha_n^{(n)}\lambda_n x_n\in X_n,$$

因此

$$y_n-\frac{1}{\lambda_n}Ty_n=\alpha_1^{(n)}\Big(1-\frac{\lambda_1}{\lambda_n}\Big)x_1+\alpha_2^{(n)}\Big(1-\frac{\lambda_2}{\lambda_n}\Big)x_2+\cdots+\alpha_{n-1}^{(n)}\Big(1-\frac{\lambda_{n-1}}{\lambda_n}\Big)x_{n-1}\in X_{n-1}.$$

当 $m<n$ 时,$Ty_m\in X_m\subset X_{n-1}$,从而 $y_n-\dfrac{1}{\lambda_n}Ty_n+\dfrac{1}{\lambda_m}Ty_m\in X_{n-1}$,故

$$\Big\|\frac{1}{\lambda_n}Ty_n-\frac{1}{\lambda_m}Ty_m\Big\|=\Big\|y_n-\Big[\Big(y_n-\frac{1}{\lambda_n}Ty_n\Big)+\frac{1}{\lambda_m}Ty_m\Big]\Big\|\geqslant\frac{1}{2}. \qquad (5.3)$$

另一方面,因为 $\|y_n\|=1(n>1)$,T 是紧线性算子,以及 $\lambda_n\rightarrow\lambda_0\neq0$,所以 $\Big\{\dfrac{1}{\lambda_n}Ty_n\Big\}$ 是列紧集,与（5.3）式矛盾. 因此 $\sigma(T)$ 中不能有收敛到非零点的数列.

设 T 的谱半径 $R(T)=R$,$B_n=\Big\{\lambda\in\sigma(T)\mid\dfrac{R}{n+1}\leqslant|\lambda|\leqslant\dfrac{R}{n}\Big\}$,则

$$\sigma(T)\subset\Big(\bigcup_{n=1}^{\infty}B_n\Big)\cup\{0\}.$$

而 $B_n(n=1,2,\cdots)$ 是有界闭集,由上面所证可知 $B_n(n=1,2,\cdots)$ 中至多有有限个元素,故 $\sigma(T)$ 是以零为极限的可数集.

（iii）由习题 5.1 即可得.

（iv）由例题 3.1,可将 T 视为方阵. 因为 $0\in\sigma(T)$,即 $0\notin\rho(T)$,所以行列式 $|T|=0$,从而线性方程组 $Tx=\theta$ 存在非零解,故 0 是 T 的特征值. ■

5.4　实 Hilbert 空间中对称紧线性算子的谱

在本节中,设 X 是实 Hilbert 空间,$T\in L(X)$,λ 为实数. 此时我们仍然可以与定义 5.3 一样给出正则值和谱点的概念,并且命题 5.6、定理 5.7、定理 5.10 和定理 5.11 成立. 值得注意,正则集 $\rho(T)$ 和谱集 $\sigma(T)$ 分别是 $\mathbf{R}^1$ 中的开集和有界闭集.

定义 5.5　设 X 是实 Hilbert 空间,$T\in L(X)$. 如果 $\forall x,y\in X$,$(Tx,y)=$

(x,Ty),则称 T 为**对称算子**.

命题 5.7 设 $X\neq\{\theta\}$ 是实 Hilbert 空间,$T\in L(X)$ 是对称算子,则 $\sup\limits_{\|x\|=1}|(Tx,x)|=\|T\|$.

证明 令 $\alpha=\sup\limits_{\|x\|=1}|(Tx,x)|$,由 Schwarz 不等式,$|(Tx,x)|\leqslant\|Tx\|\|x\|\leqslant\|T\|\|x\|^2$,$\forall x\in X$,可见 $\alpha\leqslant\|T\|$. 下证 $\|T\|\leqslant\alpha$.

记 $x_\pm=\lambda x\pm\lambda^{-1}Tx,\lambda>0$. 因为 $(T^2x,x)=(Tx,Tx)=\|Tx\|^2$,所以

$$\|Tx\|^2=4^{-1}[(Tx_+,x_+)-(Tx_-,x_-)]\leqslant 4^{-1}\alpha(\|x_+\|^2+\|x_-\|^2)$$
$$=2^{-1}\alpha(\lambda^2\|x\|^2+\lambda^{-2}\|Tx\|^2).$$

当 $\|x\|=1$ 时,如果 $Tx\neq\theta$,取 $\lambda^2=\|Tx\|$,得 $\|Tx\|^2\leqslant\alpha\|Tx\|$. 因此当 $\|x\|=1$ 时,$\|Tx\|\leqslant\alpha$,故 $\|T\|\leqslant\alpha$. ∎

定理 5.12 设 $X\neq\{\theta\}$ 是实 Hilbert 空间,$T\in L(X)$ 是对称算子. 令

$$m=\inf_{\|x\|=1}(Tx,x),M=\sup_{\|x\|=1}(Tx,x),$$

则 $\sigma(T)\subset[m,M]$,并且 $m,M\in\sigma(T)$. 可见此时 $\sigma(T)\neq\varnothing$.

证明 由命题 5.7 可知,m 和 M 都是有限的. 如果 $\eta>M$,令

$$a(x,y)=(\eta x-Tx,y),\forall x,y\in X.$$

因为

$$|a(x,y)|=|(\eta x-Tx,y)|\leqslant\|\eta I-T\|\|x\|\|y\|,\forall x,y\in X,$$

$$a(x,x)=(\eta x-Tx,x)\geqslant(\eta-M)\|x\|^2,\forall x\in X,$$

所以 $a(x,y)$ 是有界强制的双线性泛函. 根据 Lax-Milgram 定理(定理 3.14)的证明,$\eta I-T$ 既是单射又是满射,于是由 Banach 逆算子定理,$\eta I-T$ 有有界的逆算子,即 $\eta\in\rho(T)$. 同理可证,如果 $\eta<m,\eta\in\rho(T)$. 因此 $\sigma(T)\subset[m,M]$.

现在证明 $M\in\sigma(T)$. 记 $Q=MI-T$,显然 Q 是对称算子,并且 $(Qx,x)\geqslant 0,\forall x\in X$. 于是 $\forall\lambda\in\mathbf{R}^1,x,y\in X,(Q(x+\lambda(Qx,y)y),x+\lambda(Qx,y)y)\geqslant 0$,即

$$(Qx,x)+\lambda(Qx,y)^2+\lambda(Qy,x)(Qx,y)+\lambda^2(Qx,y)^2(Qy,y)$$
$$=(Qx,x)+2\lambda(Qx,y)^2+\lambda^2(Qx,y)^2(Qy,y)\geqslant 0,$$

故 $(Qx,y)^4\leqslant(Qx,y)^2(Qx,x)(Qy,y),|(Qx,y)|\leqslant(Qx,x)^{\frac{1}{2}}(Qy,y)^{\frac{1}{2}}\leqslant(Qx,x)^{\frac{1}{2}}\|Q\|^{\frac{1}{2}}\|y\|$,从而

$$\|Qx\|\leqslant(Qx,x)^{\frac{1}{2}}\|Q\|^{\frac{1}{2}},\forall x\in X. \tag{5.4}$$

取 $\{x_n\}\subset X,\|x_n\|=1$,使得 $(Tx_n,x_n)\to M$,根据(5.4)式,

$$\|Mx_n-Tx_n\|=\|Qx_n\|\leqslant(Mx_n-Tx_n,x_n)^{\frac{1}{2}}\|Q\|^{\frac{1}{2}}\to 0.$$

如果 $M\in\rho(T)$,那么 $x_n=(MI-T)^{-1}(Mx_n-Tx_n)\to\theta$,矛盾. 同理可证 $m\in\sigma(T)$. ∎

命题 5.8　设 X 是实 Hilbert 空间，$T\in L(X)$ 是对称算子，x 和 y 是 T 分别对应特征值 λ 和 μ 的特征向量. 如果 $\lambda\neq\mu$，则 x 和 y 正交.

证明　因为 $Tx=\lambda x$，$Ty=\mu y$，所以 $(\lambda-\mu)(x,y)=(Tx,y)-(x,Ty)=0$. 而 $\lambda\neq\mu$，从而 $(x,y)=0$. ∎

定理 5.13（Hilbert-Schmidt 定理）　设 $X\neq\{\theta\}$ 是可分的实 Hilbert 空间. 如果 $T\in L(X)$ 是对称紧算子，则 X 中存在由 T 的特征向量构成的完备标准正交系，这些特征向量对应于 T 的全部特征值.

证明　下面分两种情形进行讨论.

情形 1. 设 0 不是 T 的特征值，即算子方程 $Tx=\theta$ 只有零解. 因为 $X\neq\{\theta\}$，所以 $T\neq\theta$.

（1）根据命题 5.7，$\sup\limits_{\|x\|=1}|(Tx,x)|=\|T\|>0$. 于是存在序列 $\{x_n\}$，$\|x_n\|=1$（$n=1,2,\cdots$），使得 $|(Tx_n,x_n)|\to\|T\|$. 由于数列 $\{(Tx_n,x_n)\}$ 有界，不妨设存在 $\lambda_1\in\mathbf{R}^1$，使得 $(Tx_n,x_n)\to\lambda_1$，于是 $|\lambda_1|=\|T\|>0$. 因此 $\|Tx_n\|\leqslant\|T\|\|x_n\|=|\lambda_1|$，并且

$$\|Tx_n-\lambda_1 x_n\|^2=\|Tx_n\|^2-2\lambda_1(Tx_n,x_n)+\lambda_1^2\leqslant 2\lambda_1^2-2\lambda_1(Tx_n,x_n)\to 0.$$

而 T 是紧算子，不妨设 $\{Tx_n\}$ 收敛. 由于 $Tx_n-\lambda_1 x_n\to\theta$，$\lambda_1\neq 0$，从而 $\{x_n\}$ 收敛，记 $x_n\to x^{(1)}$，于是 $\|x^{(1)}\|=1$，并且 $Tx^{(1)}-\lambda_1 x^{(1)}=\theta$，即 $x^{(1)}$ 是对应于特征值 λ_1 的特征向量.

（2）如果 X 是 1 维的，$\{x^{(1)}\}$ 构成完备标准正交系. 否则令 $X_1=\{x^{(1)}\}^\perp\neq\{\theta\}$，由命题 2.6，$X_1$ 是 X 的闭线性子空间. 因为 $\forall x\in X_1$，

$$(Tx,x^{(1)})=(x,Tx^{(1)})=\lambda_1(x,x^{(1)})=0,$$

所以 $Tx\in X_1$，于是 $T\in L(X_1)$ 是对称紧算子. 根据步骤（1），存在 $x^{(2)}\in X_1$，$\|x^{(2)}\|=1$，$\lambda_2\in\mathbf{R}^1$，使得 $Tx^{(2)}-\lambda_2 x^{(2)}=\theta$，即 $x^{(2)}$ 是对应于特征值 λ_2 的特征向量，其中

$$|\lambda_2|=\|T\|_{X_1}=\sup\limits_{\|x\|=1,x\in X_1}\|Tx\|>0,\quad |\lambda_1|=\|T\|=\sup\limits_{\|x\|=1,x\in X}\|Tx\|\geqslant|\lambda_2|.$$

（3）如果 X 是 2 维的，$\{x^{(1)},x^{(2)}\}$ 构成完备标准正交系. 否则令 $X_2=\{x^{(1)},x^{(2)}\}^\perp\neq\{\theta\}$ 继续此过程. 如果 X 是有限维的，则得到特征向量构成的完备标准正交系. 如果 X 是无穷维的，则得到标准正交系 $\{x^{(n)}\}$ 和实数列 $\{\lambda_n\}$，使得

$$Tx^{(n)}=\lambda_n x^{(n)}\ (n=1,2,\cdots),\ |\lambda_1|\geqslant|\lambda_2|\geqslant\cdots\geqslant|\lambda_n|\geqslant\cdots>0.$$

如果 $\{\lambda_n\}$ 中只有有限个不相同的，根据前面的构造方法，至少有一个非零特征值对应的特征向量空间是无穷维的，这与定理 5.11 矛盾. 从而 $\{\lambda_n\}$ 是可数集合，由定理 5.11 知 $\lambda_n\to 0$.

（4）下面证明 X 无穷维时，标准正交系 $\{x^{(n)}\}$ 是完备的.

$\forall x \in X$，令 $y_m = x - \sum\limits_{n=1}^{m} (x, x^{(n)}) x^{(n)}$ $(m = 1, 2, \cdots)$. 考虑 $X_m = \{x^{(1)}, x^{(2)}, \cdots,$ $x^{(m)}\}^{\perp}$，从前面的构造方法可知，$T \in L(X_m)$，并且 $|\lambda_{m+1}| = \|T\|_{X_m} = \sup\limits_{\|x\|=1, x \in X_m} \|Tx\|$，于是

$$\|Ty\| \leqslant |\lambda_{m+1}| \|y\|, \forall y \in X_m. \tag{5.5}$$

又因为

$$(y_m, x^{(k)}) = \left(x - \sum_{n=1}^{m} (x, x^{(n)}) x^{(n)}, x^{(k)} \right)$$

$$= (x, x^{(k)}) - (x, x^{(k)}) = 0 \ (k = 1, 2, \cdots, m),$$

所以 $y_m \in X_m$，由(5.5)式，$\|Ty_m\| \leqslant |\lambda_{m+1}| \|y_m\|$. 类似于(2.1)式可得

$$\|y_m\|^2 = \|x\|^2 - \sum_{i=1}^{n} |(x, x^{(n)})|^2 \leqslant \|x\|^2,$$

因此 $\|Ty_m\| \leqslant |\lambda_{m+1}| \|x\| \to 0 (m \to \infty)$，即是 $Ty_m = Tx - \sum\limits_{n=1}^{m} (x, x^{(n)}) \lambda_n x^{(n)} \to \theta$ $(m \to \infty)$，所以

$$Tx = \sum_{n=1}^{\infty} (x, x^{(n)}) \lambda_n x^{(n)}. \tag{5.6}$$

根据习题 2.7，Fourier 级数 $\sum\limits_{n=1}^{\infty} (x, x^{(n)}) x^{(n)}$ 收敛，令 $x' = \sum\limits_{n=1}^{\infty} (x, x^{(n)}) x^{(n)}$，于是由(5.6)式可知

$$Tx' = \sum_{n=1}^{\infty} (x, x^{(n)}) Tx^{(n)} = \sum_{n=1}^{\infty} (x, x^{(n)}) \lambda_n x^{(n)} = Tx.$$

因为 0 不是 T 的特征值，即算子方程 $Tx = \theta$ 只有零解，所以 $x = x'$，$x = \sum\limits_{n=1}^{\infty} (x, x^{(n)}) x^{(n)}$，即标准正交系 $\{x^{(n)}\}$ 是完备的.

情形 2. 设 0 是 T 的特征值，此时 T 的零空间 $N(T) = \{x \in X \mid Tx = \theta\} \neq \{\theta\}$ 即特征值 0 对应的特征向量空间.

(1) 如果 $N(T) = X$(即 $T = \theta$)，这时 T 只有零特征值. 根据定理 2.8，X 存在完备的标准正交系，它们是对应着零特征值的特征向量.

(2) 如果 $N(T) \neq X$，因为 $N(T)$ 是 X 的闭线性子空间，根据正交分解定理(定理 2.3)，闭线性子空间 $N(T)^{\perp} \neq \{\theta\}$.

设 $x \in N(T)^{\perp}$，因为

$$(Tx, y) = (x, Ty) = (x, \theta) = 0, \forall y \in N(T),$$

所以 $Tx \in N(T)^{\perp}$，即 $T \in L(N(T)^{\perp})$ 是对称紧算子. 如果 $Tx = \theta$，则 $x \in N(T) \bigcap$

$N(T)^\perp$，从而 $x=\theta$，即 0 不是 $T\in L(N(T)^\perp)$ 的特征值．

根据情形 1，$N(T)^\perp$ 中存在由 T 的特征向量构成的完备标准正交系 $\{x_0^{(n)}\}$，它们对应着 T 的非零特征值．再根据定理 1.8 和定理 2.8，$N(T)$ 中存在完备的标准正交系 $\{x^{(n)}\}$，它们是对应着零特征值的特征向量．于是 $\{x_0^{(1)},x^{(1)},x_0^{(2)},x^{(2)},\cdots,x_0^{(n)},x^{(n)},\cdots\}$ 构成 X 的完备标准正交系．

事实上，设 $x\perp\{x_0^{(1)},x^{(1)},x_0^{(2)},x^{(2)},\cdots,x_0^{(n)},x^{(n)},\cdots\}$，根据正交分解定理，$x=y+z$，其中 $y\in N(T),z\in N(T)^\perp$，所以 $x-y=z\in N(T)^\perp$，并且 $x-y\perp\{x_0^{(n)}\}$，由定理 2.7 可知，$x-y=\theta$．同样 $x-z=y\in N(T)$，并且 $x-z\perp\{x^{(n)}\}$，由定理 2.7 可知，$x-z=\theta$．故 $x\in N(T)\bigcap N(T)^\perp$，从而 $x=\theta$，再由定理 2.7 可知，$\{x_0^{(1)},x^{(1)},x_0^{(2)},x^{(2)},\cdots,x_0^{(n)},x^{(n)},\cdots\}$ 构成 X 的完备标准正交系．

最后我们证明构成完备标准正交系的这些特征向量对应于 T 的全部特征值．

若 T 的特征向量 $\{x_n\}$ 构成完备标准正交系，不妨设其为可数个，其对应的特征值为 $\{\lambda_n\}$．如果存在 T 的特征值 $\lambda\neq\lambda_n(n=1,2,\cdots)$，令 $x\neq\theta$ 是对应于 λ 的特征向量，那么 $(x,x_n)=0(n=1,2,\cdots)$，而由 $\{x_n\}$ 的完备性可得 $x=\sum_{n=1}^{\infty}(x,x_n)x_n=\theta$，矛盾． ■

例 5.3　设 $k(t,s)$ 在 $[a,b]\times[a,b]$ 上连续且不恒为 0，则

（1）由 $(Tx)(t)=\int_a^b k(t,s)x(s)\mathrm{d}s$ 定义的线性算子 $T:L^2[a,b]\rightarrow L^2[a,b]$ 是紧的；

（2）$Tx\in C[a,b],\forall x\in L^2[a,b]$；

（3）如果 $k(t,s)=k(s,t),\forall t,s\in[a,b]$，那么算子 $T:L^2[a,b]\rightarrow L^2[a,b]$ 是对称的．

证明　因为 $k(t,s)$ 在 $[a,b]\times[a,b]$ 上一致连续，所以 $\forall\varepsilon>0$，存在 $\delta>0$，使得当 $s,t_1,t_2\in[a,b],|t_1-t_2|<\delta$ 时，$|k(t_1,s)-k(t_2,s)|<\varepsilon$．因此 $\forall x\in L^2[a,b]$，

$$|(Tx)(t_1)-(Tx)(t_2)|\leqslant\int_a^b|k(t_1,s)-k(t_2,s)||x(s)|\mathrm{d}s$$

$$\leqslant\varepsilon\int_a^b|x(s)|\mathrm{d}s\leqslant\varepsilon\left(\int_a^b\mathrm{d}s\right)^{\frac{1}{2}}\left(\int_a^b|x(s)|^2\mathrm{d}s\right)^{\frac{1}{2}}$$

$$=\varepsilon(b-a)^{\frac{1}{2}}\|x\|,\tag{5.7}$$

故 $Tx\in C[a,b]$，从而线性算子 $T:L^2[a,b]\rightarrow C[a,b]$．

取 $K=\max\limits_{a\leqslant t,s\leqslant b}|k(t,s)|>0$．设 A 是 $L^2[a,b]$ 中的有界集，则存在常数 $M>0$，使得 $\|x\|\leqslant M,\forall x\in A$．于是 $\forall x\in A,t\in[a,b]$，

$$|(Tx)(t)|\leqslant\int_a^b|k(t,s)||x(s)|\mathrm{d}s$$

$$\leqslant K\int_a^b|x(s)|\,\mathrm{d}s\leqslant K(b-a)^{\frac{1}{2}}\|x\|\leqslant K(b-a)^{\frac{1}{2}}M,$$

即 $T(A)$ 在 $C[a,b]$ 中是一致有界的. 从(5.7)式又可见当 $|t_1-t_2|<\delta$ 时, $\forall x\in A$,

$$|(Tx)(t_1)-(Tx)(t_2)|\leqslant\varepsilon(b-a)^{\frac{1}{2}}\|x\|\leqslant\varepsilon(b-a)^{\frac{1}{2}}M,$$

即 $T(A)$ 在 $C[a,b]$ 中是等度连续的. 根据 Arzela-Ascoli 定理, $T(A)$ 在 $C[a,b]$ 中是列紧集, 而 $C[a,b]$ 中的列紧集也是 $L^2[a,b]$ 中的列紧集. 事实上, 如果 $\{x_n\}\subset C[a,b]$, 且在 $C[a,b]$ 中, $x_n\to x\in C[a,b]\subset L^2[a,b]$, 即 $\|x_n-x\|_C\to0$, 其中 $\|\cdot\|_C$ 表示 $C[a,b]$ 中的范数, 那么

$$\|x_n-x\|^2=\int_a^b|x_n(t)-x(t)|^2\mathrm{d}t\leqslant\|x_n-x\|_C^2(b-a)\to0.$$

因此 $T:L^2[a,b]\to L^2[a,b]$ 是紧的.

最后根据 Fubini 定理, $\forall x,y\in L^2[a,b]$,

$$(Tx,y)=\int_a^b y(t)\mathrm{d}t\int_a^b k(t,s)x(s)\mathrm{d}s=\int_a^b x(s)\mathrm{d}s\int_a^b k(t,s)y(t)\mathrm{d}t$$

$$=\int_a^b x(s)\mathrm{d}s\int_a^b k(s,t)y(t)\mathrm{d}t=(x,Ty),$$

即 $T:L^2[a,b]\to L^2[a,b]$ 是对称的. ■

习　题　5

5.1　设赋范线性空间 X,Y 中有一个无穷维的, $T:X\to Y$ 是紧线性算子, 则 T 没有有界的逆算子.

5.2　设 X,Y 都是 Banach 空间, $T:X\to Y$ 是紧线性算子. 如果 Y 是无穷维的, 证明: 存在 $y\in Y$, 使得方程 $Tx=y$ 无解(即 T 不是满射).

5.3　在 $C[0,1]$ 空间中, 证明由 $(Tx)(t)=\int_0^t x(s)\mathrm{d}s$ 定义的算子 $T:C[0,1]\to C[0,1]$ 是紧线性算子.

第 6 章　Ekeland 变分原理与不动点定理

6.1　Ekeland 变分原理与 Caristi 不动点定理

定义 6.1　设 X 是非空集合,如果对 X 中某些元素对 x,y 之间定义一种序关系"$\leqslant$",满足条件

（i）**自反性**　$x \leqslant x, \forall x \in X$；

（ii）**传递性**　$x \leqslant y, y \leqslant z \Rightarrow x \leqslant z$；

（iii）**反对称性**　$x \leqslant y, y \leqslant x \Rightarrow x = y$,

则称 X 为**半序集**. 如果在度量空间 (X,d) 中引入半序,则称为**半序度量空间**. 如果半序集 X 中任意两个元素 x,y 都能比较,则称 X 为**全序集**,即 $\forall x, y \in X$,或 $x \leqslant y$,或 $y \leqslant x$.

设 X_0 是半序集 X 的一个子集,如果存在 $x \in X$,使得 $\forall y \in X_0, y \leqslant x$,则称 x 为 X_0 的一个**上界**. 如果 x 是 X_0 的一个上界,且对 X_0 的任意上界 x',都有 $x \leqslant x'$,则称 x 为 X_0 的**上确界**,记作 $\sup X_0$. 类似地可以定义 X_0 的下界和下确界 $\inf X_0$. 设 X 是半序集,$x \in X$,如果 $\forall y \in X$,只要 $x \leqslant y$,就有 $x = y$,则称 x 为 X 的一个**极大元**. 类似地可以定义 X 的极小元.

半序集中如果存在极大元或极小元,它们不一定唯一,但是全序集中极大元和极小元是唯一的.

命题 6.1　设 X 是半序集,那么

（i）X 中存在极大的全序子集,即 X_0 是 X 的全序子集,对 X 的任意全序子集 X_1,只要 $X_0 \subset X_1$,就有 $X_0 = X_1$；

（ii）（Zorn 引理）如果 X 中的任意全序子集都有上界,则 X 中存在极大元.

定义 6.2　设 (X,d) 为度量空间,称泛函 $\varphi : X \to \mathbf{R}^1$ 在 $x_0 \in X$ 处**下（上）半连续**,是指对任意 $\{x_n\} \subset X, x_n \to x_0$,有 $\varphi(x_0) \leqslant \varinjlim_{n \to \infty} \varphi(x_n) \ (\varlimsup_{n \to \infty} \varphi(x_n) \leqslant \varphi(x_0))$. 如果 φ 在 X 的任意点处下（上）半连续,则称 φ 在 X 上是**下（上）半连续的**.

显然 φ 在 x_0 处连续当且仅当 φ 在 x_0 处既是上半连续也是下半连续的.

命题 6.2　设 (X,d) 为度量空间,泛函 $\varphi : X \to \mathbf{R}^1$ 在 X 上是下半连续的当且仅当 $\forall \lambda \in \mathbf{R}^1$,水平集 $\varphi_\lambda = \{x \in X \mid \varphi(x) \leqslant \lambda\}$ 是闭集.

证明　设 φ 是下半连续的. 如果 $\{x_n\} \subset \varphi_\lambda, x_n \to x_0$,则 $\varphi(x_0) \leqslant \varinjlim_{n \to \infty} \varphi(x_n) \leqslant \lambda$,故 $x_0 \in \varphi_\lambda$.

反之,设 $\forall \lambda \in \mathbf{R}^1, \varphi_\lambda$ 是闭集. $x_0 \in X$,需要证明对任意 $\{x_n\} \subset X, x_n \to x_0$,都有 $\varphi(x_0) \leqslant \varliminf_{n \to \infty} \varphi(x_n)$. 事实上,如果 $\varliminf_{n \to \infty} \varphi(x_n) = +\infty$,显然;如果 $\varliminf_{n \to \infty} \varphi(x_n) = -\infty$,则 $\forall N > 0$,存在子列 $\{x_{n_k}\}$,使得 $\varphi(x_{n_k}) \leqslant -N$,于是 $\varphi(x_0) \leqslant -N$,矛盾;如果 $\varliminf_{n \to \infty} \varphi(x_n) = \alpha \in \mathbf{R}^1$,倘若 $\varphi(x_0) > \alpha$,取 $\varepsilon > 0$,使得 $\alpha + \varepsilon < \varphi(x_0)$,于是由下极限及 $\alpha + \varepsilon > \alpha$ 可知,存在子列 $\{x_{n_k}\}$,使得 $\varphi(x_{n_k}) < \alpha + \varepsilon$,再由水平集是闭的,故 $\varphi(x_0) \leqslant \alpha + \varepsilon < \varphi(x_0)$,矛盾. ∎

定理 6.1(Ekeland 变分原理) 设 (X, d) 是完备的度量空间,$\varphi: X \to \mathbf{R}^1$ 是下方有界下半连续泛函,则 $\forall \varepsilon > 0, \forall \tau > 0$,以及满足 $\varphi(x_\varepsilon) < \inf_{x \in X} \varphi(x) + \varepsilon$ 的任意 $x_\varepsilon \in X$,存在 $y_\varepsilon \in X$ 使得

(i) $\varphi(y_\varepsilon) \leqslant \varphi(x_\varepsilon)$;

(ii) $d(x_\varepsilon, y_\varepsilon) \leqslant \tau$;

(iii) $\varphi(y_\varepsilon) < \varphi(x) + \dfrac{\varepsilon}{\tau} d(y_\varepsilon, x), \forall x \in X, x \neq y_\varepsilon$.

证明 设 $x, y \in X$,定义 $x \leqslant y$ 为 $\varphi(x) \leqslant \varphi(y) - \dfrac{\varepsilon}{\tau} d(x, y)$,易证"$\leqslant$"为 X 中的半序. 取 $y_1 = x_\varepsilon$,令 $S_1 = \{y \in X | y \leqslant y_1\}$. 显然 $S_1 \neq \varnothing (y_1 \in S_1)$,且由

$$S_1 = \left\{ y \in X \Big| \varphi(y) + \frac{\varepsilon}{\tau} d(y, y_1) \leqslant \varphi(y_1) \right\},$$

而 $\varphi(\cdot) + \dfrac{\varepsilon}{\tau} d(\cdot, y_1)$ 下半连续,根据命题 6.2 知,S_1 是闭集. 取 $y_2 \in S_1$,使得

$$\varphi(y_2) < \inf_{y \in S_1} \varphi(y) + \frac{\varepsilon}{2},$$

令 $S_2 = \{y \in X | y \leqslant y_2\}$,依次下去取 $y_n \in S_{n-1}$,使得 $\varphi(y_n) < \inf_{y \in S_{n-1}} \varphi(y) + \dfrac{\varepsilon}{n}$.

令 $S_n = \{y \in X | y \leqslant y_n\}$. 从而得到点列 $\{y_n\} \subset X, y_1 \geqslant y_2 \geqslant \cdots \geqslant y_n \geqslant \cdots$,以及非空闭集列 $S_1 \supset S_2 \supset \cdots \supset S_n \supset \cdots$.

下面考虑 S_n 的直径 $\delta(S_n)$. $\forall z \in S_n \subset S_{n-1}$,有 $\varphi(z) \leqslant \varphi(y_n) - \dfrac{\varepsilon}{\tau} d(z, y_n)$,而

$$\varphi(y_n) < \inf_{y \in S_{n-1}} \varphi(y) + \frac{\varepsilon}{n} \leqslant \varphi(z) + \frac{\varepsilon}{n},$$

于是

$$\varphi(z) + \frac{\varepsilon}{\tau} d(z, y_n) \leqslant \varphi(y_n) < \varphi(z) + \frac{\varepsilon}{n}.$$

即 $\dfrac{\varepsilon}{\tau} d(z, y_n) < \dfrac{\varepsilon}{n}$. 从而 $\delta(S_n) = \sup_{z_1, z_2 \in S_n} d(z_1, z_2) \leqslant \dfrac{2\tau}{n} \to 0 (n \to \infty)$. 由空间的完备性,根据 Cantor 定理(定理 1.1),存在唯一的 $y_\varepsilon \in \bigcap_{n=1}^{\infty} S_n$.

因为 $y_\varepsilon \in S_1$,故 $\varphi(y_\varepsilon) \leqslant \varphi(y_1) - \frac{\varepsilon}{\tau} d(y_\varepsilon, y_1) \leqslant \varphi(y_1) = \varphi(x_\varepsilon)$. 而

$$\frac{\varepsilon}{\tau} d(x_\varepsilon, y_\varepsilon) \leqslant \varphi(x_\varepsilon) - \varphi(y_\varepsilon) < \inf_{x \in X} \varphi(x) + \varepsilon - \varphi(y_\varepsilon) \leqslant \varepsilon,$$

故 $d(x_\varepsilon, y_\varepsilon) < \tau$.

如果存在 $x_0 \in X, x_0 \neq y_\varepsilon$,使得 $\varphi(y_\varepsilon) \geqslant \varphi(x_0) + \frac{\varepsilon}{\tau} d(y_\varepsilon, x_0)$,则 $x_0 \leqslant y_\varepsilon$,而对于任意的正整数 $n, y_\varepsilon \leqslant y_n$,从而 $x_0 \leqslant y_n, x_0 \in \bigcap_{n=1}^{\infty} S_n$. 故 $x_0 = y_\varepsilon$,矛盾. ■

定义 6.3 设 X 是非空集合,$T: X \to 2^X \setminus \{\varnothing\}$ 是集值映射. 如果存在 $x \in X$ 使得 $x \in Tx$,则称 x 为映射 T 的**不动点**.

定理 6.2(Caristi 不动点定理) 设 (X, d) 是完备的度量空间,映射 $T: X \to 2^X \setminus \{\varnothing\}$,如果存在下方有界下半连续泛函 $\varphi: X \to \mathbf{R}^1$ 满足

$$d(x, y) \leqslant \varphi(x) - \varphi(y), \forall x \in X, y \in Tx, \tag{6.1}$$

则 T 存在不动点.

证明 在 Ekeland 变分原理中取 $0 < \varepsilon < 1, \tau = 1$,则存在 $y_\varepsilon \in X$,使得

$$\varphi(y_\varepsilon) \leqslant \varphi(x) + \varepsilon d(y_\varepsilon, x), \forall x \in X. \tag{6.2}$$

取 $y_0 \in Ty_\varepsilon$,于是由(6.1)式和(6.2)式得

$$\varphi(y_0) + d(y_\varepsilon, y_0) \leqslant \varphi(y_\varepsilon) \leqslant \varphi(y_0) + \varepsilon d(y_\varepsilon, y_0),$$

从而 $d(y_\varepsilon, y_0) \leqslant \varepsilon d(y_\varepsilon, y_0)$. 而 $0 < \varepsilon < 1$,故 $d(y_\varepsilon, y_0) = 0$,即 $y_0 \in Ty_0$. ■

【注】 (1) 映射 $T: X \to X$ 当然是集值映射的特殊情形,并且在定理 6.2 中不要求 T 连续,Banach 不动点定理的存在性是 Caristi 不动点定理的推论.

事实上,如果 $d(Tx, Ty) \leqslant \alpha d(x, y)(0 \leqslant \alpha < 1)$,则 $d(Tx, T^2 x) \leqslant \alpha d(x, Tx)$,从而 $d(x, Tx) - \alpha d(x, Tx) \leqslant d(x, Tx) - d(Tx, T^2 x)$. 令 $\varphi(x) = \frac{1}{1-\alpha} d(x, Tx)$,可见定理 6.2 的条件满足.

(2) 实际上,Ekeland 变分原理和 Caristi 不动点定理是等价的. 下面我们由 Caristi 不动点定理来证明 Ekeland 变分原理.

假设存在 $\tau > 0$,使得对任意的满足 $\varphi(y) \leqslant \varphi(x_\varepsilon) - \frac{\varepsilon}{\tau} d(x_\varepsilon, y)$ 的 $y \in X$,存在 $x \in X, x \neq y$,有 $\varphi(y) \geqslant \varphi(x) + \frac{\varepsilon}{\tau} d(x, y)$. 令 $X_1 = \left\{ y \in X \mid \varphi(y) \leqslant \varphi(x_\varepsilon) - \frac{\varepsilon}{\tau} d(x_\varepsilon, y) \right\}$,可见 $X_1 \neq \varnothing (x_\varepsilon \in X_1)$. 根据 φ 下半连续可得 X_1 是闭集,故 X_1 是完备的度量空间.

$\forall y \in X_1$,令 $Ty = \left\{ u \in X \mid u \neq y, \varphi(y) \geqslant \varphi(u) + \frac{\varepsilon}{\tau} d(u, y) \right\}$,由前面的叙述可

知,$Ty\neq\varnothing$. 如果存在 $u\in Ty,u\notin X_1$,则 $\varphi(u)>\varphi(x_\varepsilon)-\dfrac{\varepsilon}{\tau}d(x_\varepsilon,u)$. 但是由 $u\in Ty,y\in X_1$ 有

$$\varphi(u)\leqslant\varphi(y)-\frac{\varepsilon}{\tau}d(u,y)\leqslant\varphi(x_\varepsilon)-\frac{\varepsilon}{\tau}d(x_\varepsilon,y)-\frac{\varepsilon}{\tau}d(u,y)\leqslant\varphi(x_\varepsilon)-\frac{\varepsilon}{\tau}d(x_\varepsilon,u),$$

矛盾. 故 $Ty\subset X_1$,即 $T:X_1\to 2^{X_1}\setminus\{\varnothing\}$. 由 T 的定义,考虑 $\dfrac{\varepsilon}{\tau}d$ 为 X_1 的度量,Caristi 不动点定理的条件满足,故存在 $\bar{y}\in X_1$,使得 $\bar{y}\in T\bar{y}$,这与 T 的定义矛盾. 从而 $\forall\tau>0$,存在 $y_\varepsilon\in X$,使得 $\varphi(y_\varepsilon)\leqslant\varphi(x_\varepsilon)-\dfrac{\varepsilon}{\tau}d(y_\varepsilon,x_\varepsilon)\leqslant\varphi(x_\varepsilon)$,并且 $\forall x\in X,x\neq y_\varepsilon$,有

$$\varphi(y_\varepsilon)<\varphi(x)+\frac{\varepsilon}{\tau}d(y_\varepsilon,x).$$

另外,$\dfrac{\varepsilon}{\tau}d(x_\varepsilon,y_\varepsilon)\leqslant\varphi(x_\varepsilon)-\varphi(y_\varepsilon)\leqslant\varphi(x_\varepsilon)-\inf\limits_{x\in X}\varphi(x)\leqslant\varepsilon$,于是 $d(x_\varepsilon,y_\varepsilon)\leqslant\tau$.

　　(3) 下面利用证明 Ekeland 变分原理的方法,给出 Caristi 不动点定理的直接证明.

　　设 $x,y\in X$. 定义 $x\leqslant y$ 为 $d(x,y)\leqslant\varphi(x)-\varphi(y)$ 易证"$\leqslant$"是 X 中半序.

　　$\forall x\in X$,定义 $D_x=\{y\in X|y\geqslant x\}$,因为 $x\in D_x$,所以 $D_x\neq\varnothing$. 由于

$$D_x=\{y\in X|\varphi(y)+d(x,y)\leqslant\varphi(x)\},$$

而 $\varphi(\bullet)+d(x,\bullet)$ 是下半连续的,根据命题 6.2,D_x 是闭集.

　　对任意给定 $x_0\in X$,取 $x_1\in D_{x_0}$,使得 $\varphi(x_1)\leqslant 1+\inf\limits_{y\in D_{x_0}}\varphi(y)$. 再取 $x_2\in D_{x_1}$,使得 $\varphi(x_2)\leqslant\dfrac{1}{2}+\inf\limits_{y\in D_{x_1}}\varphi(y)$. 依此下去,得到点列 $\{x_n\}\subset X,x_0\leqslant x_1\leqslant x_2\leqslant\cdots\leqslant x_n\leqslant\cdots$,并且 $D_{x_0}\supset D_{x_1}\supset D_{x_2}\supset\cdots\supset D_{x_n}\supset\cdots,\varphi(x_n)\leqslant\dfrac{1}{n}+\inf\limits_{y\in D_{x_{n-1}}}\varphi(y),n=1,2,\cdots$.

　　下面讨论闭集 D_{x_n} 的直径 $\delta(D_{x_n})$. $\forall z\in D_{x_n}\subset D_{x_{n-1}}$,有

$$\varphi(z)\geqslant\inf\limits_{y\in D_{x_{n-1}}}\varphi(y)\geqslant\varphi(x_n)-\frac{1}{n}.$$

由 $x_n\leqslant z$ 得 $d(x_n,z)\leqslant\varphi(x_n)-\varphi(z)\leqslant\dfrac{1}{n}$. 从而

$$\delta(D_{x_n})=\sup\limits_{z_1,z_2\in D_{x_n}}d(z_1,z_2)\leqslant\frac{2}{n}\to 0(n\to\infty).$$

　　由空间的完备性,根据 Cantor 定理,存在唯一的 $x^*\in\bigcap\limits_{n=0}^{\infty}D_{x_n}$. x^* 是 X 的一个极大元. 事实上,如果存在 x',使得 $x^*\leqslant x'$,则对任意非负整数 $n,x_n\leqslant x^*\leqslant x'$,从而 $x'\in\bigcap\limits_{n=0}^{\infty}D_{x_n}$,由唯一性可知 $x'=x^*$,故 x^* 是 X 的一个极大元. 取 $y^*\in Tx^*$,由

(6.1)式知, $x^* \leqslant y^*$, 而 x^* 是 X 的一个极大元, 从而 $x^* = y^* \in Tx^*$. 实际上 $Tx^* = \{x^*\}$.

(4) 这里给出 Ekeland 变分原理的另一种证明方法, 其中没有引入半序结构.

令 $y_0 = x_\varepsilon$, 定义序列 $\{y_n\} \subset X$ 如下:

(1) 如果

$$\varphi(y) > \varphi(y_n) - \frac{\varepsilon}{\tau} d(y_n, y), \forall y \in X, y \neq y_n,$$

取 $y_{n+1} = y_n$.

(2) 否则令 $S_n = \left\{ y \in X \,\middle|\, \varphi(y) \leqslant \varphi(y_n) - \frac{\varepsilon}{\tau} d(y_n, y) \right\}$, $\alpha_n = \inf_{y \in S_n} \varphi(y)$. 显然 $y_n \in S_n$. 如果 $\varphi(y_n) = \alpha_n$, 则 $S_n = \{y_n\}$. 事实上, 如若不然, 存在 $y \in S_n$, $y \neq y_n$, 于是 $\varphi(y_n) = \alpha_n \leqslant \varphi(y)$, 但是 $\varphi(y) \leqslant \varphi(y_n) - \frac{\varepsilon}{\tau} d(y_n, y) < \varphi(y_n)$, 矛盾. 这时取 $y_{n+1} = y_n$; 如果 $\varphi(y_n) > \alpha_n$, 取 $y_{n+1} \in S_n$, 使得

$$\varphi(y_{n+1}) \leqslant \alpha_n + \frac{1}{2}(\varphi(y_n) - \alpha_n) \leqslant \varphi(y_n). \tag{6.3}$$

显然 $\{\varphi(y_n)\}$ 是单调递减的有下界的数列, 从而收敛. 下面证明 $\{y_n\}$ 收敛. 因为或 $y_{n+1} = y_n$, 或 $y_{n+1} \in S_n$, 所以

$$\frac{\varepsilon}{\tau} d(y_n, y_{n+1}) \leqslant \varphi(y_n) - \varphi(y_{n+1}). \tag{6.4}$$

于是对任意正整数 p,

$$\frac{\varepsilon}{\tau} d(y_n, y_{n+p}) \leqslant \varphi(y_n) - \varphi(y_{n+p}) \to 0 (n \to \infty). \tag{6.5}$$

可见 $\{y_n\}$ 是 Cauchy 列, 故 $\{y_n\}$ 收敛. 令 $y_n \to y_\varepsilon$, 由 φ 下半连续知

$$\varphi(y_\varepsilon) \leqslant \lim_{n \to \infty} \varphi(y_n). \tag{6.6}$$

最后证明 y_ε 满足要求.

(i) 由(6.6)式以及 $\varphi(y_n) \leqslant \varphi(y_0)$ 可知, $\varphi(y_\varepsilon) \leqslant \varphi(y_0) = \varphi(x_\varepsilon)$.

(ii) 在(6.5)式中, 取 $n = 0$, 令 $p \to \infty$ 得

$$\frac{\varepsilon}{\tau} d(y_0, y_\varepsilon) \leqslant \varphi(y_0) - \inf_{x \in X} \varphi(x) < \varepsilon,$$

所以 $d(x_\varepsilon, y_\varepsilon) \leqslant \tau$.

(iii) 如若不然, 存在 $x \in X$, $x \neq y_\varepsilon$, 使得

$$\varphi(x) \leqslant \varphi(y_\varepsilon) - \frac{\varepsilon}{\tau} d(y_\varepsilon, x). \tag{6.7}$$

在(6.5)式中,令 $p\to\infty$,再由(6.6)式得 $\varphi(y_\varepsilon)\leqslant\varphi(y_n)-\dfrac{\varepsilon}{\tau}d(y_n,y_\varepsilon)$,于是由(6.7)式及三角不等式知

$$\varphi(x)\leqslant\varphi(y_n)-\frac{\varepsilon}{\tau}d(y_\varepsilon,y_n)-\frac{\varepsilon}{\tau}d(x,y_\varepsilon)\leqslant\varphi(y_n)-\frac{\varepsilon}{\tau}d(y_n,x),$$

故 $x\in S_n$. 如果 $\varphi(y_n)>\alpha_n$,由(6.3)式, $2\varphi(y_{n+1})-\varphi(y_n)\leqslant\alpha_n\leqslant\varphi(x)$. 如果 $\varphi(y_n)=\alpha_n$,则 $y_{n+1}=y_n$,此时上述不等式仍然成立. 令 $\lim\limits_{n\to\infty}\varphi(y_n)=\alpha$,于是 $\alpha\leqslant\varphi(x)$,再由(6.6)式知, $\varphi(y_\varepsilon)\leqslant\alpha$,故 $\varphi(y_\varepsilon)\leqslant\varphi(x)$,这与(6.7)式矛盾.

6.2　紧算子的不动点

定义 6.4　设 D 是线性空间 X 中的非空集合,如果 $\forall x,y\in D,0\leqslant\lambda\leqslant1$,有 $\lambda x+(1-\lambda)y\in D$,称 D 是 X 中的**凸集**;包含 D 的 X 中最小凸集称为 D 的**凸包**,记为 coD;赋范线性空间 X 中包含 D 的最小凸闭集称为 D 的**凸闭包**,记为 $\overline{coD}$.

显然赋范线性空间 X 中的球 $B(x_0,r)=\{x\in X\mid\|x-x_0\|<r\}$ 是凸集,其中 $x_0\in X,r>0$. 易证

命题 6.3　$x\in coD$ 当且仅当存在正整数 n,使得 $x=\lambda_1 x_1+\lambda_2 x_2+\cdots+\lambda_n x_n$,其中 $x_1,x_2,\cdots,x_n\in D,0\leqslant\lambda_1,\lambda_2,\cdots,\lambda_n\leqslant1$,且 $\lambda_1+\lambda_2+\cdots+\lambda_n=1$.

命题 6.4　设 D 是赋范线性空间 X 中的有界集, $T:D\to Y$ 是紧算子,则对任意的正整数 n,存在连续映射 $T_n:D\to Y$,使得 $\sup\limits_{x\in D}\|Tx-T_n x\|\leqslant\dfrac{1}{n}$,且 $\mathrm{span}T_n(D)$ 是有限维的, $T_n(D)\subset coT(D)$.

证明　因为 $T(D)$ 列紧,则对任意的正整数 $n,T(D)$ 存在有限的 $\dfrac{1}{n}$ 网,即存在 $y_i\in T(D)(i=1,2,\cdots,m)$. 使得 $\forall x\in D,\min\limits_{1\leqslant i\leqslant m}\|Tx-y_i\|<\dfrac{1}{n}$.

$\forall x\in D$,记 $a_i(x)=\max\left\{\dfrac{1}{n}-\|Tx-y_i\|,0\right\}(i=1,2,\cdots,m)$. 显然 $a_i:D\to\mathbf{R}^1$ 连续, $a_i(x)\geqslant0$,且 $\sum\limits_{i=1}^m a_i(x)>0$. 定义

$$T_n x=\frac{\sum\limits_{i=1}^m a_i(x)y_i}{\sum\limits_{i=1}^m a_i(x)},\forall x\in D.$$

于是 $T_n:D\to Y$ 连续, $\mathrm{span}T_n(D)$ 是有限维的,且 $T_n(D)\subset coT(D)$.

$$\|T_n x-Tx\|=\left\|\frac{\sum\limits_{i=1}^m a_i(x)y_i}{\sum\limits_{i=1}^m a_i(x)}-\frac{\sum\limits_{i=1}^m a_i(x)Tx}{\sum\limits_{i=1}^m a_i(x)}\right\|=\frac{\left\|\sum\limits_{i=1}^m a_i(x)(y_i-Tx)\right\|}{\sum\limits_{i=1}^m a_i(x)}$$

$$\leqslant \frac{\sum_{i=1}^{m} a_i(x) \| y_i - Tx \|}{\sum_{i=1}^{m} a_i(x)} \leqslant \frac{\sum_{i=1}^{m} a_i(x) \frac{1}{n}}{\sum_{i=1}^{m} a_i(x)} = \frac{1}{n},$$

从而 $\sup_{x \in D} \| Tx - T_n x \| \leqslant \frac{1}{n}$. ■

命题 6.5（Brouwer 不动点定理）　设 D 是有限维赋范线性空间 X 中的非空有界闭凸集，映射 $T:D \to D$ 连续，则 T 在 D 中存在不动点.

证明可见参考文献[10].

定理 6.3（Schauder 不动点定理, 1930）　设 D 是赋范线性空间 X 中的非空有界闭凸集. $T:D \to D$ 是紧算子，则 T 在 D 中存在不动点.

证明　设 $\theta \in D$. 如若不然，取 $x_0 \in D$，令 $D_0 = D - x_0 = \{x - x_0 \mid x \in D\}$，则 D_0 是非空有界闭凸集. $\theta \in D_0$. 定义 $T_0: D_0 \to D_0$ 为 $T_0 y = Tx - x_0$，$\forall y = x - x_0 \in D_0$，则 T_0 是紧算子. 如果 T_0 存在不动点 $\overline{x} \in D_0$，记 $\overline{x} = x - x_0$，$x \in D$，于是 $x - x_0 = \overline{x} = T_0 \overline{x} = Tx - x_0$，那么 $Tx = x$，即 T 在 D 中存在不动点.

由命题 6.4，对任意的正整数 n，存在 X 的有限维子空间 X_n 及连续映射 $T_n: D \to X_n$ 使得 $T_n(D) \subset coT(D)$，

$$\| Tx - T_n x \| \leqslant \frac{1}{n}, \forall x \in D. \tag{6.8}$$

记 $D_n = D \cap X_n$. 于是 D_n 是有限维空间 X_n 中的非空有界闭凸集，$\theta \in D_n$，并且

$$T_n(D_n) \subset X_n \cap T_n(D) \subset X_n \cap (coT(D)) \subset X_n \cap D = D_n.$$

由 Brouwer 不动点定理，T_n 存在不动点 $x_n \in D_n$，即

$$T_n x_n = x_n. \tag{6.9}$$

再由 (6.8) 式可知

$$\| Tx_n - x_n \| \leqslant \frac{1}{n}, \tag{6.10}$$

而 $x_n \in D_n \subset D$，故 $\{x_n\}$ 有界. 因为 T 是紧算子，所以 $\{Tx_n\}$ 存在收敛子列，不妨设 $Tx_n \to x \in D$. 再由 (6.10) 式，

$$\| x - x_n \| \leqslant \| x - Tx_n \| + \| Tx_n - x_n \| \leqslant \| x - Tx_n \| + \frac{1}{n} \to 0 (n \to \infty).$$

从而 $x_n \to x$. 而 T 连续，则 $Tx_n \to Tx$. 故 $Tx = x$. ■

例 6.1（Peano 定理）　考虑常微分方程初值问题

$$\begin{cases} \dfrac{\mathrm{d}x}{\mathrm{d}t} = f(t, x(t)), \\ x(0) = x_0, \end{cases} \tag{6.11}$$

其中 $f(t,x)$ 在 $[-h,h]\times[x_0-\delta,x_0+\delta]$ $(h>0,\delta>0)$ 连续. 存在 $h_1\in(0,h)$,使得初值问题(6.11)在 $[-h_1,h_1]$ 上存在解.

证明 记 $M>\max\{|f(t,x)|\,|\,(t,x)\in[-h,h]\times[x_0-\delta,x_0+\delta]\}$. 取 $h_1>0$ 满足 $h_1\leqslant\min\{h,\delta\}$,并且 $h_1M\leqslant\min\{h,\delta\}$. 设 $(Tx)(t)=x_0+\int_0^t f(\tau,x(\tau))\mathrm{d}\tau$, $\forall x\in C[-h_1,h_1]$. 由例 1.8 可知,初值问题(6.11)在 $[-h_1,h_1]$ 上存在解等价于 T 在 $C[-h_1,h_1]$ 中存在不动点. 显然

$$\overline{B}(x_0,\delta)=\{x\in C[-h_1,h_1]\,|\,\|x-x_0\|\leqslant\delta\}$$

是 $C[-h_1,h_1]$ 中的非空有界闭凸集. $\forall x\in\overline{B}(x_0,\delta)$ 有

$$\|Tx-x_0\|=\max_{-h_1\leqslant t\leqslant h_1}\left|\int_0^t f(\tau,x(\tau))\mathrm{d}\tau\right|\leqslant\max_{-h_1\leqslant t\leqslant h_1}\left|\int_0^t|f(\tau,x(\tau))|\mathrm{d}\tau\right|\leqslant h_1M\leqslant\delta,$$

故 $T:\overline{B}(x_0,\delta)\to\overline{B}(x_0,\delta)$.

下面证明 T 是紧算子. 因为 $\forall x\in\overline{B}(x_0,\delta),t_1,t_2\in[-h_1,h_1]$,

$$|(Tx)(t_1)-(Tx)(t_2)|=\left|\int_{t_2}^{t_1}f(\tau,x(\tau))\mathrm{d}\tau\right|\leqslant M|t_1-t_2|,$$

故 $T(\overline{B}(x_0,\delta))$ 是等度连续的.

设 $x_n,\overline{x}\in\overline{B}(x_0,\delta)$,且 $x_n\to\overline{x}$,则

$$\|Tx_n-T\overline{x}\|=\max_{-h_1\leqslant t\leqslant h_1}\left|\int_0^t(f(\tau,x_n(\tau))-f(\tau,\overline{x}(\tau)))\mathrm{d}\tau\right|$$

$$\leqslant\int_0^{h_1}|f(\tau,x_n(\tau))-f(\tau,\overline{x}(\tau))|\mathrm{d}\tau\to 0.$$

从而 T 连续. 综上所述,T 是紧算子,根据 Schauder 不动点定理,T 在 $\overline{B}(x_0,\delta)$ 中存在不动点. ∎

定理 6.4(先验估计原理) 设 X 是赋范线性空间,$T:X\to X$ 是紧算子. 如果集合 $E=\{x\in X\,|\,Tx=\lambda x,\lambda>1\}$ 有界,则 T 在 $\overline{B}_R=\{x\in X\,|\,\|x\|\leqslant R\}$ 中存在不动点,其中 $R=\sup\limits_{x\in E}\|x\|$.

证明 对正整数 m,设 $\overline{B}_m=\left\{x\in X\,\middle|\,\|x\|\leqslant R+\dfrac{1}{m}\right\}$. 定义映射 $T_m:X\to X$ 为

$$T_mx=\begin{cases}Tx, & \|Tx\|\leqslant R+\dfrac{1}{m},\\[3mm]\dfrac{\left(R+\dfrac{1}{m}\right)Tx}{\|Tx\|}, & \|Tx\|>R+\dfrac{1}{m}.\end{cases}$$

显然 $\|T_mx\|\leqslant R+\dfrac{1}{m}$,$\forall x\in X$,即 $T_m:\overline{B}_m\to\overline{B}_m$. 下证 T_m 是紧算子.

易见 T_m 是连续的,只需证 $T_m(\overline{B}_m)$ 是列紧集. 设无穷点列 $\{y_n^{(m)}\}\subset T_m(\overline{B}_m)$,则存在 $\{x_n^{(m)}\}\subset\overline{B}_m$,使得 $y_n^{(m)}=T_m x_n^{(m)}$. 考虑两种情形,存在子列 $\{x_{n_k}^{(m)}\}$,使得对所有正整数 k,

(1) $\|Tx_{n_k}^{(m)}\|\leqslant R+\dfrac{1}{m}$;

(2) $\|Tx_{n_k}^{(m)}\|>R+\dfrac{1}{m}$.

对情形(1),因为 $\{x_{n_k}^{(m)}\}$ 有界,而 T 是紧算子,存在 $\{x_{n_k}^{(m)}\}$ 的子列. 不妨仍记作 $\{x_{n_k}^{(m)}\}$,使得 $y_{n_k}^{(m)}=T_m x_{n_k}^{(m)}=Tx_{n_k}^{(m)}\to y^{(m)}\ (k\to\infty)$.

对情形(2),存在子列,仍记为 $\{x_{n_k}^{(m)}\}$,使得 $Tx_{n_k}^{(m)}\to y^{(m)}\ (k\to\infty)$. 于是

$$y_{n_k}^{(m)}=T_m x_{n_k}^{(m)}=\frac{\left(R+\dfrac{1}{m}\right)Tx_{n_k}^{(m)}}{\|Tx_{n_k}^{(m)}\|}\to\frac{\left(R+\dfrac{1}{m}\right)y^{(m)}}{\|y^{(m)}\|}\ (k\to\infty).$$

故 $T_m(\overline{B}_m)$ 是列紧集,T_m 是紧算子. 根据 Schauder 不动点定理,T_m 在 $\overline{B}_m$ 中存在不动点 $x^{(m)}$,即 $T_m x^{(m)}=x^{(m)}$.

如果 $\|Tx^{(m)}\|\leqslant R+\dfrac{1}{m}$,则

$$Tx^{(m)}=T_m x^{(m)}=x^{(m)}. \tag{6.12}$$

如果 $\|Tx^{(m)}\|>R+\dfrac{1}{m}$,则

$$T_m x^{(m)}=\frac{\left(R+\dfrac{1}{m}\right)Tx^{(m)}}{\|Tx^{(m)}\|}=x^{(m)}, \tag{6.13}$$

从而 $Tx^{(m)}=\dfrac{\|Tx^{(m)}\|}{R+\dfrac{1}{m}}x^{(m)}$,但 $\dfrac{\|Tx^{(m)}\|}{R+\dfrac{1}{m}}>1$,所以 $x^{(m)}\in E$,$\|x^{(m)}\|\leqslant R$,然而由(6.13)式知 $\|x^{(m)}\|=\left\|\dfrac{\left(R+\dfrac{1}{m}\right)Tx^{(m)}}{\|Tx^{(m)}\|}\right\|=R+\dfrac{1}{m}$,矛盾.

因为 $\{x^{(m)}\}\subset\overline{B}_m\subset\overline{B}_{R+1}=\{x\in X\mid\|x\|\leqslant R+1\}$,所以 $\{x^{(m)}\}$ 是有界的. 而 T 是紧算子,可知存在 $\{x^{(m)}\}$ 的子列,仍记为 $\{x^{(m)}\}$,使得 $Tx^{(m)}\to x^{(0)}\ (m\to\infty)$. 从(6.12)式和 T 的连续性得 $x^{(m)}\to x^{(0)}\ (m\to\infty)$,$Tx^{(0)}=x^{(0)}$. 而 $\|x^{(m)}\|\leqslant R+\dfrac{1}{m}$,令 $m\to\infty$ 可见,$\|x^{(0)}\|\leqslant R$,即 $x^{(0)}\in\overline{B}_R$. ∎

例 6.2　考虑常微分方程初值问题(6.11),其中 $f(t,x)$ 在 $[0,h]\times\mathbf{R}^1$ $(h>0)$ 上连续. 如果 $f(t,x)$ 满足增长型条件

$$|f(t,x)|\leqslant a+b|x|,\ \forall\,(t,x)\in[0,h]\times\mathbf{R}^1, \tag{6.14}$$

其中 a,b 是正常数,则初值问题(6.11)在$[0,h]$上存在解.

证明　设 $(Tx)(t) = x_0 + \int_0^t f(\tau, x(\tau))\mathrm{d}\tau, \forall x \in C[0,h]$,由例 1.8 知,初值问题(6.11)在$[0,h]$上存在解等价于 $T:C[0,h] \to C[0,h]$存在不动点.类似于例 6.1 的证明,可知 T 连续,且对任意的有界集 $D \subset C[0,h]$,$T(D)$一致有界等度连续,从而 T 为紧算子.

如果 $E = \{x \in C[0,h] \mid Tx = \lambda x, \lambda > 1\}$非空,$\forall x \in E$,由(6.14)式得

$$|x(t)| \leqslant \lambda |x(t)| = |(Tx)(t)| \leqslant |x_0| + \left| \int_0^t f(\tau, x(\tau))\mathrm{d}\tau \right|$$

$$\leqslant |x_0| + ah + b\int_0^t |x(\tau)|\mathrm{d}\tau, t \in [0,h].$$

由 Gronwall 不等式知

$$|x(t)| \leqslant (|x_0| + ah)\mathrm{e}^{bh}, t \in [0,h],$$

于是$\|x\| \leqslant (|x_0| + ah)\mathrm{e}^{bh}$,即 E 有界.由先验估计原理,结论得证.　∎

【注】　Gronwall 不等式(参见参考文献[11])

设在$[0,h]$上,$\varphi(t)$连续,$u(t)$连续可微,$\lambda(t)$非负连续.如果

$$\varphi(t) \leqslant \int_0^t \lambda(\tau)\varphi(\tau)\mathrm{d}\tau + u(t), t \in [0,h],$$

则 $\varphi(t) \leqslant u(0)\mathrm{e}^{\int_0^t \lambda(\tau)\mathrm{d}\tau} + \int_0^t \mathrm{e}^{\int_\tau^t \lambda(\xi)\mathrm{d}\xi} u'(\tau)\mathrm{d}\tau, t \in [0,h]$.

定理 6.5(Krasnoselskii)　设 D 是 Banach 空间 X 中的非空有界闭凸集,映射 $T_1, T_2 : D \to X$.如果

(i) $T_1 x + T_2 y \in D, \forall x, y \in D$;

(ii) T_1 是紧算子;

(iii) T_2 是压缩的,则 $T_1 + T_2$ 在 D 中存在不动点.

证明　记 $0 \leqslant \alpha < 1$,α 为 T_2 的压缩常数.$\forall x, y \in D$,因为

$$\|(I - T_2)x - (I - T_2)y\| \geqslant \|x - y\| - \|T_2 x - T_2 y\| \geqslant (1 - \alpha)\|x - y\|,$$

$$(6.15)$$

则 $I - T_2 : D \to (I - T_2)(D)$ 是一一对应,且由(6.15)式可知,$\forall z_1, z_2 \in (I - T_2)(D)$,有

$$\|(I - T_2)^{-1} z_1 - (I - T_2)^{-1} z_2\| \leqslant \frac{1}{1 - \alpha}\|z_1 - z_2\|,$$

从而$(I - T_2)^{-1} : (I - T_2)(D) \to D$ 连续.

对任意的 $y \in D$,定义 $T:D \to D$ 为 $Tx = T_2 x + T_1 y, \forall x \in D$,则 T 是压缩映射.根据压缩映射原理,存在唯一的 $z \in D$,使得 $z = Tz = T_2 z + T_1 y$,即$(I - T_2)z =$

$T_1 y$. 因此, $T_1(D) \subset (I-T_2)(D)$.

由 $(I-T_2)^{-1}$ 连续, $(I-T_2)^{-1} T_1 : D \to D$ 是紧算子(见习题 6.5). 根据 Schauder 不动点定理, 存在 $x \in D$, 使得 $(I-T_2)^{-1} T_1 x = x$, 即 $(T_1 + T_2) x = x$. ■

有关不动点理论的内容可见参考文献[12]-[16].

习　题　6

6.1　在度量空间中, 证明: 紧集上的下(上)半连续函数有下(上)界, 并且可以达到它的下(上)确界(即有最小(大)值).

6.2　设 D 是赋范线性空间 X 中的凸集, 证明: $\overline{D}$ 是 X 中的凸集.

6.3　设 M 是赋范线性空间 X 中的集合, 证明: $\overline{co}M = \overline{coM}$.

6.4　设 D 是 Banach 空间中的列紧集, 证明 coD 是列紧集.

6.5　设 X 是赋范线性空间, $T_1 : X \to X$ 是紧的, $T_2 : X \to X$ 是连续的, 证明: $T_2 T_1$ 是紧算子.

第 7 章　Sobolev 空间与 Poisson 方程的变分方法

7.1　弱导数与 Sobolev 空间

首先给出下列记号和定义. 以后均设 Ω 是 $\mathbf{R}^n$ 中区域. 如果 $D\subset\Omega$ 且 $\overline{D}$ 是 Ω 的紧子集, 则记为 $D\subset\subset\Omega$. 对 $\mathbf{R}^n$ 中函数 $u(x)=u(x_1,x_2,\cdots,x_n)$, 记 $\mathrm{D}_i u=\dfrac{\partial u}{\partial x_i}$, $\mathrm{D}_{ij}u=\dfrac{\partial^2 u}{\partial x_i\partial x_j}$. $\mathrm{D}u=\nabla u=(\mathrm{D}_1 u,\mathrm{D}_2 u,\cdots,\mathrm{D}_n u)$ 称为 u 的**梯度**, 其内积为 $\mathrm{D}u\cdot\mathrm{D}v=\sum\limits_{i=1}^{n}\mathrm{D}_i u\mathrm{D}_i v$, 梯度的模为 $|\mathrm{D}u|=\Big(\sum\limits_{i=1}^{n}|\mathrm{D}_i u|^2\Big)^{\frac{1}{2}}$, $\Delta u=\sum\limits_{i=1}^{n}\mathrm{D}_{ii}u$, 其中 Δ 称为 **Laplace算子**.

非负整数组 $\boldsymbol{\alpha}=(\alpha_1,\alpha_2,\cdots,\alpha_n)$ 称为**重指标**, 记 $|\boldsymbol{\alpha}|=\sum\limits_{i=1}^{n}\alpha_i$. 用 $\mathrm{D}^{\boldsymbol{\alpha}}=\mathrm{D}_1^{\alpha_1}\mathrm{D}_2^{\alpha_2}\cdots\mathrm{D}_n^{\alpha_n}$ 表示 $|\boldsymbol{\alpha}|$ 阶的微分算子, 即 $\mathrm{D}^{\boldsymbol{\alpha}}u=\dfrac{\partial^{|\boldsymbol{\alpha}|}u}{\partial x_1^{\alpha_1}\partial x_2^{\alpha_2}\cdots\partial x_n^{\alpha_n}}$.

对定义在区域 $\Omega\subset\mathbf{R}^n$ 中的函数 $u(x)$, 集合 $\mathrm{supp}u=\{x\in\Omega\,|\,u(x)\neq 0\}$ 的闭包称为 u 的支集. 如果 $\mathrm{supp}u\subset\subset\Omega$, 则称 u 在 Ω 中有**紧支集**. 设 m 是非负整数, 我们常用下面的一些函数空间.

$C^m(\Omega)=\{u\,|\,\mathrm{D}^{\boldsymbol{\alpha}}u$ 在 Ω 内连续, $\forall\,|\boldsymbol{\alpha}|\leqslant m\}$($C^0(\Omega)$简记作 $C(\Omega)$);

$C^\infty(\Omega)=\bigcap\limits_{m=0}^{\infty}C^m(\Omega)=\{u\,|\,\mathrm{D}^{\boldsymbol{\alpha}}u$ 在 Ω 内连续, $\forall\,\boldsymbol{\alpha}\}$;

$C_0^m(\Omega)=\{u\in C^m(\Omega)\,|\,\mathrm{supp}u\subset\subset\Omega\}$($C_0^0(\Omega)$简记作 $C_0(\Omega)$);

$C_0^\infty(\Omega)=\{u\in C^\infty(\Omega)\,|\,\mathrm{supp}u\subset\subset\Omega\}$.

对 $1\leqslant p<+\infty$, 称 $L_{\mathrm{loc}}^p(\Omega)=\{u\in L^p(\Omega')\,|\,\forall\,\Omega'\subset\subset\Omega\}$ 为 p 幂局部可积函数空间, 其中在 Ω 中几乎处处相等的函数视为同一元素.

命题 7.1　设 $|\boldsymbol{\alpha}|=k\geqslant 1$, $u\in C^k(\overline{\Omega})$. 如果 Ω 是有界区域, 且具有充分光滑的边界$\partial\Omega$, 则

$$\int_{\Omega}\varphi\mathrm{D}^{\boldsymbol{\alpha}}u\,\mathrm{d}x=(-1)^k\int_{\Omega}u\mathrm{D}^{\boldsymbol{\alpha}}\varphi\,\mathrm{d}x,\ \forall\,\varphi\in C_0^k(\Omega).$$

证明　由 Gauss 公式(散度定理), 有

$$\int_{\Omega}\mathrm{D}_i(u\varphi)\,\mathrm{d}x=\int_{\partial\Omega}u\varphi\cos(\boldsymbol{n},x_i)\,\mathrm{d}S=0,$$

其中 n 为 $\partial\Omega$ 的外法向单位向量. 于是

$$\int_{\Omega}\varphi D_i u \, dx = -\int_{\Omega} u D_i \varphi \, dx (\text{分部积分公式}),$$

所以当 $k=1$ 时, 结论成立. 当 $k>1$ 时, 由

$$\int_{\Omega}\varphi D_{ij} u \, dx = -\int_{\Omega} D_j u D_i \varphi \, dx = (-1)^2 \int_{\Omega} u D_{ij} \varphi \, dx,$$

根据数学归纳法可证结论. ∎

引理 7.1（变分法基本引理）　如果 $u \in L^1_{\text{loc}}(\Omega)$ 满足 $\int_{\Omega} u\varphi \, dx = 0, \forall \varphi \in C_0^{\infty}(\Omega)$, 则在 Ω 中 $u \overset{\text{a.e.}}{=} 0$. 若 $u \in C(\Omega)$, 则 $u \equiv 0$.

证明见参考文献[5]. 下面利用命题 7.1 推广导数的概念.

定义 7.1　设 $u \in L^1_{\text{loc}}(\Omega)$, 如果存在 $v \in L^1_{\text{loc}}(\Omega)$, 使得

$$\int_{\Omega} v\varphi \, dx = (-1)^{|\alpha|} \int_{\Omega} u D^{\alpha}\varphi \, dx, \quad \forall \varphi \in C_0^{\infty}(\Omega),$$

则称 v 为 u 在 Ω 中的 $|\alpha|$ **阶弱导数**, 或称为**广义导数**, 仍记作 $v = D^{\alpha}u$.

由引理 7.1 可见, 弱导数是唯一的. 再根据命题 7.1 可知, 导数一定是弱导数. 但是函数有高阶弱导数不一定有低阶弱导数(见参考文献[17]).

设 k 为正整数, 记 $W^k(\Omega)$ 为具有 1 至 k 阶弱导数的函数集合. 由弱导数的定义和引理 7.1 易证下面命题.

命题 7.2　如果 $u, v \in W^k(\Omega), \lambda, \mu \in \mathbf{R}^1$, 重指标 $|\alpha| \leqslant k$, 则 $\lambda u + \mu v \in W^k(\Omega)$, 并且

$$D^{\alpha}(\lambda u + \mu v) = \lambda D^{\alpha}u + \mu D^{\alpha}v.$$

定理 7.1　设 k 为正整数, $1 \leqslant p < +\infty$. 函数集合

$$W^{k,p}(\Omega) = \{ u \in W^k(\Omega) \mid D^{\alpha}u \in L^p(\Omega), |\alpha| \leqslant k \}$$

赋以范数

$$|u|_{k,p} = \left(\sum_{|\alpha| \leqslant k} \int_{\Omega} |D^{\alpha}u|^p \, dx \right)^{\frac{1}{p}} = \left(\sum_{|\alpha| \leqslant k} \|D^{\alpha}u\|_p^p \right)^{\frac{1}{p}} \tag{7.1}$$

为 Banach 空间, 其中 $\| \cdot \|_p$ 表示 $L^p(\Omega)$ 中的范数.

证明　由命题 7.2 知 $W^{k,p}(\Omega)$ 是线性空间. 首先证明 $| \cdot |_{k,p}$ 是 $W^{k,p}(\Omega)$ 中的范数.

对 $u \in W^{k,p}(\Omega), \lambda \in \mathbf{R}^1$, 显然有 $|\lambda u|_{k,p} = |\lambda| \, |u|_{k,p}$. 如果 $u(x) \overset{\text{a.e.}}{=} 0$, $|u|_{k,p} = 0$; 反之, 若 $|u|_{k,p} = 0$, 那么 $\|u\|_p^p = 0$, 从而 $u(x) \overset{\text{a.e.}}{=} 0$. $\forall u, v \in W^{k,p}(\Omega)$, 根据积分和离散形式的 Minkowski 不等式

$$|u+v|_{k,p} = \left(\sum_{|\alpha| \leqslant k} \|D^{\alpha}u + D^{\alpha}v\|_p^p \right)^{\frac{1}{p}}$$

$$\leqslant \left(\sum_{|\alpha| \leqslant k} (\|D^{\alpha}u\|_p + \|D^{\alpha}v\|_p)^p \right)^{\frac{1}{p}}$$

$$\leqslant \left(\sum_{|\alpha| \leqslant k} \|D^{\alpha}u\|_p^p \right)^{\frac{1}{p}} + \left(\sum_{|\alpha| \leqslant k} \|D^{\alpha}v\|_p^p \right)^{\frac{1}{p}}$$

$$= |u|_{k,p} + |v|_{k,p}.$$

下面证明 $W^{k,p}(\Omega)$ 在范数 $|\cdot|_{k,p}$ 下是完备的.

设 $\{u_m\}$ 是 $W^{k,p}(\Omega)$ 中的 Cauchy 列, 于是对任意的 $|\alpha| \leqslant k$, $\{D^{\alpha}u_m\}$ 是 $L^p(\Omega)$ 中的 Cauchy 列, 从而存在 $u_{\alpha} \in L^p(\Omega)$, 使得 $\|D^{\alpha}u_m - u_{\alpha}\|_p \to 0$, 记 $u = u_{(0,0,\cdots,0)}$.

$\forall \varphi \in C_0^{\infty}(\Omega)$, 因为 $\varphi, D^{\alpha}\varphi \in L^q(\Omega)$, 其中 $\frac{1}{p} + \frac{1}{q} = 1$(当 $p=1$ 时, $q = \infty$), 于是根据定义 7.1, 由 $\left| \int_{\Omega} (u_m - u)D^{\alpha}\varphi dx \right| \to 0$,

$$\int_{\Omega} u D^{\alpha}\varphi dx = \lim_{m\to\infty} \int_{\Omega} u_m D^{\alpha}\varphi dx = (-1)^{|\alpha|} \lim_{m\to\infty} \int_{\Omega} (D^{\alpha}u_m)\varphi dx$$

$$= (-1)^{|\alpha|} \int_{\Omega} u_{\alpha}\varphi dx.$$

从而 $D^{\alpha}u = u_{\alpha}(\forall |\alpha| \leqslant k)$, 故 $u \in W^{k,p}(\Omega)$. 因此, $\|D^{\alpha}u_m - D^{\alpha}u\|_p \to 0(\forall |\alpha| \leqslant k)$, 并且 $|u_m - u|_{k,p} \to 0$. ∎

$C_0^{\infty}(\Omega)$ 在 $W^{k,p}(\Omega)$ 中的闭包(即按范数(7.1)完备化)记作 $W_0^{k,p}(\Omega)$. $W^{k,p}(\Omega)$ 和 $W_0^{k,p}(\Omega)$ 都称为 Sobolev 空间. 同时由参考文献[18]可知, $C_0^{\infty}(\Omega)$ 在 $L^p(\Omega)$ $(1 \leqslant p < +\infty)$ 中稠密, 从而 $W_0^{k,p}(\Omega)$ 在 $L^p(\Omega)(1 \leqslant p < +\infty)$ 中稠密.

命题 7.3 (1) $W^{k,p}(\Omega)$ 是可分的, 当 $1 < p < +\infty$ 时, $W^{k,p}(\Omega)$ 是自反的;

(2) 设 Ω 有界, 则 $C^{\infty}(\Omega) \cap W^{k,p}(\Omega)$ 在 $W^{k,p}(\Omega)$ 中稠密;

(3) $W^{k,p}(\mathbf{R}^n) = W_0^{k,p}(\mathbf{R}^n)$, 但当 Ω 有界时, $W^{k,p}(\Omega) \neq W_0^{k,p}(\Omega)$;

(4) 设 Ω 有界, 并且边界 $\partial\Omega$ 适当光滑, 如果 $u \in C(\overline{\Omega}) \cap W^{1,p}(\Omega)$, 那么 $u \in W_0^{1,p}(\Omega)$ 当且仅当 $u(x) = 0, \forall x \in \partial\Omega$.

这个命题的证明见参考文献[19].

【注】 因为 $W_0^{k,p}(\Omega)$ 是 $W^{k,p}(\Omega)$ 的闭子空间, 所以 $W_0^{k,p}(\Omega)$ 是可分的, 并且根据定理 4.1, 当 $1 < p < +\infty$ 时, $W_0^{k,p}(\Omega)$ 是自反的.

当 $p=2$ 时, 经常记 $W^{k,2}(\Omega) = H^k(\Omega)$, $W_0^{k,2}(\Omega) = H_0^k(\Omega)$. 它们关于内积

$$(u,v)_k = \sum_{|\alpha| \leqslant k} \int_{\Omega} D^{\alpha}u D^{\alpha}v dx$$

成为 Hilbert 空间.

命题 7.4 设 Ω 有界, $u \in W^{1,p}(\Omega)$. 如果 $u^+ = \max\{u, 0\}$, $u^- = \max\{-u, 0\}$, 即 u^+ 和 u^- 分别为 u 的正部和负部, 则 $u^+, u^- \in W^{1,p}(\Omega)$, 从而 $|u| = u^+ + u^- \in W^{1,p}(\Omega)$, 并且

$$\mathrm{D}u^+ = \begin{cases} \mathrm{D}u, & u > 0, \\ 0, & u \leqslant 0; \end{cases} \qquad \mathrm{D}u^- = \begin{cases} 0, & u \geqslant 0, \\ -\mathrm{D}u, & u < 0. \end{cases}$$

见参考文献[5].

引理 7.2（Poincaré 不等式）　设 Ω 有界, 对 $k \geqslant 1, 1 \leqslant p < +\infty$, 存在常数 $C > 0$, 使得

$$\sum_{|\alpha| < k} \| \mathrm{D}^{\alpha} u \|_p^p \leqslant C \sum_{|\alpha| = k} \| \mathrm{D}^{\alpha} u \|_p^p, \quad \forall u \in W_0^{k,p}(\Omega).$$

证明　因为 Ω 有界, 所以存在常数 a 和 $b(a < b)$, 使得

$$\Omega \subset \Omega_1 = \{(x_1, x_2, \cdots, x_n) \mid a \leqslant x_i \leqslant b, i = 1, 2, \cdots, n\}.$$

$\forall u \in C_0^{\infty}(\Omega)$, 补充定义 $u(x) = 0, x \in \Omega_1 \backslash \Omega$. 于是 $u(x) = \int_a^{x_n} (\mathrm{D}_n u)(x_1, \cdots, x_{n-1}, t) \mathrm{d}t$, 由 Hölder 不等式,

$$|u(x)|^p \leqslant (b-a)^{p-1} \int_a^b |(\mathrm{D}_n u)(x_1, \cdots, x_{n-1}, t)|^p \mathrm{d}t,$$

在 Ω_1 上积分上式得

$$\int_{\Omega} |u(x)|^p \mathrm{d}x = \int_{\Omega_1} |u(x)|^p \mathrm{d}x \leqslant (b-a)^p \int_{\Omega_1} |(\mathrm{D}_n u)(x)|^p \mathrm{d}x$$

$$= (b-a)^p \int_{\Omega} |(\mathrm{D}_n u)(x)|^p \mathrm{d}x,$$

即 $\| u \|_p^p \leqslant (b-a)^p \| \mathrm{D}_n u \|_p^p$, 显然 $\| u \|_p^p \leqslant (b-a)^p \| \mathrm{D}_i u \|_p^p (i = 1, 2, \cdots, n-1)$ 均成立. 对 $\mathrm{D}^{\alpha} u$ 连续使用上面的不等式, 其中 $|\alpha| \leqslant k-1$, 即可知存在常数 $C > 0$, 使得

$$\sum_{|\alpha| < k} \| \mathrm{D}^{\alpha} u \|_p^p \leqslant C \sum_{|\alpha| = k} \| \mathrm{D}^{\alpha} u \|_p^p, \quad \forall u \in C_0^{\infty}(\Omega).$$

$\forall u \in W_0^{k,p}(\Omega)$, 存在 $\{u_m\} \subset C_0^{\infty}(\Omega)$, 使得 $|u_m - u|_{k,p} \to 0$, 从而

$$\| \mathrm{D}^{\alpha} u_m - \mathrm{D}^{\alpha} u \|_p \to 0, \ \forall |\alpha| \leqslant k,$$

在 $\displaystyle\sum_{|\alpha| < k} \| \mathrm{D}^{\alpha} u_m \|_p^p \leqslant C \sum_{|\alpha| = k} \| \mathrm{D}^{\alpha} u_m \|_p^p$ 中令 $m \to \infty$ 即可得结论.　∎

【注】　由 Poincaré 不等式, 易见

$$\| u \|_{k,p} = \Big(\sum_{|\alpha| = k} \| \mathrm{D}^{\alpha} u \|_p^p \Big)^{\frac{1}{p}}, \quad \forall u \in W_0^{k,p}(\Omega)$$

是 $W_0^{k,p}(\Omega)$ 中的范数, 且 $\| \cdot \|_{k,p}$ 与 $| \cdot |_{k,p}$ 等价. 特别地, $\forall u \in W_0^{1,2}(\Omega) = H_0^1(\Omega)$, 有

$$\| u \|_2^2 = \int_{\Omega} |u|^2 \mathrm{d}x \leqslant |u|_{1,2}^2 \leqslant C_1 \int_{\Omega} |\mathrm{D}u|^2 \mathrm{d}x = C_1 \| \mathrm{D}u \|_2^2 = C_1 \| u \|_{1,2}^2,$$

称为 **Friedrichs 不等式**, 其中 $C_1 > 0$ 为常数. 相应于 $\| \cdot \|_{1,2}$ 的内积为

$$[u, v] = \int_{\Omega} \mathrm{D}u \cdot \mathrm{D}v \mathrm{d}x, \quad \forall u, v \in H_0^1(\Omega).$$

称 $(W_0^{1,2}(\Omega), \|\cdot\|_{1,2})$ 为**能量空间**.

设 $0<\lambda\leqslant 1$, 如果 $\overline{\Omega}$ 上的函数 $u(x)$ 满足条件

$$|u(x)-u(y)|\leqslant k|x-y|^\lambda, \quad \forall\, x,y\in\overline{\Omega}, \tag{7.2}$$

其中 $k>0$ 为常数, 即 $[u]_\lambda=\sup\limits_{\substack{x,y\in\overline{\Omega}\\x\neq y}}\dfrac{|u(x)-u(y)|}{|x-y|^\lambda}<\infty$, 则称 $u(x)$ 在 $\overline{\Omega}$ 中满足指数为 λ 的 **Hölder 条件**或称 $u(x)$ 在 $\overline{\Omega}$ 中具有指数为 λ 的 **Hölder 连续性**. 当 $\lambda=1$ 时, (7.2)式即是 Lipschitz 条件.

如果 Ω 为有界区域, 可以证明函数空间

$$C^{m,\lambda}(\overline{\Omega})=\{u\in C^m(\overline{\Omega})\,|\,[D^\alpha u]_\lambda<\infty, \quad \forall\,|\alpha|=m\}$$

关于范数 $\|u\|_{m,\lambda}=\|u\|_{m,\infty}+\sum\limits_{|\alpha|=m}[D^\alpha u]_\lambda$ 成为 Banach 空间, 其中 $\|u\|_{m,\infty}=\sum\limits_{|\alpha|\leqslant m}\max\limits_{x\in\overline{\Omega}}|D^\alpha u(x)|$, 称其为 **Hölder 空间**.

定义 7.2 设 X,Y 是两个 Banach 空间. 如果 $X\subset Y$, 并且存在常数 $C>0$, 使得 $\|x\|_Y\leqslant C\|x\|_X$, $\forall\, x\in X$, 即恒等算子 $I: X\to Y$ 是有界线性算子, 则称 X **连续嵌入**到 Y, 记作 $X\underset{\to}{\subset}Y$. 此时恒等算子 I 称为**嵌入算子**, C 称为嵌入常数. 如果嵌入算子是紧算子, 则称 X **紧嵌入**到 Y 中, 记作 $X\underset{\to}{\subset\subset}Y$.

命题 7.5 设 Ω 为有界区域, 如果 $1\leqslant p<q<+\infty$, 则 $L^q(\Omega)\underset{\to}{\subset}L^p(\Omega)$.

证明 $\forall\, u\in L^q(\Omega)$, 由 Hölder 不等式有

$$\int_\Omega|u|^p\mathrm{d}x\leqslant\left(\int_\Omega 1\mathrm{d}x\right)^{1-\frac{p}{q}}\left(\int_\Omega|u|^q\mathrm{d}x\right)^{\frac{p}{q}}=|\Omega|^{1-\frac{p}{q}}\|u\|_q^p<\infty,$$

其中 $|\Omega|$ 表示 Ω 的测度. 于是

$$\|u\|_p\leqslant|\Omega|^{\frac{1}{p}-\frac{1}{q}}\|u\|_q,$$

即 $L^q(\Omega)\underset{\to}{\subset}L^p(\Omega)$. ∎

定理 7.2(嵌入定理) 设 Ω 是有界区域, $1\leqslant p<+\infty$, 则对正整数 k

(1) 当 $k<\dfrac{n}{p}$ 时, 对 $1\leqslant q\leqslant\dfrac{np}{n-kp}$, 有 $W_0^{k,p}\underset{\to}{\subset}L^q(\Omega)$;

(2) 当 $k=\dfrac{n}{p}$ 时, 对 $1\leqslant q<+\infty$, 有 $W_0^{k,p}\underset{\to}{\subset}L^q(\Omega)$;

(3) 当 $k>\dfrac{n}{p}$ 时, 如果 $k-\dfrac{n}{p}$ 不是整数, 取 m 与 λ 分别是 $k-\dfrac{n}{p}$ 的整数部分和小数部分, 有 $W_0^{k,p}(\Omega)\underset{\to}{\subset}C^{m,\lambda}(\overline{\Omega})$; 如果 $k-\dfrac{n}{p}$ 是整数, 取 $m=k-\dfrac{n}{p}-1,\lambda\in(0,1)$, 有 $W_0^{k,p}(\Omega)\underset{\to}{\subset}C^{m,\lambda}(\overline{\Omega})$.

【注】 当 $k=\dfrac{n}{p}$ 时, 不能有 $W_0^{k,p}(\Omega)\underset{\to}{\subset}L^\infty(\Omega)$; 当 $k<\dfrac{n}{p}$ 时, 对任意的 $q>$

$\dfrac{np}{n-kp}$，不能有 $W_0^{k,p}(\Omega) \underset{\to}{\subset} L^q(\Omega)$. 因此，$p^* = \dfrac{np}{n-kp}$ 称为 **临界指数**. 特别地，对

$W_0^{1,2}(\Omega) = H_0^1(\Omega)$，当 $n>2$ 时，其临界指数为 $2^* = \dfrac{2n}{n-2}$，并且 $2^*-1 = \dfrac{n+2}{n-2}$；

当 $n=2$ 时，记 $2^* = +\infty$. 如果 Ω 的边界 $\partial\Omega$ 具有适当的光滑性，定理 7.2 的结论对于 $W^{k,p}(\Omega)$ 也成立.

定理 7.3（紧嵌入定理）　设 Ω 是有界区域，$1 \leqslant p < +\infty$，则对正整数 k，

（1）当 $k < \dfrac{n}{p}$ 时，对 $1 \leqslant q < \dfrac{np}{n-kp}$，有 $W_0^{k,p}(\Omega) \underset{\to}{\subset\subset} L^q(\Omega)$；

（2）当 $k = \dfrac{n}{p}$ 时，对 $1 \leqslant q < +\infty$，有 $W_0^{k,p}(\Omega) \underset{\to}{\subset\subset} L^q(\Omega)$；

（3）当 $k > \dfrac{n}{p}$ 时，如果 $k - \dfrac{n}{p}$ 不是整数，取 m 与 λ^* 分别是 $k - \dfrac{n}{p}$ 的整数部分和

小数部分，$\lambda \in (0, \lambda^*)$，有 $W_0^{k,p}(\Omega) \underset{\to}{\subset\subset} C^{m,\lambda}(\overline{\Omega})$；如果 $k - \dfrac{n}{p}$ 是整数，取 $m = k -$

$\dfrac{n}{p} - 1$，$\lambda \in (0,1)$，有 $W_0^{k,p}(\Omega) \underset{\to}{\subset\subset} C^{m,\lambda}(\overline{\Omega})$.

【注】　如果 Ω 的边界 $\partial\Omega$ 具有适当的光滑性，定理 7.3 的结论对于 $W^{k,p}(\Omega)$

也成立，并且当 $k < \dfrac{n}{p}$ 时，对 $q = \dfrac{np}{n-kp}$，不能有 $W^{k,p}(\Omega) \underset{\to}{\subset\subset} L^q(\Omega)$. 特别地，分

别讨论定理中的三种情形可得，对任意正整数 k 和任意的 $1 \leqslant p < +\infty$，有

$W_0^{k,p}(\Omega) \underset{\to}{\subset\subset} L^p(\Omega)$.

以上嵌入定理的含义是，对被嵌入的空间每一个函数，在嵌入空间都有一个函数几乎处处与其相等. 嵌入定理和紧嵌入定理见参考文献[18].

设 Ω 是有界区域，记 $W_0^{1,2}(\Omega)$（即 $H_0^1(\Omega)$）的共轭空间 $(W_0^{1,2}(\Omega))^*$ 为 $H^{-1}(\Omega)$，其中的范数记作 $\|\cdot\|_{-1}$.

当 $n \geqslant 2$ 时，由嵌入定理知，对任意的 $q \in (1, 2^*)$，有 $W_0^{1,2}(\Omega) \underset{\to}{\subset} L^q(\Omega)$. 用

q' 表示 q 的共轭数，即 $\dfrac{1}{q} + \dfrac{1}{q} = 1$. 对 $f \in L^{q'}(\Omega)$，定义 $f(u) = \displaystyle\int_\Omega fu\,dx$，$\forall u \in$

$W_0^{1,2}(\Omega)$. 因为

$$|f(u)| \leqslant \int_\Omega |fu|\,dx \leqslant \|f\|_{q'}\|u\|_q \leqslant C\|f\|_{q'}\|u\|_{1,2}, \quad \forall u \in W_0^{1,2}(\Omega),$$

其中 $C>0$ 是 $W_0^{1,2}(\Omega) \underset{\to}{\subset} L^q(\Omega)$ 的嵌入常数，所以 $f \in H^{-1}(\Omega)$，并且 $\|f\|_{-1} \leqslant$

$C\|f\|_{q'}$，从而 $L^{q'}(\Omega) \underset{\to}{\subset} H^{-1}(\Omega)$，特别地，$L^2(\Omega) \underset{\to}{\subset} H^{-1}(\Omega)$.

当 $n=1$ 时，由嵌入定理知，$W_0^{1,2}(\Omega) \underset{\to}{\subset} C(\overline{\Omega})$. 对 $f \in L^q(\Omega)\,(q \geqslant 1)$，定义

$f(u) = \displaystyle\int_\Omega fu\,dx$，$\forall u \in W_0^{1,2}(\Omega)$. 根据命题 7.5，

$$| f(u) | \leqslant \int_{\Omega} | fu | \, \mathrm{d}x \leqslant \| f \|_1 \| u \|_c \leqslant C \| f \|_1 \| u \|_{1,2}, \forall u \in W_0^{1,2}(\Omega),$$

其中 $C>0$ 是 $W_0^{1,2}(\Omega) \underset{\longrightarrow}{\subseteq} C(\overline{\Omega})$ 的嵌入常数，所以 $f \in H^{-1}(\Omega)$，并且 $\| f \|_{-1} \leqslant C \| f \|_1$，从而 $L^q(\Omega) \underset{\longrightarrow}{\subseteq} H^{-1}(\Omega)$.

7.2　Poisson 方程的变分方法

在本节和 7.3 节中，设 Ω 是有界区域. 考虑 Poisson 方程的 Dirichlet 问题

$$\begin{cases} -\Delta u = f(x), & x \in \Omega, \\ u(x) = 0, & x \in \partial\Omega. \end{cases} \tag{7.3}$$

设 $B_0^2 = \{ u \in C^2(\overline{\Omega}) \, | \, u(x) = 0, \quad \forall \, x \in \partial\Omega \}$，如果 $u \in B_0^2$，并且满足 $-\Delta u = f(x)$，$\forall \, x \in \Omega$，则称 u 是问题(7.3)的**古典解**.

命题 7.6　设 Ω 具有充分光滑的边界 $\partial\Omega$，$f \in C(\overline{\Omega})$，则如下三个结果等价：

(i) $u \in B_0^2$ 是变分问题

$$I(u) = \min_{v \in B_0^2} I(v) \tag{7.4}$$

的解，其中泛函 $I(v) = \int_{\Omega} \left(\frac{1}{2} | \mathrm{D}v |^2 - fv \right) \mathrm{d}x, \forall \, v \in B_0^2$；

(ii) $u \in B_0^2$ 满足

$$\int_{\Omega} (\mathrm{D}u \cdot \mathrm{D}\varphi - f\varphi) \mathrm{d}x = 0, \quad \forall \, \varphi \in C_0^{\infty}(\Omega); \tag{7.5}$$

(iii) u 是问题(7.3)的古典解.

证明　设 $w_i \in C^1(\overline{\Omega}) (1 \leqslant i \leqslant n)$，由 Gauss 公式有

$$\int_{\Omega} \left(\sum_{i=1}^{n} \mathrm{D}_i w_i \right) \mathrm{d}x = \int_{\partial\Omega} \left(\sum_{i=1}^{n} w_i \cos(\boldsymbol{n}, x_i) \right) \mathrm{d}S,$$

其中 $\boldsymbol{n}$ 为边界 $\partial\Omega$ 的外法向单位向量. 若取 $(w_1, w_2, \cdots, w_n) = (v\mathrm{D}_1 u, v\mathrm{D}_2 u, \cdots, v\mathrm{D}_n u) = v\mathrm{D}u$，其中 $u, v \in C^2(\overline{\Omega})$，则得到 Green 第一公式

$$\int_{\Omega} v\Delta u \mathrm{d}x + \int_{\Omega} \mathrm{D}v \cdot \mathrm{D}u \mathrm{d}x = \int_{\partial\Omega} v \frac{\partial u}{\partial \boldsymbol{n}} \mathrm{d}S, \forall \, u, v \in C^2(\overline{\Omega}).$$

(i)$\Rightarrow$(ii) 设 $u \in B_0^2$ 是问题(7.4)的解，于是 $\forall \, \varphi \in C_0^{\infty}(\Omega), t \in \mathbf{R}^1$，有 $u + t\varphi \in B_0^2$. 因此，$I(u) = \min_{t \in \mathbf{R}^1} I(u + t\varphi)$，而

$$I(u + t\varphi) = \frac{1}{2} \int_{\Omega} | \mathrm{D}u + t\mathrm{D}\varphi |^2 \mathrm{d}x - \int_{\Omega} f(u + t\varphi) \mathrm{d}x$$

$$= I(u) + t \int_{\Omega} (\mathrm{D}u \cdot \mathrm{D}\varphi - f\varphi) \mathrm{d}x + \frac{1}{2} t^2 \int_{\Omega} | \mathrm{D}\varphi |^2 \mathrm{d}x,$$

故 $\dfrac{\mathrm{d}}{\mathrm{d}t}I(u+t\varphi)\big|_{t=0}=0$. 从而

$$\int_\Omega (\mathrm{D}u \cdot \mathrm{D}\varphi - f\varphi)\mathrm{d}x = 0.$$

(ii)$\Rightarrow$(iii) 如果(7.5)式成立, 在 Green 第一公式中, 令 $v=\varphi\in C_0^\infty(\Omega)$, 得到

$$\int_\Omega \varphi\Delta u\mathrm{d}x + \int_\Omega \mathrm{D}\varphi \cdot \mathrm{D}u\mathrm{d}x = 0. \tag{7.6}$$

从(7.5)式和(7.6)式可知, $\displaystyle\int_\Omega (\Delta u + f)\varphi\mathrm{d}x = 0$. 由变分法基本引理, $\Delta u+f\equiv 0$,
即 u 是(7.3)式的古典解.

(iii)$\Rightarrow$(i) 由于 $-\Delta u=f$, 则根据 Green 第一公式,

$$\int_\Omega (\mathrm{D}u \cdot \mathrm{D}v - fv)\mathrm{d}x = 0, \quad \forall v\in B_0^2. \tag{7.7}$$

$\forall v\in B_0^2$, 令 $v-u=w$, 则 $w\in B_0^2$. 根据(7.7)式有

$$I(v) = I(u+w) = \frac{1}{2}\int_\Omega |\mathrm{D}u+\mathrm{D}w|^2\mathrm{d}x - \int_\Omega f(u+w)\mathrm{d}x$$

$$= I(u) + \int_\Omega (\mathrm{D}u \cdot \mathrm{D}w - fw)\mathrm{d}x + \frac{1}{2}\int_\Omega |\mathrm{D}w|^2\mathrm{d}x$$

$$= I(u) + \frac{1}{2}\int_\Omega |\mathrm{D}w|^2\mathrm{d}x \geqslant I(u),$$

即 u 是变分问题(7.4)的解. ∎

命题 7.7　设 Ω 具有充分光滑的边界 $\partial\Omega$, $f\in C(\overline{\Omega})$, 则问题(7.3)最多有一个古典解.

证明　设 $u,v\in B_0^2$ 是问题(7.3)的古典解, 令 $u-v=w$, 则 $w\in B_0^2$, 并且 $-\Delta w=0$, $\forall x\in\Omega$. 于是根据 Green 第一公式, $\displaystyle\int_\Omega w\Delta w\mathrm{d}x + \int_\Omega \mathrm{D}w \cdot \mathrm{D}w\mathrm{d}x = 0$, 从而 $\displaystyle\int_\Omega |\mathrm{D}w|^2\mathrm{d}x = 0$, 即在 Ω 中 $\mathrm{D}w=0$. 因此, $w\equiv$ 常数. 但是 $w(x)=0$, $\forall x\in\partial\Omega$, 故 $w\equiv 0$, 即 $u=v$. ∎

【注】　当 $n\geqslant 2$ 时, 即使 $f\in C(\overline{\Omega})$, 问题(7.3)不一定存在古典解. 当 $n=1$ 时, 见 7.4 节命题 7.12.

由(7.5)式给出如下定义.

定义 7.3　设 $f\in H^{-1}(\Omega)$, 如果 $u\in W_0^{1,2}(\Omega)$, 满足 $[u,v]-f(v)=0$, $\forall v\in W_0^{1,2}(\Omega)$, 则称 u 是问题(7.3)的**弱解**(或**广义解**).

因为 $L^2(\Omega)\subset H^{-1}(\Omega)$, 所以当 $f\in L^2(\Omega)$ 时, $u\in W_0^{1,2}(\Omega)$ 是问题(7.3)的弱解当且仅当 $[u,v]-(f,v)_2=0$, $\forall v\in W_0^{1,2}(\Omega)$, 即 $\displaystyle\int_\Omega (\mathrm{D}u \cdot \mathrm{D}v - fv)\mathrm{d}x = 0$,

$\forall v \in W_0^{1,2}(\Omega)$.

定理 7.4　(1) 设 $f \in H^{-1}(\Omega)$，则问题(7.3)存在唯一弱解 $u \in W_0^{1,2}(\Omega)$；(2) (Dirichlet 原理) 设 $f \in L^2(\Omega)$，则 $u \in W_0^{1,2}(\Omega)$ 是问题(7.3)的唯一弱解当且仅当 u 是变分问题

$$I(u) = \min_{v \in W_0^{1,2}(\Omega)} I(v) \tag{7.8}$$

的唯一解，其中泛函

$$I(v) = \int_\Omega \left(\frac{1}{2} |Dv|^2 - fv \right) dx = \frac{1}{2}[v,v] - (f,v)_2, \quad \forall v \in W_0^{1,2}(\Omega).$$

证明　(1) 如果 $f \in H^{-1}(\Omega)$，即 f 是 $W_0^{1,2}(\Omega)$ 上的有界线性泛函，所以根据 Riesz 表示定理，存在唯一的 $u \in W_0^{1,2}(\Omega)$，使得 $[u,v] = f(v)$，$\forall v \in W_0^{1,2}(\Omega)$. 于是，$u$ 是问题(7.3)的唯一弱解.

(2) 如果 $f \in L^2(\Omega)$，因为 $L^2(\Omega) \underset{\rightarrow}{\subset} H^{-1}(\Omega)$，则问题(7.3)存在唯一弱解 $u \in W_0^{1,2}(\Omega)$，满足

$$[u,v] - (f,v)_2 = 0, \quad \forall v \in W_0^{1,2}(\Omega).$$

因为 $\forall v \in W_0^{1,2}(\Omega)$，有

$$I(v) = \frac{1}{2}[v,v] - (f,v)_2 = \frac{1}{2}[v,v] - [u,v]$$

$$= \frac{1}{2}[v-u, v-u] - \frac{1}{2}[u,u] = \frac{1}{2}\|v-u\|_{1,2}^2 - \frac{1}{2}\|u\|_{1,2}^2,$$

可见当 $v = u$ 时，$I(v)$ 在 $W_0^{1,2}(\Omega)$ 中取最小值 $I(u) = \min_{v \in W_0^{1,2}(\Omega)} I(v) = -\frac{1}{2}\|u\|_{1,2}^2$.

反之，如果 $u \in W_0^{1,2}(\Omega)$ 是问题(7.8)的解，则 $\forall v \in W_0^{1,2}(\Omega)$，$I(u) = \min_{t \in \mathbf{R}^1} I(u+tv)$. 而

$$I(u+tv) = \frac{1}{2}[u+tv, u+tv] - (f, u+tv)_2$$

$$= \frac{1}{2}[u,u] + t[u,v] + \frac{1}{2}t^2[v,v] - (f,u)_2 - t(f,v)_2,$$

故 $\dfrac{d}{dt} I(u+t\varphi)\big|_{t=0} = 0$. 从而 $[u,v] - (f,v)_2 = 0$，$\forall v \in W_0^{1,2}(\Omega)$，即 u 是问题(7.3)的弱解.

变分问题(7.8)的解的唯一性从问题(7.3)的弱解的唯一性可得. 或者假设 $w \in W_0^{1,2}(\Omega)$ 也是问题(7.8)的解，于是

$$I(w) = \frac{1}{2}\|w-u\|_{1,2}^2 - \frac{1}{2}\|u\|_{1,2}^2 = -\frac{1}{2}\|u\|_{1,2}^2,$$

故 $\|w-u\|_{1,2}=0$，即 $w=u$，问题(7.8)的解唯一. ∎

定义算子 $(-\Delta)^{-1}:H^{-1}(\Omega)\to W_0^{1,2}(\Omega)$ 为 $\forall f\in H^{-1}(\Omega)$，$(-\Delta)^{-1}f=u\in W_0^{1,2}(\Omega)$ 是由定理 7.4 中确定的问题(7.3)的唯一弱解.

由定理 7.4(1)的证明，可知 $(-\Delta)^{-1}$ 是定理 3.13 注中定义的算子 L 的逆算子.

定理 7.5　$(-\Delta)^{-1}:L^{q'}(\Omega)\to L^q(\Omega)$ 和 $(-\Delta)^{-1}:W_0^{1,2}(\Omega)\to W_0^{1,2}(\Omega)$ 都是紧线性算子，其中 $\dfrac{1}{q}+\dfrac{1}{q'}=1$，$q\in(1,2^*)$. 特别地，$(-\Delta)^{-1}:L^2(\Omega)\to L^2(\Omega)$ 是紧线性算子.

证明　因为 $L^{q'}(\Omega)\underset{\to}{\subset}H^{-1}(\Omega)$，所以当 $\alpha,\beta\in\mathbf{R}^1$，$f,g\in L^{q'}(\Omega)$ 时，$\forall v\in W_0^{1,2}(\Omega)$，

$$
\begin{aligned}
\big[(-\Delta)^{-1}(\alpha f+\beta g),v\big] &= (\alpha f+\beta g)(v) = \alpha f(v)+\beta g(v) \\
&= \alpha\big[(-\Delta)^{-1}f,v\big]+\beta\big[(-\Delta)^{-1}g,v\big] \\
&= \big[\alpha(-\Delta)^{-1}f+\beta(-\Delta)^{-1}g,v\big].
\end{aligned}
$$

由 v 的任意性，有

$$(-\Delta)^{-1}(\alpha f+\beta g)=\alpha(-\Delta)^{-1}f+\beta(-\Delta)^{-1}g,$$

即 $(-\Delta)^{-1}$ 是 $L^{q'}(\Omega)$ 中的线性算子.

$\forall f\in L^{q'}(\Omega)$，由 $W_0^{1,2}(\Omega)\underset{\to}{\subset}L^q(\Omega)$，

$$
\begin{aligned}
\|(-\Delta)^{-1}f\|_{1,2}^2 &= \big[(-\Delta)^{-1}f,(-\Delta)^{-1}f\big] = f\big((-\Delta)^{-1}f\big) \\
&\leqslant \|f\|_{q'}\|(-\Delta)^{-1}f\|_q \leqslant C\|f\|_{q'}\|(-\Delta)^{-1}f\|_{1,2},
\end{aligned}
$$

其中 $C>0$ 是 $W_0^{1,2}(\Omega)\underset{\to}{\subset}L^q(\Omega)$ 的嵌入常数，故 $\|(-\Delta)^{-1}f\|_{1,2}\leqslant C\|f\|_{q'}$，$\forall f\in L^{q'}(\Omega)$. 所以 $(-\Delta)^{-1}:L^{q'}(\Omega)\to W_0^{1,2}(\Omega)$ 是有界线性算子.

对 $L^{q'}(\Omega)$ 中有界集 S，设存在常数 $M>0$，使得 $\|f\|_{q'}\leqslant M$，$\forall f\in S$. 则 $(-\Delta)^{-1}(S)$ 是 $W_0^{1,2}(\Omega)$ 中的有界集，由紧嵌入定理(定理 7.3)，从而 $(-\Delta)^{-1}(S)$ 是 $L^q(\Omega)$ 中的列紧集，即 $(-\Delta)^{-1}:L^{q'}(\Omega)\to L^q(\Omega)$ 是紧线性算子. 特别地，$(-\Delta)^{-1}:L^2(\Omega)\to L^2(\Omega)$ 是紧线性算子.

设 $\{(-\Delta)^{-1}f_n\}\subset(-\Delta)^{-1}(S)(f_n\in S)$ 在 $L^q(\Omega)$ 中收敛，于是

$$
\begin{aligned}
&\|(-\Delta)^{-1}f_m-(-\Delta)^{-1}f_n\|_{1,2}^2 \\
&= \big[(-\Delta)^{-1}(f_m-f_n),(-\Delta)^{-1}(f_m-f_n)\big] \\
&= (f_m-f_n)\big((-\Delta)^{-1}(f_m-f_n)\big)\leqslant\|f_m-f_n\|_{q'}\|(-\Delta)^{-1}(f_m-f_n)\|_q \\
&\leqslant (\|f_m\|_{q'}+\|f_n\|_{q'})\|(-\Delta)^{-1}(f_m-f_n)\|_q \\
&\leqslant 2M\|(-\Delta)^{-1}f_m-(-\Delta)^{-1}f_n\|_q\to 0(m,n\to\infty).
\end{aligned}
$$

因此，$\{(-\Delta)^{-1}f_n\}$ 是 $W_0^{1,2}(\Omega)$ 中的 Cauchy 列，故 $\{(-\Delta)^{-1}f_n\}$ 在 $W_0^{1,2}(\Omega)$ 中收

敛，即$(-\Delta)^{-1}:L^{q'}(\Omega)\to W_0^{1,2}(\Omega)$是紧线性算子. 特别地，$(-\Delta)^{-1}:L^2(\Omega)\to$
$W_0^{1,2}(\Omega)$是紧线性算子.

由嵌入定理，$W_0^{1,2}(\Omega)\subset\!\!\!\!\!\!\underset{\to}{}L^2(\Omega)$，类似可证$(-\Delta)^{-1}$是$W_0^{1,2}(\Omega)$中的线性算子，并且从$(-\Delta)^{-1}:L^2(\Omega)\to W_0^{1,2}(\Omega)$是紧线性算子可知$(-\Delta)^{-1}:W_0^{1,2}(\Omega)\to$
$W_0^{1,2}(\Omega)$也是紧线性算子. ∎

命题 7.8　设 Ω 具有充分光滑的边界$\partial\Omega$，$f\in C(\overline{\Omega})$. 如果 u 是问题(7.3)的古典解，则 u 是问题(7.3)的弱解.

证明　如果 u 是问题(7.3)的古典解，则 $u\in B_0^2$，根据命题 7.3(4)可知，$u\in W_0^{1,2}(\Omega)$. 再由命题 7.6(2)，

$$\int_\Omega(Du\cdot D\varphi - f\varphi)\mathrm{d}x = 0,\ \forall\,\varphi\in C_0^\infty(\Omega).$$

$\forall\,v\in W_0^{1,2}(\Omega)$，因为 $W_0^{1,2}(\Omega)$ 是 $C_0^\infty(\Omega)$ 的闭包，所以存在 $\{v_n\}\subset C_0^\infty(\Omega)$，使得在 $W_0^{1,2}(\Omega)$中，$v_n\to v$，并且，

$$\int_\Omega(Du\cdot Dv_n - fv_n)\mathrm{d}x = 0,$$

也即是

$$[u,v_n]-(f,v_n)_2 = 0. \tag{7.9}$$

因为 $f\in L^2(\Omega)\subset\!\!\!\!\!\!\underset{\to}{}H^{-1}(\Omega)$ 是 $W_0^{1,2}(\Omega)$ 上的有界线性泛函，在(7.9)式中令 $n\to\infty$，即可知 u 是问题(7.3)的弱解. ∎

7.3　Laplace 算子的特征值

命题 7.9　设 Ω 具有充分光滑的边界$\partial\Omega$，则

(1) 如果 $f\in L^2(\Omega)$，那么问题(7.3)的唯一弱解 $u\in W^{2,2}(\Omega)$；

(2) 如果 $f\in W^{k,2}(\Omega)$，那么问题(7.3)的唯一弱解 $u\in W^{k+2,2}(\Omega)$；

(3) 如果 $f\in C^\infty(\overline{\Omega})$，那么问题(7.3)的唯一弱解 $u\in C^\infty(\overline{\Omega})$.

这个命题是问题(7.3)弱解的正则化，见参考文献[20].

命题 7.10(最大值原理)　设 $u\in C^2(\Omega)\bigcap C(\overline{\Omega})$. 如果 $-\Delta u(x)\leqslant 0,\ \forall\,x\in\Omega$，则

$$\max_{x\in\overline{\Omega}}u(x) = \max_{x\in\partial\Omega}u(x),$$

并且若存在 $x_0\in\Omega$，使得 $u(x_0)=\max\limits_{x\in\overline{\Omega}}u(x)$，那么 $u(x)\equiv$常数.

证明　当 $-\Delta u(x)<0,\ \forall\,x\in\Omega$ 时，设 $x_0\in\overline{\Omega}$，使得 $u(x_0)=\max\limits_{x\in\overline{\Omega}}u(x)$. 如果 $x_0\in\Omega$，由极值的必要条件，$D_iu(x_0)=0,D_{ii}u(x_0)\leqslant 0(i=1,2,\cdots,n)$，从而

$-\Delta u(x_0) \geqslant 0$，矛盾. 因此，$x_0 \in \partial\Omega$.

当 $-\Delta u(x) \leqslant 0$，$\forall x \in \Omega$ 时，$\forall \varepsilon > 0$，设 $u_\varepsilon(x) = u(x) + \varepsilon e^{x_1}$，$\forall x \in \Omega$，于是

$$-\Delta u_\varepsilon(x) = -\Delta u(x) - \varepsilon e^{x_1} \leqslant -\varepsilon e^{x_1} < 0, \forall x \in \Omega.$$

根据前面的结果 $\max\limits_{x \in \overline{\Omega}} u_\varepsilon(x) = \max\limits_{x \in \partial\Omega} u_\varepsilon(x)$，因此

$$u(x) + \varepsilon e^{x_1} \leqslant \max_{x \in \overline{\Omega}} u_\varepsilon(x) = \max_{x \in \partial\Omega} u_\varepsilon(x) \leqslant \max_{x \in \partial\Omega} u(x) + \varepsilon \max_{x \in \partial\Omega} e^{x_1}, \quad \forall x \in \Omega.$$

令 $\varepsilon \to 0$，得 $u(x) \leqslant \max\limits_{x \in \partial\Omega} u(x)$，$\forall x \in \overline{\Omega}$，所以 $\max\limits_{x \in \overline{\Omega}} u(x) \leqslant \max\limits_{x \in \partial\Omega} u(x)$，反向不等式显然.

其余部分的证明可见参考文献[20]. ■

定义 7.4　对实数 λ，如果存在 $u \in W_0^{1,2}(\Omega) \setminus \{\theta\}$，使得

$$\int_\Omega Du \cdot Dv \, dx = \lambda \int_\Omega uv \, dx, \quad \forall v \in W_0^{1,2}(\Omega),$$

即 $[u, v] = \lambda(u, v)_2$，则称 λ 为 Laplace 算子在零边值条件下的**特征值**，简称为 $(-\Delta, W_0^{1,2}(\Omega))$ 的**特征值**，u 为对应于特征值 λ 的**特征函数**.

命题 7.11　$(-\Delta, W_0^{1,2}(\Omega))$ 的特征值 $\lambda > 0$.

证明　设 $u \in W_0^{1,2}(\Omega) \setminus \{\theta\}$ 是对应于 λ 的特征值，则 $[u, u] = \lambda(u, u)_2$，而

$$[u, u] = \|u\|_{1,2}^2 > 0, \quad (u, u)_2 = \|u\|_2^2 > 0,$$

因此 $\lambda > 0$. ■

定理 7.6　设 Ω 具有充分光滑的边界 $\partial\Omega$.

（1）$(-\Delta, W_0^{1,2}(\Omega))$ 的全体特征值可以表示为 $0 < \lambda_1 < \lambda_2 \leqslant \cdots \leqslant \lambda_m \leqslant \cdots$，且 $\lim\limits_{m \to \infty} \lambda_m = +\infty$；

（2）对应于不同特征值的特征函数在 $L^2(\Omega)$ 和 $W_0^{1,2}(\Omega)$ 中正交；

（3）对应于同一特征值只有有限个线性无关的特征函数，即对应于每一特征值的特征函数空间是有限维的，特别地，对应于最小特征值 λ_1 的特征函数空间是 1 维的（即特征值 λ_1 是单重的）；

（4）对应于全体特征值的标准特征函数列在 $L^2(\Omega)$ 中完备，即是 $L^2(\Omega)$ 的一个基，其中对应于同一特征值的特征函数取其特征函数空间的标准正交基；

（5）如果 $u_m(m = 1, 2, \cdots)$ 是分别对应于特征值 $\lambda_m(m = 1, 2, \cdots)$ 的特征函数，那么 $\|u_m\|_2^2 = \lambda_m^{-1} \|u_m\|_{1,2}^2$；

（6）如果 $u \in W_0^{1,2}(\Omega)$，$\|u\|_2 = 1$，$\|u\|_{1,2}^2 = \lambda_1$，那么 u 是对应于 λ_1 的特征函数；

（7）最小特征值 $\lambda_1 = \inf\limits_{\theta \neq u \in W_0^{1,2}(\Omega)} \|u\|_{1,2}^2 / \|u\|_2^2$，如果 $u_1, u_2, \cdots, u_{m-1}$ 分别是对应于 $\lambda_1, \lambda_2, \cdots, \lambda_{m-1}$ 的特征函数，且它们两两正交，记 $V_{m-1} = \mathrm{span}\{u_1, u_2, \cdots, u_{m-1}\}$，则

$\lambda_m = \inf\limits_{\theta \neq u \in V_{m-1}^\perp} \|u\|_{1,2}^2 / \|u\|_2^2$(Rayleigh 公式),其中 $V_{m-1}^\perp$ 是关于 $W_0^{1,2}(\Omega)$ 的正交补;

(8) 特征函数都是 $C^\infty(\overline{\Omega})$ 中的元素,即具有正则性;

(9) 如果 u_1 是对应于特征值 λ_1 的特征函数,那么或者 $u_1(x) > 0, \forall x \in \Omega$ 或者 $u_1(x) < 0, \forall x \in \Omega$,从而 $u_1(x)$ 在 $\overline{\Omega}$ 中不变号;

(10) 如果 u_m 是对应于 $\lambda_m(m \geqslant 2)$ 的特征函数,则 $u_m(x)$ 在 $\overline{\Omega}$ 中变号.

【注】 由 $\lambda_1 = \inf\limits_{\theta \neq u \in W_0^{1,2}(\Omega)} \|u\|_{1,2}^2 / \|u\|_2^2$ 可知,Friedrichs 不等式中的常数 C_1 可取成 λ_1^{-1},即

$$\|u\|_2^2 \leqslant \lambda_1^{-1} \|u\|_{1,2}^2, \quad \forall u \in W_0^{1,2}(\Omega) = H_0^1(\Omega).$$

证明 由定理 7.5 可知,$(-\Delta)^{-1} : L^2(\Omega) \to L^2(\Omega)$ 是紧线性算子. $\forall f, g \in L^2(\Omega)$,设 $u = (-\Delta)^{-1} f, v = (-\Delta)^{-1} g$,则 $u, v \in W_0^{1,2}(\Omega)$. 根据定义 7.3,

$$((-\Delta)^{-1} f, g)_2 = (u, g)_2 = (g, u)_2 = [v, u],$$
$$(f, (-\Delta)^{-1} g)_2 = (f, v)_2 = [u, v],$$

因此 $((-\Delta)^{-1} f, g)_2 = (f, (-\Delta)^{-1} g)_2$,即 $(-\Delta)^{-1} : L^2(\Omega) \to L^2(\Omega)$ 是对称紧线性算子.

如果 λ 是 $(-\Delta, W_0^{1,2}(\Omega))$ 的特征值,由命题 7.11 知 $\lambda > 0$. 设 $u_0 \in W_0^{1,2}(\Omega)$ 是对应于 λ 的特征函数,则根据定义 7.3 和 7.4,u_0 是

$$\begin{cases} -\Delta u = \lambda u_0, & x \in \Omega, \\ u(x) = 0, & x \in \partial\Omega \end{cases} \tag{7.10}$$

的弱解,从而 $u_0 = (-\Delta)^{-1}(\lambda u_0) = \lambda(-\Delta)^{-1}(u_0)$,反之也成立. 因此,$\lambda$ 是 $(-\Delta, W_0^{1,2}(\Omega))$ 的特征值当且仅当 $\dfrac{1}{\lambda}$ 是对称紧线性算子 $(-\Delta)^{-1} : L^2(\Omega) \to L^2(\Omega)$ 的特征值.

因为 0 不是特征值,根据定理 5.13 情形 1 的证明过程,以及命题 5.8 和定理 5.11,可得到如下结论:

(1) 的一部分,即 $(-\Delta, W_0^{1,2}(\Omega))$ 的全体特征值可以表示为 $0 < \lambda_1 \leqslant \lambda_2 \leqslant \cdots \leqslant \lambda_m \leqslant \cdots$,且 $\lim\limits_{m \to \infty} \lambda_m = +\infty$;

(2) 对应于不同特征值的特征函数在 $L^2(\Omega)$ 中正交,由定义 7.4,它们当然也在 $W_0^{1,2}(\Omega)$ 中正交;

(3) 的一部分,即对应于每一特征值的特征函数空间是有限维的;

(4) 对应于全体特征值在 $L^2(\Omega)$ 范数下的标准特征函数列 $\{u_m\}$ 在 $L^2(\Omega)$ 中完备,其中对应于同一特征值的特征函数取其特征函数空间在 $L^2(\Omega)$ 范数下的标准正交基. 如果将其在 $W_0^{1,2}(\Omega)$ 范数下单位化,它们也在 $W_0^{1,2}(\Omega)$ 中完备,即是 $W_0^{1,2}(\Omega)$ 的一个标准正交基. 事实上,设 $u \in W_0^{1,2}(\Omega)$,满足 $[u_m / \|u_m\|_{1,2}, u] = 0$

$(m=1,2,\cdots)$，而

$$[u_m/\parallel u_m\parallel_{1.2},u]=[u_m,u]/\parallel u_m\parallel_{1.2}=\lambda_m(u_m,u)_2/\parallel u_m\parallel_{1.2},$$

故$(u_m,u)_2=0$ $(m=1,2,\cdots)$，由$\{u_m\}$在$L^2(\Omega)$中的完备性，知$u=\theta$，从而根据定理 2.7 可得$\{u_m/\parallel u_m\parallel_{1.2}\}$在$W_0^{1,2}(\Omega)$中完备；

（5）如果 $u_m(m=1,2,\cdots)$ 是分别对应于特征值 $\lambda_m(m=1,2,\cdots)$ 的特征函数，则由定义 7.4 可知 $\parallel u_m\parallel_2^2=\lambda_m^{-1}\parallel u_m\parallel_{1.2}^2$.

下面给出结论(6)—(9)的证明：

（6）设 $u\in W_0^{1,2}(\Omega)$，$\parallel u\parallel_2=1$，$\parallel u\parallel_{1.2}^2=\lambda_1$，并且$\{u_m\}$是对应于全体特征值$\{\lambda_m\}$在$L^2(\Omega)$中的完备标准特征函数列．令 $v_m=u_m/\parallel u_m\parallel_{1.2}$，于是 $u=\sum_{m=1}^{\infty}[u,v_m]v_m$ 在 $W_0^{1,2}(\Omega)$ 中收敛，并且

$$\lambda_1=\parallel u\parallel_{1.2}^2=[u,u]=\sum_{m=1}^{\infty}|[u,v_m]|^2[v_m,v_m]$$

$$=\sum_{m=1}^{\infty}|[u,v_m]|^2\parallel v_m\parallel_{1.2}^2=\sum_{m=1}^{\infty}|(u,u_m)_2|^2\lambda_m^2\parallel u_m\parallel_{1.2}^{-2}$$

$$=\sum_{m=1}^{\infty}|(u,u_m)_2|^2\lambda_m\parallel u_m\parallel_2^{-2}=\sum_{m=1}^{\infty}|(u,u_m)_2|^2\lambda_m.$$

根据 Parseval 等式(定理 2.5)，$\sum_{m=1}^{\infty}|(u,u_m)_2|^2=\parallel u\parallel_2^2=1$. 因此

$$\sum_{m=1}^{\infty}|(u,u_m)_2|^2\lambda_1=\lambda_1=\sum_{m=1}^{\infty}|(u,u_m)_2|^2\lambda_m,$$

$$\sum_{m=1}^{\infty}(\lambda_m-\lambda_1)|(u,u_m)_2|^2=0. \tag{7.11}$$

因为对应于最小特征值 λ_1 的特征函数空间是有限维的，令其维数是 n_1，从而当 $m>n_1$ 时，$\lambda_m>\lambda_1$，由(7.11)式知$(u,u_m)_2=0(m>n_1)$，所以 $u=\sum_{m=1}^{n_1}(u,u_m)_2u_m$，故

$$(-\Delta)^{-1}u=\sum_{m=1}^{n_1}(u,u_m)_2(-\Delta)^{-1}u_m=\sum_{m=1}^{n_1}(u,u_m)_2\lambda_1^{-1}u_m=\lambda_1^{-1}u,$$

即 u 是对应于 λ_1 的特征函数．

（7）设$\{u_m\}$是对应于全体特征值$\{\lambda_m\}$在$L^2(\Omega)$中的完备标准特征函数列．与(6)中相同令 $v_m=u_m/\parallel u_m\parallel_{1.2}$，于是 $\forall u\in W_0^{1,2}(\Omega)$，$u=\sum_{m=1}^{\infty}[u,v_m]v_m$ 在 $W_0^{1,2}(\Omega)$中收敛，并且

$$\parallel u\parallel_{1.2}^2=\sum_{m=1}^{\infty}|(u,u_m)_2|^2\lambda_m\geqslant\lambda_1\sum_{m=1}^{\infty}|(u,u_m)_2|^2=\lambda_1\parallel u\parallel_2^2.$$

故 $\inf_{\theta\neq u\in W_0^{1,2}(\Omega)}\parallel u\parallel_{1.2}^2/\parallel u\parallel_2^2\geqslant\lambda_1$，再由(5)可知

$$\lambda_1 = \|u\|_{1,2}^2 / \|u\|_2^2 \geqslant \inf_{\theta \neq u \in W_0^{1,2}(\Omega)} \|u\|_{1,2}^2 / \|u\|_2^2 \geqslant \lambda_1.$$

另外，$\forall u \in V_{m-1}, u = \sum_{k=m}^{\infty} [u, v_k] v_k$，故

$$\|u\|_{1,2}^2 = [u, u] = \sum_{k=m}^{\infty} |(u, u_k)_2|^2 \lambda_k \geqslant \lambda_m \sum_{k=m}^{\infty} |(u, u_k)_2|^2 = \lambda_m \|u\|_2^2,$$

由(5)可得 $\lambda_m = \|u_m\|_{1,2}^2 / \|u_m\|_2^2 \geqslant \inf_{\theta \neq u \in V_{m-1}^{\perp}} \|u\|_{1,2}^2 / \|u\|_2^2 \geqslant \lambda_m.$

（8）如果 λ 是 $(-\Delta, W_0^{1,2}(\Omega))$ 的特征值，$u_0 \in W_0^{1,2}(\Omega)$ 是对应于 λ 的特征函数，因为 u_0 是问题(7.10)的弱解，由命题 7.9(1)知，$u_0 \in W^{2,2}(\Omega)$. 再由命题 7.9(2)知，$u_0 \in W^{4,2}(\Omega)$，反复应用命题 7.9(2)即知，$u_0 \in W^{2k,2}(\Omega)(k=1,2,\cdots)$. 根据嵌入定理(定理 7.2(3)及注)，对任意的正整数 m，$u_0 \in C^m(\overline{\Omega})$，从而 $u_0 \in C^{\infty}(\overline{\Omega})$. 得(8)结论.

（9）如果 $u_1 \in W_0^{1,2}(\Omega)$ 是对应于特征值 λ_1 的特征函数，不妨设 $\|u_1\|_2 = 1$，考虑其正部 u_1^+ 和负部 u_1^-. 而 $u_1 \in C^{\infty}(\overline{\Omega})$，故 $u_1^+, u_1^- \in C(\overline{\Omega})$，由命题 7.3(4)和命题 7.4，$u_1^+, u_1^- \in W_0^{1,2}(\Omega)$. 再由命题 7.4 知 $[u_1^+, u_1^-] = 0$，从而根据 Friedrichs 不等式，

$$\begin{aligned}
\lambda_1 &= \|u_1\|_{1,2}^2 = [u_1, u_1] = [u_1^+ - u_1^-, u_1^+ - u_1^-] \\
&= \|u_1^+\|_{1,2}^2 + \|u_1^-\|_{1,2}^2 \geqslant \lambda_1 \|u_1^+\|_2^2 + \lambda_1 \|u_1^-\|_2^2 \\
&= \lambda_1 \int_{\Omega} |u_1^+|^2 \,\mathrm{d}x + \lambda_1 \int_{\Omega} |u_1^-|^2 \,\mathrm{d}x = \lambda_1 \left(\int_{\Omega} |u_1^+|^2 \,\mathrm{d}x + \int_{\Omega} |u_1^-|^2 \,\mathrm{d}x \right) \\
&= \lambda_1 \int_{\Omega} (u_1^+ - u_1^-)^2 \,\mathrm{d}x = \lambda_1 \int_{\Omega} |u_1|^2 \,\mathrm{d}x = \lambda_1 \|u_1\|_2^2 = \lambda_1,
\end{aligned}$$

其中用到 $u_1^+ u_1^- \equiv 0$. 因此，

$$\|u_1^+\|_{1,2}^2 + \|u_1^-\|_{1,2}^2 = \lambda_1 \|u_1^+\|_2^2 + \lambda_1 \|u_1^-\|_2^2, \tag{7.12}$$

由(7.12)式和 Friedrichs 不等式

$$0 \leqslant \|u_1^+\|_{1,2}^2 - \lambda_1 \|u_1^+\|_2^2 = \lambda_1 \|u_1^-\|_2^2 - \|u_1^-\|_{1,2}^2 \leqslant 0,$$

从而

$$\|u_1^+\|_{1,2}^2 = \lambda_1 \|u_1^+\|_2^2, \quad \|u_1^-\|_{1,2}^2 = \lambda_1 \|u_1^-\|_2^2. \tag{7.13}$$

如果 u_1^+ 不恒为零，由(7.13)式及结论(7)可知，$u_1^+ / \|u_1^+\|_2$ 是对应于特征值 λ_1 的特征函数，当然 u_1^+ 也是对应于特征值 λ_1 的特征函数，于是 $u_1^+ \in C^{\infty}(\overline{\Omega})$，并且

$$\begin{cases} -\Delta u_1^+(x) = \lambda_1 u_1^+(x) \geqslant 0, & \forall x \in \Omega, \\ u_1^+(x) = 0, & \forall x \in \partial\Omega. \end{cases}$$

根据最大值原理 $u_1^+(x) > 0$，$\forall x \in \Omega$，故 $u_1(x) = u_1^+(x) > 0$，$\forall x \in \Omega$.

如果 $u_1^+ \equiv 0$，则 $u_1 \equiv -u_1^- \leqslant 0$，于是

$$\begin{cases} -\Delta u_1(x) = \lambda_1 u_1(x) \leqslant 0, & \forall x \in \Omega, \\ u_1(x) = 0, & \forall x \in \partial\Omega. \end{cases}$$

根据最大值原理 $u_1(x) < 0$, $\forall x \in \Omega$. 得结论(9).

证明(3)另一部分. u_1 和 $\bar{u}_1$ 是对应于特征值 λ_1 的特征函数, 由结论(9)知, $\int_\Omega u_1 \mathrm{d}x \neq 0$. 令 $\tau = \int_\Omega \bar{u}_1 \mathrm{d}x \Big/ \int_\Omega u_1 \mathrm{d}x$, 于是 $\int_\Omega (\bar{u}_1 - \tau u_1) \mathrm{d}x = 0$. 若 $\bar{u}_1 - \tau u_1$ 不恒为 0, $\bar{u}_1 - \tau u_1$ 也是对应于特征值 λ_1 的特征函数, 从而 $\int_\Omega (\bar{u}_1 - \tau u_1) \mathrm{d}x \neq 0$, 矛盾. 故 $\bar{u}_1 = \tau u_1$, 即对应于 λ_1 的特征函数空间是 1 维的.

证明(1)另一部分. 由于对应于 λ_1 的特征函数空间是 1 维的, 根据定理 5.13 的证明过程情形 1 的(2)知, λ_2 对应的特征向量与 λ_1 对应的特征向量正交, 从而 $\lambda_1 < \lambda_2$.

取 u_1 是对应于特征值 λ_1 的特征函数为 $u_1(x) > 0$, $\forall x \in \Omega$. 设 u_m 是对应于 $\lambda_m(m \geqslant 2)$ 的特征函数, 如果 $u_m(x)$ 在 $\overline{\Omega}$ 中不变号, 不妨令 $u_m(x) \geqslant 0$, $\forall x \in \overline{\Omega}$. 由结论(8), $u_m \in C^\infty(\overline{\Omega})$, 所以 $\int_\Omega u_1 u_m \mathrm{d}x > 0$, 这与 u_1 和 $u_m(m \geqslant 2)$ 在 $L^2(\Omega)$ 中正交矛盾. 得结论(10). ∎

7.4　一维 Laplace 算子

在本节中我们讨论一维 Laplace 算子, 不失一般性, 设 $\Omega = (0,1)$. 此时(7.3) 式为二阶常微分方程 Dirichlet 两点边值问题

$$\begin{cases} -u'' = f(x), & x \in (0,1), \\ u(0) = u(1) = 0. \end{cases} \tag{7.14}$$

命题 7.12　如果 $f \in C(\overline{\Omega})$, 则存在 $u \in B_0^2 = \{u \in C^2[0,1] \mid u(0) = u(1) = 0\}$ 是问题(7.14)唯一的古典解, 满足 $\int_0^1 (u'\varphi' - f\varphi) \mathrm{d}x = 0$, $\forall \varphi \in C_0^\infty(\Omega)$, 它也是变分问题 $I(u) = \min\limits_{v \in B_0^2} I(v)$ 的唯一解, 其中泛函 $I(v) = \int_0^1 \left(\frac{1}{2} |v'|^2 - fv \right) \mathrm{d}x$, $\forall v \in B_0^2$, 特别地

$$u(x) = \int_0^1 G(x,y) f(y) \mathrm{d}y, \tag{7.15}$$

其中 $G(x,y) = \begin{cases} x(1-y), & 0 \leqslant x \leqslant y \leqslant 1, \\ (1-x)y, & 0 \leqslant y \leqslant x \leqslant 1 \end{cases}$ 称为 **Green 函数**.

证明　我们只需证明由(7.15)式给出的函数 u 是问题(7.14)的古典解, 至于唯一性和其他结论由命题 7.6 和命题 7.7 可得. 因为 $\forall x \in (0,1)$,

$$u(x) = (1-x)\int_0^x yf(y)\mathrm{d}y + x\int_x^1 (1-y)f(y)\mathrm{d}y,$$

$$u'(x) = -\int_0^x yf(y)\mathrm{d}y + (1-x)xf(x) + \int_x^1 (1-y)f(y)\mathrm{d}y - x(1-x)f(x)$$

$$= -\int_0^x yf(y)\mathrm{d}y + \int_x^1 (1-y)f(y)\mathrm{d}y = \int_0^1 G'_x(x,y)f(y)\mathrm{d}y,$$

$$u''(x) = -xf(x) - (1-x)f(x) = -f(x),$$

其中 $G'_x(x,y) = \begin{cases} 1-y, & 0 \leqslant x \leqslant y \leqslant 1, \\ -y, & 0 \leqslant y \leqslant x \leqslant 1, \end{cases}$ 所以 u 是问题(7.14)的古典解. ■

定理 7.7　设 $f \in L^2(0,1)$，则问题(7.14)存在唯一弱解 $u \in W_0^{1,2}(0,1)$，可以表示成(7.15)式的形式，它是变分问题 $I(u) = \min\limits_{v \in W_0^{1,2}(0,1)} I(v)$ 的唯一解，其中泛函

$$I(v) = \int_0^1 \left(\frac{1}{2}|\mathrm{D}v|^2 - fv \right)\mathrm{d}x = \frac{1}{2}[v,v] - (f,v)_2, \forall v \in W_0^{1,2}(0,1),$$

$\mathrm{D}v$ 表示 v 的**弱导数**.

证明　根据定理 7.4，我们只需证明当 $f \in L^2(0,1)$ 时，由(7.15)式给出的函数 u 是问题(7.14)的弱解.

显然 $u \in C[0,1], u(0) = u(1) = 0.$ $\forall \varphi \in C_0^\infty(0,1)$，根据 Fubini 定理

$$\int_0^1 u(x)\varphi'(x)\mathrm{d}x$$

$$= \int_0^1 \varphi'(x)\mathrm{d}x \int_0^1 G(x,y)f(y)\mathrm{d}y = \int_0^1 f(y)\mathrm{d}y \int_0^1 G(x,y)\varphi'(x)\mathrm{d}x$$

$$= \int_0^1 f(y)\mathrm{d}y \left((1-y)\int_0^y x\varphi'(x)\mathrm{d}x + y\int_y^1 (1-x)\varphi'(x)\mathrm{d}x \right)$$

$$= \int_0^1 f(y)\mathrm{d}y \left[(1-y)\left(y\varphi(y) - \int_0^y \varphi(x)\mathrm{d}x \right) + y\left(-(1-y)\varphi(y) + \int_y^1 \varphi(x)\mathrm{d}x \right) \right]$$

$$= \int_0^1 f(y)\mathrm{d}y \left[-(1-y)\int_0^y \varphi(x)\mathrm{d}x + y\int_y^1 \varphi(x)\mathrm{d}x \right]$$

$$= -\int_0^1 f(y)\mathrm{d}y \int_0^1 G'_x(x,y)\varphi(x)\mathrm{d}x = -\int_0^1 \varphi(x)\mathrm{d}x \int_0^1 G'_x(x,y)f(y)\mathrm{d}y.$$

于是 u 的弱导数 $(\mathrm{D}u)(x) = \int_0^1 G'_x(x,y)f(y)\mathrm{d}y.$ 易见 $\mathrm{D}u \in C[0,1] \subset L^2(0,1)$，从命题 7.3(4)可知 $u \in W_0^{1,2}(0,1).$ 而对 $\varphi \in C_0^\infty(0,1)$，

$$[u,\varphi] = \int_0^1 (\mathrm{D}u)(x)\varphi'(x)\mathrm{d}x = \int_0^1 \varphi'(x)\mathrm{d}x \int_0^1 G'_x(x,y)f(y)\mathrm{d}y$$

$$= \int_0^1 f(y)\mathrm{d}y \int_0^1 G'_x(x,y)\varphi'(x)\mathrm{d}x$$

$$= \int_0^1 f(y) \mathrm{d}y \Big((1-y) \int_0^y \varphi'(x) \mathrm{d}x - y \int_y^1 \varphi'(x) \mathrm{d}x \Big)$$

$$= \int_0^1 f(y) ((1-y)\varphi(y) + y\varphi(y)) \mathrm{d}y = \int_0^1 f(y)\varphi(y)\mathrm{d}y = (f,\varphi)_2.$$

类似于命题 7.8 的证明, 可得 $\forall v \in W_0^{1,2}(0,1)$, $[u,v] = (f,v)_2$, 即 u 是问题 (7.14) 的弱解. ∎

$\forall f \in L^2(0,1)$, 定义 $(Tf)(x) = \int_0^1 G(x,y) f(y) \mathrm{d}y$, 由例题 5.3, $T:$ $L^2[a,b] \to L^2[a,b]$ 是对称的紧线性算子. 根据定理 7.7, 算子 T 即是 $(-\Delta)^{-1}$.

定理 7.8　一维 Laplace 算子的全体特征值为 $(n\pi)^2 (n=1,2,\cdots)$, 它们都是单重的, 分别对应着的标准特征函数 $\sqrt{2}\sin n\pi x (n=1,2,\cdots)$ 在 $L^2(\Omega)$ 中完备.

证明　由命题 7.11, 特征值 $\lambda > 0$. $-u'' = \lambda u$ 的通解 $u(x) = C_1 \sin\sqrt{\lambda}x + C_2 \cos\sqrt{\lambda}x$, 其中 C_1 和 C_2 是任意常数, 代入边值条件 $u(0)=0$ 知 $C_2=0$, 而 u 不恒为 0, 于是代入边值条件 $u(1)=0$ 知, 全体特征值为 $\lambda = (n\pi)^2 (n=1,2,\cdots)$, 它们分别对应于特征函数 $\sin n\pi x (n=1,2,\cdots)$, 可见特征值都是单重的. 将这些特征函数在 $L^2(\Omega)$ 范数下单位化, 即得标准特征函数列 $\sqrt{2}\sin n\pi x (n=1,2,\cdots)$, 根据定理 7.6 知其完备性. ∎

第 8 章　Banach 空间中的微分与积分

8.1　G 微分与 F 微分

定义 8.1　设 X, Y 为实赋范线性空间, 算子 $T: D(T) \subset X \to Y$, 且 x_0 是 $D(T)$ 的内点, $h \in X$. 如果

$$\lim_{t \to 0} \frac{T(x_0 + th) - Tx_0}{t} \tag{8.1}$$

存在, 则称 T 在 x_0 处沿方向 h **可微**. 此时, 称其极限为 T 在 x_0 处沿方向 h 的**微分**, 也称为 T 在 x_0 处沿方向 h 的 **G 变分**, 记作 $\delta T(x_0) h$.

若对任何 $h \in X$, $\delta T(x_0) h$ 存在, 则称 T 在 x_0 处有 G 变分. 若 T 在开集 $\Omega \subset D(T)$ 中每一点处有 G 变分, 则称 T 在 Ω 上有 **G 变分**. 显然, $\delta T(x_0) h \in Y$, 并且 (8.1) 式等价于

$$\lim_{t \to 0} \frac{1}{t} \| T(x_0 + th) - Tx_0 - t\delta T(x_0) h \| = 0. \tag{8.2}$$

G 变分是数学分析中方向导数概念的推广, 具有如下性质.

命题 8.1　(1) 若对 $h \neq \theta$, $\delta T(x_0) h$ 存在, 则对任意实数 $r \neq 0$, $\delta T(x_0)(rh)$ 存在, 并且

$$\delta T(x_0)(rh) = r\delta T(x_0)(h).$$

(2) 若 $\delta T(x_0) h$ 存在, 则 $\lim_{t \to 0}(T(x_0 + th) - Tx_0) = \theta$.

(3) 若 $\delta T(x_0) h$ 存在, 则对任何 $g \in Y^*$, $\varphi(t) = (g, T(x_0 + th))$ 在 $t = 0$ 处可微, 并且

$$\frac{\mathrm{d}}{\mathrm{d}t}\varphi(t)\big|_{t=0} = (g, \delta T(x_0) h).$$

证明　(1) 在 (8.2) 式中令 $t = t'r$, 则有

$$\lim_{t' \to 0} \frac{1}{t'r} \| T(x_0 + t'rh) - Tx_0 - t'r\delta T(x_0) h \| = 0,$$

因此

$$\lim_{t' \to 0} \frac{1}{t'} \| T(x_0 + t'rh) - Tx_0 - t'r\delta T(x_0) h \| = 0,$$

即 $\delta T(x_0)(rh)$ 存在, 并且 $\delta T(x_0)(rh) = r\delta T(x_0)(h)$.

(2) 由 (8.2) 式及估计式

$$\|T(x_0+th)-Tx_0\|\leqslant\|T(x_0+th)-Tx_0-t\delta T(x_0)h\|+|t|\|\delta T(x_0)h\|,$$

有 $\lim\limits_{t\to 0}(T(x_0+th)-Tx_0)=\theta$,

（3）由 $\delta T(x_0)h$ 的定义及 $k\in Y^*$，有

$$(g,\delta T(x_0)h)=\left(g,\lim_{t\to 0}\frac{T(x_0+th)-Tx_0}{t}\right)$$

$$=\lim_{t\to 0}\frac{1}{t}((g,T(x_0+th))-(g,Tx_0))$$

$$=\lim_{t\to 0}\frac{1}{t}(\varphi(t)-\varphi(0)),$$

即 $\dfrac{\mathrm{d}}{\mathrm{d}t}\varphi(t)|_{t=0}=(g,\delta T(x_0)h)$. ∎

由命题 8.1 中的（1）可见，算子 $\delta T(x_0)$ 关于 h 是齐次的，但是不一定是线性的，参见下面的例子.

例 8.1　设 $X=\mathbf{R}^2$，$Y=\mathbf{R}^1$，$x=(x_1,x_2)\in X$. 定义

$$f(x)=\begin{cases}\dfrac{x_2^3}{x_1^2+x_2^2}, & (x_1,x_2)\neq(0,0),\\ 0, & (x_1,x_2)=(0,0).\end{cases}$$

取 $h\in X$，$h=(h_1,h_2)\neq\theta,\theta=(0,0)$，则易知 $\delta f(\theta)h=f(h)$. 可见 $\delta f(\theta)$ 不是 h 的线性函数.

定理 8.1　设 X 为实赋范线性空间，$\Omega\subset X$ 是凸开集. 如果泛函 $\varphi:\Omega\to\mathbf{R}^1$ 在 Ω 上有 G 变分，则对任意 $x\in\Omega$ 及 $h\in X$，当 $x+h\in\Omega$ 时，存在 $\tau=\tau(x,h)\in(0,1)$，有 Lagrange 公式

$$\varphi(x+h)-\varphi(x)=\delta\varphi(x+\tau h)h.$$

证明　设 $x\in\Omega$，$h\in X$，$x+h\in\Omega$，由 Ω 的凸性，当 $0\leqslant t\leqslant 1$ 时，$x+th\in\Omega$. 定义 $f(t)=\varphi(x+th)(0\leqslant t\leqslant 1)$. 对任意的 $t_0\in[0,1]$，由命题 8.1(2)，

$$f(t)-f(t_0)=\varphi(x+th)-\varphi(x+t_0 h)$$

$$=\varphi(x+t_0 h+(t-t_0)h)-\varphi(x+t_0 h)\to 0\quad(t\to t_0),$$

可见 $f(t)$ 在 $[0,1]$ 上连续. 由于 φ 在 $x+th(0\leqslant t\leqslant 1)$ 有 G 变分，由 (8.2) 式，有

$$\left|\frac{f(t+\lambda)-f(t)}{\lambda}-\delta\varphi(x+th)h\right|\to 0(\lambda\to 0).$$

因此，$f(t)$ 在 $(0,1)$ 可微，并且 $f'(t)=\delta\varphi(x+th)h$. 由 Lagrange 中值定理，存在 $\tau\in(0,1)$，使得

$$f(1)-f(0)=f'(\tau)=\delta\varphi(x+\tau h)h,$$

即 $\varphi(x+h)-\varphi(x)=\delta\varphi(x+\tau h)h$. ∎

对于一般的算子,有较弱的结果成立.

定理 8.2　设 X,Y 为实赋范线性空间,$\Omega \subset X$ 是凸开集. 如果 $T:\Omega \to Y$ 在 Ω 上有 G 变分,则对任意 $x \in \Omega$, $h \in X$ 及 $g \in Y^*$,若 $x+h \in \Omega$,有 $\tau = \tau(x,h,g) \in (0,1)$,使得

$$(g,T(x+h)-Tx) = (g,\delta T(x+\tau h)h).$$

证明　令 $\varphi(x)=(g,Tx)$,则 $\varphi:\Omega \to \mathbf{R}^1$. 因为 T 在 Ω 上有 G 变分,所以 φ 在 Ω 上有 G 变分,并且 $\delta\varphi(x)h=(g,\delta T(x)h)$. 于是由定理 8.1,存在 $\tau \in (0,1)$,使得

$$\varphi(x+h) - \varphi(x) = \delta\varphi(x+\tau h)h,$$

即 $(g,T(x+h)-Tx)=(g,\delta T(x+\tau h)h)$. ■

定义 8.2　设 X,Y 为实赋范线性空间,$T:D(T) \subset X \to Y$,x_0 是 $D(T)$ 的内点,如果算子 T 在 x_0 处有 G 变分,并且 $\delta T(x_0) \in L(X,Y)$,则称 T 在 x_0 处 **Gâteaux 可微**,简称 **G 可微**. 记作 $dT(x_0)=\delta T(x_0)$,称为 T 在 x_0 处的 **G 导算子**,而称 $dT(x_0)h$ 为 T 在 x_0 处的 **G 微分**. 若 T 在开集 $\Omega \subset D(T)$ 中每一点处 G 可微,则称 T 在 Ω 上 **G 可微**. 特别地,对于泛函 $\varphi:D(\varphi) \subset X \to \mathbf{R}^1$,称 $d\varphi(x_0)$ 为 φ 在 x_0 处的**梯度**,记作 $\mathrm{grad}\,\varphi(x_0)$.

G 导算子 $dT(x_0)$ 是唯一的. 称 $dT:D(dT) \subset D(T) \to L(X,Y)$ 为 T 的 **G 导映射**.

定理 8.3　设 X,Y 为实赋范线性空间,$\Omega \subset X$ 是凸开集. 如果 $T:\Omega \to Y$ 在 Ω 上 G 可微,则对任意 $x \in \Omega$, $h \in X$,当 $x+h \in \Omega$ 时,存在 $\tau = \tau(x,h) \in (0,1)$,使得 $\|T(x+h)-Tx\| \leqslant \|dT(x+\tau h)\|\|h\|$.

证明　若 $T(x+h)-Tx=\theta$,则结论成立. 设 $T(x+h)-Tx \neq \theta$,根据 Hahn-Banach 定理,存在 $g \in Y^*$,$\|g\|=1$,使得 $\|T(x+h)-Tx\|=(g,T(x+h)-Tx)$. 由定理 8.2 可知,存在 $\tau=\tau(x,h) \in (0,1)$,有

$$(g,T(x+h)-Tx) = (g,dT(x+\tau h)h) \leqslant \|g\|\|dT(x+\tau h)\|\|h\|$$
$$= \|dT(x+\tau h)\|\|h\|,$$

即 $\|T(x+h)-Tx\| \leqslant \|dT(x+\tau h)\|\|h\|$. ■

定义 8.3　设 X,Y 是实赋范线性空间,$T:D(T) \subset X \to Y$,x_0 是 $D(T)$ 的内点. 如果存在 $DT(x_0) \in L(X,Y)$,满足

$$\lim_{\|h\| \to 0} \frac{1}{\|h\|} \|T(x_0+h)-Tx_0-DT(x_0)h\| = 0, \tag{8.3}$$

则称 T 在 x_0 处 **Fréchet 可微**,简称 **F 可微**. 称 $DT(x_0)$ 为 T 在 x_0 处的 **F 导算子**,而称 $DT(x_0)h$ 是 T 在 x_0 处的 **F 微分**. 若 T 在开集 $\Omega \subset D(T)$ 中每一点处 F 可微,则称 T 在 Ω 上 **F 可微**.

显然(8.3)式等价于

$$T(x_0 + h) - Tx_0 = DT(x_0)h + \omega(x_0, h), \tag{8.4}$$

其中$\|\omega(x_0, h)\| = o(\|h\|)$，即 $\lim\limits_{\|h\| \to 0} \dfrac{\|\omega(x_0, h)\|}{\|h\|} = 0$.

F 导算子是唯一的，F 微分是全微分概念的推广. 称 $DT: D(DT) \subset D(T) \to L(X, Y)$ 为 T 的 F **导映射**. 如果导映射 DT 在 x_0 处连续，则称 T 在 x_0 **处连续可微**. 如果 DT 在 $D(DT)$ 中连续，记作 $T \in C^1(D(DT), Y)$.

例 8.2　设 Ω 为 $\mathbf{R}^n$ 中的开集，$f: \Omega \subset \mathbf{R}^n \to \mathbf{R}^m$，$y = f(x) = (y_1, y_2, \cdots, y_m) \in \mathbf{R}^m$ 以及 $f = (f_1, f_2, \cdots, f_m)$，$x_0 = (x_1^{(0)}, x_2^{(0)}, \cdots, x_n^{(0)}) \in \Omega$，$x = (x_1, x_2, \cdots, x_n) \in \mathbf{R}^n$，这时 $y_i = f_i(x_1, x_2, \cdots, x_n)(i = 1, 2, \cdots, m)$.

如果 $f_i(i = 1, 2, \cdots, m)$ 在 x_0 处具有连续的一阶偏导数，于是对 $h = (h_1, h_2, \cdots, h_n) \in \mathbf{R}^n$，当 $\|h\|$ 充分小时，根据中值公式，存在 $0 \leqslant \theta_i \leqslant 1(i = 1, 2, \cdots, n)$ 使得

$$f(x_0 + h) - f(x_0)$$
$$= (f_1(x_1^{(0)} + h_1, \cdots, x_n^{(0)} + h_n) - f_1(x_1^{(0)}, \cdots, x_n^{(0)}), \cdots,$$
$$f_m(x_1^{(0)} + h_1, \cdots, x_n^{(0)} + h_n) - f_m(x_1^{(0)}, \cdots, x_n^{(0)}))$$
$$= \left(\sum_{i=1}^{n} h_i \frac{\partial f_1}{\partial x_i}(x_0 + \theta_i h), \cdots, \sum_{i=1}^{n} h_i \frac{\partial f_m}{\partial x_i}(x_0 + \theta_m h) \right).$$

考虑 $m \times n$ 阶的 Jacobi 矩阵

$$T(x_0) = \begin{bmatrix} \dfrac{\partial f_1}{\partial x_1}(x_0) & \cdots & \dfrac{\partial f_1}{\partial x_n}(x_0) \\ \vdots & & \vdots \\ \dfrac{\partial f_m}{\partial x_1}(x_0) & \cdots & \dfrac{\partial f_m}{\partial x_n}(x_0) \end{bmatrix},$$

由例 3.1 知 $T(x_0) \in L(\mathbf{R}^n, \mathbf{R}^m)$. 因为

$$\omega(x_0, h)$$
$$= f(x_0 + h) - f(x_0) - T(x_0)h$$
$$= \left(\sum_{i=1}^{n} h_i \left(\frac{\partial f_1}{\partial x_i}(x_0 + \theta_i h) - \frac{\partial f_1}{\partial x_i}(x_0) \right), \cdots, \sum_{i=1}^{n} h_i \left(\frac{\partial f_m}{\partial x_i}(x_0 + \theta_m h) - \frac{\partial f_m}{\partial x_i}(x_0) \right) \right),$$

所以根据 Cauchy 不等式

$$\|\omega(x_0, h)\|^2 = \left(\sum_{i=1}^{n} h_i \left(\frac{\partial f_1}{\partial x_i}(x_0 + \theta_i h) - \frac{\partial f_1}{\partial x_i}(x_0) \right) \right)^2 + \cdots$$
$$+ \left(\sum_{i=1}^{n} h_i \left(\frac{\partial f_m}{\partial x_i}(x_0 + \theta_m h) - \frac{\partial f_m}{\partial x_i}(x_0) \right) \right)^2$$
$$\leqslant \|h\|^2 \left(\sum_{i=1}^{n} \left(\frac{\partial f_1}{\partial x_i}(x_0 + \theta_i h) - \frac{\partial f_1}{\partial x_i}(x_0) \right)^2 + \cdots \right.$$

$$+ \sum_{i=1}^{n} \left(\frac{\partial f_m}{\partial x_i}(x_0 + \theta_m h) - \frac{\partial f_m}{\partial x_i}(x_0) \right)^2 \Bigg).$$

由 $\dfrac{\partial f_i}{\partial x_i}(i=1,2,\cdots,n;j=1,2,\cdots,m)$ 的连续性，可得 $\lim\limits_{\|h\|\to 0} \dfrac{\|\omega(x_0,h)\|}{\|h\|}=0$，因此 f 在 x_0 处 F 可微，并且 $f'(x_0)=Df(x_0)=T(x_0)$.

例 8.3　设 X 为实 Hilbert 空间，那么泛函 $\varphi(x)=\|x\|^2$ 在 X 上 F 可微，并且 $\varphi'(x)=2x$. 事实上，对 $x,h\in X$，由

$$\varphi(x+h) - \varphi(x) - (2x,h) = (x+h,x+h) - (x,x) - (2x,h)$$
$$= 2(x,h) + (h,h) - (2x,h) = \|h\|^2,$$

即可知 φ 在 X 上 F 可微，并且 $\operatorname{grad}\varphi(x)=\varphi'(x)=2x$.

命题 8.2　设 X,Y 为实赋范线性空间，$T:D(T)\subset X\to Y$ 在 $x_0\in D(T)$ 处 F 可微，则 T 在 x_0 处连续.

证明　由 (8.4) 式有

$$\|T(x_0+h) - Tx_0\| \leqslant \|DT(x_0)\|\|h\| + \|\omega(x_0,h)\| \to 0(\|h\|\to 0). \quad \blacksquare$$

命题 8.3　设 X,Y 是实赋范线性空间.

(1) 设 $\Omega\subset X$ 是开集，$x_0\in\Omega$. 如果 $T,S:\Omega\to Y$ 在 x_0 处 F 可微（G 可微），则对任何实数 a,b，$aT+bS$ 在 x_0 处 F 可微（G 可微），并且

$$D(aT+bS)(x_0) = aDT(x_0) + bDS(x_0)$$
$$(d(aT+bS)(x_0) = adT(x_0) + bdS(x_0)).$$

(2) 常值映射的 F 导映射是 θ，即如果 $\forall x\in X$，$Tx=y_0$，其中 $y_0\in Y$，则

$$dT(x) = \theta.$$

(3) 若 $A\in L(X,Y)$，则 A 在 X 上 F 可微，并且

$$DA(x) = A.$$

命题 8.4（链式法则）　设 X,Y,Z 为实赋范线性空间，$T_1:D(T_1)\subset X\to Y$ 在 x_0 处 G 可微，$T_1 x_0\in D(T_2)$，$T_2:D(T_2)\subset Y\to Z$ 在 $T_1 x_0$ 处 F 可微，则 $T=T_2 T_1:D(T_3)\subset D(T_1)\to Z$ 在 x_0 处 G 可微，并且

$$dT(x_0) = DT_2(T_1 x_0)\circ dT_1(x_0).$$

此外，若 T_1 也是 F 可微的，则 T 是 F 可微的，并且

$$DT(x_0) = DT_2(T_1 x_0)\circ DT_1(x_0).$$

证明　设 $h\in X$，$h\neq\theta$ 及 $x_0+h\in D(T_1)$，由于 x_0 是 $D(T_1)$ 的内点，$T_1 x_0$ 是 $D(T_2)$ 的内点，并且由命题 8.1 的 (2)，存在 $\alpha=\alpha(h)>0$，当 $|t|<\alpha$ 时，有 $x_0+th\in D(T_1)$，同时 $T_1(x_0+th)\in D(T_2)$.

对于 $0<|t|<\alpha$，根据算子 $DT_2(T_1 x_0)$ 的线性有界性，有

$$\frac{1}{|t|}\|T(x_0+th)-Tx_0-tDT_2(T_1x_0)\circ dT_1(x_0)h\|$$

$$\leqslant \frac{1}{|t|}\|T_2(T_1(x_0+th))-T_2(T_1x_0)-DT_2(T_1x_0)(T_1(x_0+th)-T_1x_0)\|$$

$$+\frac{1}{|t|}\|DT_2(T_1x_0)\|\,\|T_1(x_0+th)-T_1x_0-tdT_1(x_0)h\|.$$

由 T_1 在 x_0 处 G 可微知，当 $t\to 0$ 时，上式最后一项趋于零. 对适合 $T_1(x_0+th)-T_1x_0=\theta$ 的一切 t，上式不等号右端第一项是零. 对 $T_1(x_0+th)-T_1x_0\neq\theta$ 的 t，该项可写成

$$\frac{\|T_2(T_1(x_0+th))-T_2(T_1x_0)-DT_2(T_1x_0)(T_1(x_0+th)-T_1x_0)\|}{\|T_1(x_0+th)-T_1x_0\|}\frac{\|T_1(x_0+th)-T_1x_0\|}{|t|},$$

由命题 8.1 中的(2)，$\|T_1(x_0+th)-T_1x_0\|\to 0(t\to 0)$. 因为 T_2 在 T_1x_0 处是 F 可微的，所以当 $t\to 0$ 时，上式第一个因子趋于零，而第二个因子极限是 $\|dT_1(x_0)h\|$，因此，当 $t\to 0$ 时，上式趋于零.

至于当 T_1 是 F 可微时，只要在上述推导中去掉 t，令 $\|h\|\to 0$ 即得证. ■

如果 T_1 和 T_2 都是 G 可微的，那么命题 8.4 不成立，见下面的例子.

例 8.4　设 $X=Y=\mathbf{R}^2$，$Z=\mathbf{R}^1$，$x=(x_1,x_2)\in X$，$y=(y_1,y_2)\in Y$. 定义

$$T_1x=(x_1,x_2^2),\quad \forall x\in X;$$

$$T_2y=\begin{cases}\dfrac{y_2(y_1^2+y_2^2)^{\frac{3}{2}}}{(y_1^2+y_2^2)^2+y_2^2}, & (y_1,y_2)\neq(0,0),\\[2mm] 0, & (y_1,y_2)=(0,0).\end{cases}$$

易证 T_1 在 $\theta=(0,0)$ 处 G 可微，T_2 在 $T_1\theta=(0,0)$ 处 G 可微，并且对 $h=(h_1,h_2)$，有 $dT_1(\theta)h=(h_1,0)$，$dT_2(\theta)h=0$. 但是当 $h_1\neq 0,h_2\neq 0$ 时，

$$\lim_{t\to 0^+}\frac{1}{t}T_2(T_1(th))=-\lim_{t\to 0^-}\frac{1}{t}T_2(T_1(th))\neq 0,$$

所以 $\lim_{t\to 0}\dfrac{1}{t}T_2(T_1(th))$ 不存在，于是 $T=T_2T_1$ 在 $\theta=(0,0)$ 处不是 G 可微的.

定理 8.4　设 X,Y 为实赋范线性空间. 如果 $T:D(T)\subset X\to Y$ 在 x_0 处 F 可微，则 T 在 x_0 处 G 可微，并且 $dT(x_0)=DT(x_0)$.

证明　由(8.4)式，$T(x_0+th)-Tx_0-DT(x_0)(th)=\omega(x_0,th)$. 于是

$$\lim_{t\to 0}\left\|\frac{1}{t}(T(x_0+th)-Tx_0-DT(x_0)(th))\right\|$$

$$=\lim_{t\to 0}\left\|\frac{T(x_0+th)-Tx_0}{t}-DT(x_0)h\right\|=\lim_{t\to 0}\frac{\|\omega(x_0,th)\|}{\|th\|}\|h\|=0,$$

所以由(8.2)式，T 在 x_0 处 G 可微，并且 $dT(x_0)=DT(x_0)$. ■

根据命题 8.2，当 T 在 x_0 处 F 可微时，记 $T'(x_0)=\mathrm{D}T(x_0)=\mathrm{d}T(x_0)$. 命题 8.2 的逆命题不成立，即 G 可微的算子不一定是 F 可微分的，相当于数学分析中多元函数即使沿任何方向的方向导数都存在，也未必有全微分. 见下面的例子.

例 8.5　设 $X=\mathbf{R}^2$，$Y=\mathbf{R}^1$，$x=(x_1,x_2)\in X$. 定义

$$f(x)=\begin{cases} x_1+x_2+\dfrac{x_1^3 x_2}{x_1^4+x_2^2}, & (x_1,x_2)\neq(0,0),\\[2mm] 0, & (x_1,x_2)=(0,0). \end{cases}$$

取 $h\in X$，$h=(h_1,h_2)\neq\theta$，$\theta=(0,0)$，则

$$\lim_{t\to 0}\frac{f(\theta+th)-f(\theta)}{t}=\lim_{t\to 0}\frac{1}{t}\left(th_1+th_2+\frac{t^4 h_1^3 h_2}{t^4 h_1^4+t^2 h_2^2}\right)=h_1+h_2,$$

因此 f 在 θ 处 G 可微，并且 $\mathrm{d}f(\theta)h=h_1+h_2$.

如果 f 在 θ 处 F 可微，由命题 8.2，$\mathrm{D}f(\theta)h=h_1+h_2$. 于是

$$\frac{\omega(\theta,h)}{\|h\|}=\frac{f(\theta+h)-f(\theta)-\mathrm{D}T(x_0)h}{\|h\|}=\frac{h_1^3 h_2}{(h_1^4+h_2^2)\sqrt{h_1^2+h_2^2}},$$

当 $h_2=h_1^2$，且 $h_1\to 0^+$ 时，$\dfrac{h_1^3 h_2}{(h_1^4+h_2^2)\sqrt{h_1^2+h_2^2}}\to\dfrac{1}{2}$，这与 $\omega(x_0,h)=o(\|h\|)$ 矛盾.

但是我们有下面的结论.

定理 8.5　设 X,Y 为实赋范线性空间，$\Omega\subset X$ 是开集，$T:\Omega\to Y$ 在 Ω 上 G 可微. 如果 G 导映射 $\mathrm{d}T$ 在 Ω 上连续，则 T 在 Ω 上 F 可微.

证明　由于 $\Omega\subset X$ 是开集，则对 $x_0\in\Omega$，存在 x_0 的邻域 $B(x_0,r)\subset\Omega$. 设 $h\in X$，并且 $x_0+h\in B(x_0,r)$，记 $\omega(x_0,h)=T(x_0+h)-Tx_0-\mathrm{d}T(x_0)h$，只需证 $\|\omega(x_0,h)\|=o(\|h\|)$. 由 Hahn-Banach 定理，存在 $g\in Y^*$，$\|g\|=1$，使得 $\|\omega(x_0,h)\|=(g,\omega(x_0,h))$. 根据定理 8.2 以及 G 导算子的线性有界性

$$\|\omega(x_0,h)\|=(g,T(x_0+h)-Tx_0-\mathrm{d}T(x_0)h)$$
$$=(g,(\mathrm{d}T(x_0+\tau h)-\mathrm{d}T(x_0))h)$$
$$\leqslant\|\mathrm{d}T(x_0+\tau h)-\mathrm{d}T(x_0)\|\|h\|,$$

其中 $\tau\in(0,1)$. 由 G 导映射 $\mathrm{d}T$ 的连续性，有 $\dfrac{1}{\|h\|}\|\omega(x_0,h)\|\to 0(\|h\|\to 0)$. ∎

定理 8.6　设 X,Y 为实赋范线性空间，$\Omega\subset X$ 是开集，$T:\Omega\to Y$ 是紧算子. 若 T 在 $x_0\in\Omega$ 处 F 可微，则 $T'(x_0):X\to Y$ 是紧线性算子.

证明　因为 $T'(x_0)\in L(X,Y)$，所以根据命题 5.2，我们只需证明 $T'(x_0)$ 将 X 中的单位球 $B_1=B(\theta,1)$ 映成 Y 中的列紧集. 如果 $T'(x_0)(B_1)$ 不是列紧集，则存在 $\varepsilon_0>0$ 以及 B_1 中的点列 $\{h_n\}$，使得

$$\|T'(x_0)h_m-T'(x_0)h_n\|\geqslant\varepsilon_0\quad(m\neq n).\tag{8.5}$$

由 $T'(x_0)$ 的定义以及 Ω 是开集，存在 $\tau>0$，使得对 $h\in X$，当 $\|h\|\leqslant\tau$ 时，有 $x_0+h\in\Omega$，并且

$$\|T(x_0+h)-Tx_0-T'(x_0)h\|\leqslant\frac{\varepsilon_0}{3}\|h\|. \tag{8.6}$$

于是当 $m\neq n$ 时，有

$$\|T(x_0+\tau h_m)-T(x_0+\tau h_n)\|$$
$$=\|(T(x_0+\tau h_m)-Tx_0-T'(x_0)(\tau h_m))-(T(x_0+\tau h_n))$$
$$-Tx_0-T'(x_0)(\tau h_n)+\tau(T'(x_0)h_m-T'(x_0)h_n)\|$$
$$\geqslant\tau\|T'(x_0)h_m-T'(x_0)h_n\|-\|T(x_0+\tau h_m)-Tx_0-T'(x_0)(\tau h_m)\|$$
$$-\|T(x_0+\tau h_n)-Tx_0-T'(x_0)(\tau h_n)\|,$$

从而由(8.5)式和(8.6)式可知，

$$\|T(x_0+\tau h_m)-T(x_0+\tau h_n)\|\geqslant\tau\varepsilon_0-\frac{\varepsilon_0}{3}\|\tau h_m\|-\frac{\varepsilon_0}{3}\|\tau h_n\|\geqslant\frac{\tau\varepsilon_0}{3},$$

故 $\{T(x_0+\tau h_n)\}$ 不存在收敛子列，而 $\{x_0+\tau h_n\}$ 是有界点列，这与 T 是紧算子矛盾. ■

例 8.6　考虑 Hammerstein 积分算子 $(Tx)(t)=\int_a^b k(t,s)f(s,x(s))\mathrm{d}s$，核函数 $k(t,s)$ 在 $[a,b]\times[a,b]$ 上连续，$f(s,u)$ 在 $[a,b]\times(-\infty,+\infty)$ 上连续. 易见 $T:C[a,b]\to C[a,b]$. 设 S 是 $C[a,b]$ 中的有界集，即存在常数 $M_1>0$，使得 $\|x\|\leqslant M_1$，$\forall x\in S$. 于是 $\forall x\in S$，

$$|(Tx)(t)|\leqslant\int_a^b|k(t,s)f(s,x(s))|\mathrm{d}s$$
$$\leqslant(\max_{a\leqslant t,s\leqslant b}|k(t,s)|)(\max_{\substack{a\leqslant s\leqslant b,\\ -M_1\leqslant u\leqslant M_1}}|f(s,u)|)(b-a),$$

即 $T(S)$ 一致有界. 因为 $k(t,s)$ 在 $[a,b]\times[a,b]$ 上一致连续，故 $\forall\varepsilon>0$，存在 $\delta>0$，使得当 (t_1,s)，$(t_2,s)\in[a,b]\times[a,b]$，并且 $|t_1-t_2|<\delta$ 时，$|k(t_1,s)-k(t_2,s)|<\varepsilon$，所以 $\forall x\in S$，

$$|(Tx)(t_1)-(Tx)(t_2)|\leqslant\int_a^b|k(t_1,s)-k(t_2,s)||f(s,x(s))|\mathrm{d}s$$
$$\leqslant\varepsilon(\max_{\substack{a\leqslant s\leqslant b,\\ -M_1\leqslant u\leqslant M_1}}|f(s,u)|)(b-a),$$

即 $T(S)$ 等度连续. 根据 Arzela-Ascoli 定理(定理 1.5)，$T(S)$ 是 $C[a,b]$ 中的列紧集.

如果 $\{x_n\}\subset C[a,b]$，$x_0\in C[a,b]$，并且 $x_n\to x_0$，由于 $\{\|x_n\|\}$ 有界，所以可取常数 $M_2>\max\{\sup\|x_n\|,\|x_0\|\}$. 因为 $f(s,u)$ 在 $[a,b]\times[-M_2,+M_2]$ 上一致连

续，于是 $\forall \varepsilon > 0$，存在 $\delta > 0$，使得当 $(s, u_1), (s, u_2) \in [a, b] \times [-M_2, +M_2]$，并且 $|u_1 - u_2| < \delta$ 时，

$$|f(s, u_1) - f(s, u_2)| < \varepsilon.$$

取正整数 N，当 $n > N$ 时，$\|x_n - x_0\| < \delta$，从而

$$|(Tx_n)(t) - (Tx_0)(t)| \leqslant \int_a^b |k(t, s)| |f(s, x_n(s)) - f(s, x_0(s))| \mathrm{d}s$$

$$\leqslant \varepsilon (\max_{a \leqslant t, s \leqslant b} |k(t, s)|)(b - a).$$

于是 $\|Tx_n - Tx_0\| \to 0$，即 $T: C[a, b] \to C[a, b]$ 连续. 因此，T 是紧算子.

下面证明如果 $f_u'(s, u)$ 在 $[a, b] \times (-\infty, +\infty)$ 上也是连续的，那么 T 在 $C[a, b]$ 上 F 可微. 对 $x, h \in C[a, b]$，设

$$(A(x)h)(t) = \int_a^b k(t, s) f_u'(s, x(s)) h(s) \mathrm{d}s,$$

根据例 3.4，$A(x) \in L(C[a, b], C[a, b])$. 由 Lagrange 公式，存在 $0 \leqslant \theta(s) \leqslant 1$，使得

$$|(T(x + h) - Tx - A(x))h(t)|$$

$$\leqslant \int_a^b |k(t, s)| |f(s, x(s) + h(s)) - f(s, x(s)) - f_u'(s, x(s)) h(s)| \mathrm{d}s$$

$$= \int_a^b |k(t, s)| |f_u'(s, x(s) + \theta(s)h(s)) - f_u'(s, x(s))| |h(s)| \mathrm{d}s$$

$$\leqslant (\max_{a \leqslant t, s \leqslant b} |k(t, s)|) \|h\| \int_a^b |f_u'(s, x(s) + \theta(s)h(s)) - f_u'(s, x(s))| \mathrm{d}s.$$

记 $M = \max_{a \leqslant t \leqslant b} |x(t)|$，因为 $f_u'(s, u)$ 在 $[a, b] \times [-M-1, M+1]$ 一致连续，所以 $\forall \varepsilon > 0$，存在 $0 < \delta < 1$，使得当 $\|h\| < \delta$ 时，

$$|f_u'(s, x(s) + \theta(s)h(s)) - f_u'(s, x(s))| < \varepsilon, \forall s \in [a, b].$$

所以，T 在 x 处 F 可微，并且 $T'(x) = A(x)$.

8.2　高阶微分

定义 8.4　设 $X_1, X_2, \cdots, X_n, Y$ 都是实赋范线性空间，$T: X_1 \times X_2 \times \cdots \times X_n \to Y$. 如果对任意给定的 $x_1, \cdots, x_{i-1}, x_{i+1}, \cdots, x_n$，由 $T_i x = T(x_1, \cdots, x_{i-1}, x, x_{i+1}, \cdots, x_n)$ 定义的 T_i 是 X_i 到 Y 的线性算子 $(i = 1, 2, \cdots, n)$，则称 T 为 n **线性算子**. 此外，若存在常数 $M > 0$，满足

$$\|T(x_1, x_2, \cdots, x_n)\| \leqslant M \|x_1\| \|x_2\| \cdots \|x_n\|,$$

则称 T 是**有界 n 线性算子**. 记 $\|T\| = \sup_{\|x_1\| \leqslant 1, \cdots, \|x_n\| \leqslant 1} \|T(x_1, x_2, \cdots, x_n)\|$，称为算

子 T 的**范数**.

记 $L(X_1,X_2,\cdots,X_n;Y)$ 是从 $X_1\times X_2\times\cdots\times X_n$ 到 Y 的全体有界 n 线性算子, 按通常的算子加法, 数乘及上述算子范数, 也构成实赋范线性空间. 若 Y 是 Banach 空间, 则 $L(X_1,X_2,\cdots,X_n;Y)$ 也为 Banach 空间. 特别地, 当 $X_1=X_2=\cdots=X_n=X$ 时, 记

$$L_1(X,Y)=L(X,Y),\ L_2(X,Y)=L(X,L_1(X,Y)),\ \cdots,$$
$$L_n(X,Y)=L(X,L_{n-1}(X,Y)).$$

命题 8.5　空间 $L(\overbrace{X,X,\cdots,X}^{n\uparrow};Y)$ 与空间 $L_n(X,Y)$ 等距同构.

证明　仅证 $n=2$ 的情形. 一般情形可由归纳法得到.

首先建立 $L(X,X;Y)$ 到 $L_2(X,Y)$ 之间的一个双射. 设 $T\in L(X,X;Y)$, $\forall y\in X$, 记 $T_y=T(\cdot,y)$, 则 $T_y\in L(X,Y)$. 令 $Ay=T_y(y\in X)$. 因 $T(x_1,x_2)$ 是双线性的, 所以 A 是 X 到 $L(X,Y)$ 的线性算子. 由

$$\|Ay\|=\|T_y\|=\sup_{\|x\|=1}\|T(x,y)\|\leqslant\|T\|\,\|y\|$$

可知 $A\in L_2(X,Y)$, 并且

$$\|A\|\leqslant\|T\|. \tag{8.7}$$

定义映射 $B:L(X,X;Y)\to L_2(X,Y)$ 为 $B(T)=A$, $\forall T\in L(X,X;Y)$, 则映射 B 是单射. 事实上, 设 $T,S\in L(X,X;Y)$, 如果 $B(T)=B(S)$, 那么 $\forall(x,y)\in X\times X$, 有 $T(x,y)=S(x,y)$, 即 $T=S$.

下面证明映射 B 是满射. 任取 $A\in L_2(X,Y)=L(X,L(X,Y))$, $\forall(x,y)\in X\times X$, 令 $T(x,y)=(Ay)x$, 则 T 是双线性算子, 并且 $\|T(x,y)\|=\|(Ay)x\|\leqslant\|Ay\|\,\|x\|\leqslant\|A\|\,\|x\|\,\|y\|$, 即 $T\in L(X,X;Y)$, 同时

$$\|T\|\leqslant\|A\|. \tag{8.8}$$

另外 $B(T)=A$.

其次, 不难验证 B 是线性的. 最后由 (8.7) 式和 (8.8) 式知, B 也是等距映射. ∎

定义 8.5　设 X,Y 为实赋范线性空间, $\Omega\subset X$ 是开集, $T:\Omega\to Y$ 在 Ω 上 F 可微, $x_0\in\Omega$. 如果 T 的 F 导映射 DT 在 x_0 处 F 可微分, 则称 T 在 x_0 处**二阶 F 可微**. 记 $D(DT)=D^2T$, 称为 T 的**二阶 F 导映射**.

对 $(h_1,h_2)\in X\times X$, 我们用 $T''(x_0)(h_1,h_2)$ 或 $D^2T(x_0)(h_1,h_2)$ 来表示 $((D^2T)(x_0)h_1)h_2$, 称为 T 在 x_0 处的**二阶 F 微分**, 并且容易看出 $T''(x_0):X\times X\to Y$ 关于 $(h_1,h_2)\in X\times X$ 是有界双线性算子. 如果 T 在 Ω 上二阶 F 可微, 那么 $D^2T:\Omega\to L(X,X;Y)$.

可归纳地定义 n 阶 F 微分 $D^nT(x_0)(h_1,\cdots,h_n)=(D(D^{n-1}T)(x_0)(h_1,\cdots,h_{n-1}))h_n,$

并且易见 $T^{(n)}(x_0) = D^n T(x_0): \overbrace{X \times X \times \cdots \times X}^{n\text{个}} \to Y$ 关于 $(h_1, h_2, \cdots, h_n) \in$

$\overbrace{X \times X \times \cdots \times X}^{n\text{个}}$ 是有界 n 线性算子，即在等距同构意义下 $T^{(n)}(x_0) \in L_n(X,Y)$. 若 T 在 Ω 上 n 阶 F 可微，则在等距同构意义下 $D^n T: \Omega \to L_n(X,Y)$. 类似地，可定义 n 阶 G 微分.

例 8.7 考虑 Hammerstein 积分算子 $(Tx)(t) = \int_a^b k(t,s) f(s,x(s)) \mathrm{d}s$，核函数 $k(t,s)$ 在 $[a,b] \times [a,b]$ 上连续，$f(s,u)$，$f'_u(s,u)$ 和 $f''_{uu}(s,u)$ 在 $[a,b] \times (-\infty, +\infty)$ 上连续. 对 $x, h_1 \in C[a,b]$，由例 8.6 可知

$$(T'(x)h)(t) = \int_a^b k(t,s) f'_u(s,x(s)) h(s) \mathrm{d}s.$$

记 $k_1(t,s) = k(t,s) h(s)$，则 $k_1(t,s)$ 在 $[a,b] \times [a,b]$ 上连续. 又因为 $f'_u(s,u)$ 和 $f''_{uu}(s,u)$ 在 $[a,b] \times (-\infty, +\infty)$ 上连续，于是由例 8.6 可知，$T'(x)$ 在 $C[a,b]$ 上 F 可微，即 T 在 $C[a,b]$ 上二阶 F 可微，并且对 $h_2 \in C[a,b]$，

$$(T''(x)(h_1, h_2))(t) = \int_a^b k(t,s) f''_{uu}(s,x(s)) h_1(s) h_2(s) \mathrm{d}s.$$

对高阶微分，应该注意到 $T^{(n)}(x_0)(h_1, h_2, \cdots, h_n)$ 关于 $(h_1, h_2, \cdots, h_n)$ 有一个次序问题，那么 n 阶 F 微分是否与次序有关呢？我们有下面的结论.

定理 8.7 设 X, Y 为实赋范线性空间，$\Omega \subset X$ 是开集，$T: \Omega \to Y$，$x_0 \in \Omega$. 如果 T 在 x_0 处 n 阶 F 可微，则

$$T^{(n)}(x_0)(h_1, h_2, \cdots, h_n) = T^{(n)}(x_0)(h_{p(1)}, h_{p(2)}, \cdots, h_{p(n)}),$$

其中 $(p(1), p(2), \cdots, p(n))$ 是 $(1, 2, \cdots, n)$ 的任一排列.

证明 我们对 $n=2$ 时给出证明，即证明 $T''(x_0)(h,k) = T''(x_0)(k,h)$，$\forall h, k \in X$.

由 $T''(x_0): X \times X \to Y$ 是双线性的，可知 $T''(x_0)(th, sk) = ts T''(x_0)(h,k)$，$\forall t, s \in \mathbf{R}^1$，$\forall h, k \in X$. 于是不失一般性，可设存在 $r > 0$，使得 $\|h\| = \|k\| \leqslant r$，且对任意的 $0 \leqslant s, t \leqslant 1, x_0 + sh + tk \in \Omega$. 令 $\varphi(t) = T(x_0 + th + k) - T(x_0 + th)$，$\psi(t) = T(x_0 + h + tk) - T(x_0 + tk)$，则 $\varphi, \psi: [0,1] \to Y$. 因为

$$\varphi(1) - \varphi(0) = \psi(1) - \psi(0)$$
$$= T(x_0 + h + k) - T(x_0 + h) - T(x_0 + k) + T(x_0),$$
$$\varphi'(t) = (T'(x_0 + th + k) - T'(x_0 + th))h$$
$$= (T'(x_0 + th + k) - T'(x_0))h - (T'(x_0 + th) - T'(x_0))h,$$
$$\psi'(t) = (T'(x_0 + h + tk) - T'(x_0 + tk))k$$
$$= (T'(x_0 + h + tk) - T'(x_0))k - (T'(x_0 + tk) - T'(x_0))k,$$

而根据(8.4)式

$$T'(x_0+th+k)-T'(x_0)=T''(x_0)(th+k)+o(\|th+k\|),$$

$$T'(x_0+th)-T'(x_0)=T''(x_0)(th)+o(\|th\|),$$

所以

$$\varphi'(t)=T''(x_0)(k,h)+(o\|th+k\|+o\|th\|)h,$$

类似地，

$$\psi'(t)=T''(x_0)(h,k)+(o(\|h+tk\|)+o(\|tk\|))k.$$

由定理 8.2，对任意的 $g\in Y^*$，分别存在 $\tau_1,\tau_2\in(0,1)$，使得

$$(g,\varphi(1)-\varphi(0))=(g,\varphi'(\tau_1)),(g,\psi(1)-\psi(0))=(g,\psi'(\tau_2)).$$

因为 $\varphi(1)-\varphi(0)=\psi(1)-\psi(0)$，所以

$$(g,T''(x_0)(k,h))+(g,(o(\|\tau_1h+k\|)+o(\|\tau_1h\|))h)$$

$$=(g,T''(x_0)(h,k))+(g,(o(\|h+\tau_2k\|)+o(\|\tau_2k\|))k).$$

对任意的 $\lambda\in(0,1)$，用 $\lambda h,\lambda k$ 分别代替 h,k，则当 $\lambda\to0$ 时，

$$(g,T''(x_0)(k,h))-(g,T''(x_0)(h,k))$$

$$=\frac{1}{\lambda}(g,o(\|\lambda h+\lambda\tau_2k\|)k+o(\|\lambda\tau_1h+\lambda k\|)h+o(\|\lambda\tau_1h\|)h+o(\|\lambda\tau_2k\|)k)\to0,$$

故 $(g,T''(x_0)(k,h))-(g,T''(x_0)(h,k))=0$，由 g 的任意性，

$$T''(x_0)(k,h)=T''(x_0)(h,k).\qquad\blacksquare$$

8.3　隐函数定理和反函数定理

设 X,Y,Z 都是 Banach 空间，Ω 是 $X\times Y$ 中的开集，$(x_0,y_0)\in\Omega$. 设 $F:\Omega\to Z$，如果 $F(x_0,y_0)=0$，对于方程

$$F(x,y)=0, \tag{8.9}$$

考虑的问题是，在初值 (x_0,y_0) 附近，由方程 (8.9) 是否可以唯一确定算子 T，使得 $y=Tx$，满足 $y_0=Tx_0$，即 $y=Tx$ 被定义在 x_0 的某个邻域内，它满足方程 $F(x,Tx)\equiv0$，且 $y_0=Tx_0$.

定理 8.8（隐函数定理）　设 X,Y,Z 是 Banach 空间，Ω 是 $X\times Y$ 中的开集，$(x_0,y_0)\in\Omega$，$F:\Omega\to Z$，$F(x_0,y_0)=0$. 如果在 (x_0,y_0) 的某邻域内 $F(x,y)$ 连续；对该邻域内任意的 x，$F(x,y)$ 关于 y 的 F 导算子 $F_y'(x,y)$ 存在，且在 (x_0,y_0) 连续；$F_y'(x_0,y_0):Y\to Z$ 具有有界的逆算子（即 $F_y'(x_0,y_0)$ 是 Y 与 Z 之间的同胚映射），则存在 $r>0$，$\tau>0$，使得当 $\|x-x_0\|<r$ 时，方程 (8.9) 在 $\|y-y_0\|<\tau$ 内存在唯一解 $y=Tx$，满足 $y_0=Tx_0$，并且算子 T 在 $\|x-x_0\|<r$ 内连续.

证明　由条件可知，存在 $\delta>0$，$\tau>0$，使得在 $\|x-x_0\|\leqslant\delta$，$\|y-y_0\|\leqslant\tau$ 内，

$F(x,y)$连续，并且

$$\|F'_y(x,y)-F'_y(x_0,y_0)\|<\frac{1}{2M}, \tag{8.10}$$

其中 $M=\|[F'_y(x_0,y_0)]^{-1}\|$. 又由 $F(x,y_0)$ 的连续性，存在 $0<r\leqslant\delta$，使得当 $\|x-x_0\|<r$ 时，

$$\|F(x,y_0)\|=\|F(x,y_0)-F(x_0,y_0)\|<\frac{\tau}{2M}. \tag{8.11}$$

对满足 $\|x-x_0\|<r$ 的 x，令 $\Phi(x,y)=y-[F'_y(x_0,y_0)]^{-1}F(x,y)$. 显然，方程(8.9)的解 y 等价于 Φ 在 Y 中的不动点，因此，我们只需证明 Φ 在 $\|y-y_0\|\leqslant\tau$ 中存在唯一的不动点.

由(8.10)式，当 $\|y-y_0\|\leqslant\tau$ 时，

$$\|\Phi'_y(x,y)\|=\|I-[F'_y(x_0,y_0)]^{-1}F'_y(x,y)\|$$

$$\leqslant\|[F'_y(x_0,y_0)]^{-1}\|\|F'_y(x_0,y_0)-F'_y(x,y)\|<\frac{1}{2}. \tag{8.12}$$

于是，利用定理 8.3，当 $\|y_1-y_0\|\leqslant\tau$，$\|y_2-y_0\|\leqslant\tau$ 时，存在 $0<\theta<1$ 使得

$$\|\Phi(x,y_2)-\Phi(x,y_1)\|\leqslant\|\Phi'_y(x,y_1+\theta(y_2-y_1))(y_2-y_1)\|$$

$$\leqslant\|\Phi'_y(x,y_1+\theta(y_2-y_1))\|\|y_2-y_1\|$$

$$\leqslant\frac{1}{2}\|y_2-y_1\|, \tag{8.13}$$

故 Φ 是 $\|y-y_0\|\leqslant\tau$ 中的压缩映射.

由(8.11)式和(8.13)式，当 $\|y-y_0\|\leqslant\tau$ 时，

$$\|\Phi(x,y)-y_0\|\leqslant\|\Phi(x,y)-\Phi(x,y_0)\|+\|\Phi(x,y_0)-y_0\|$$

$$=\|\Phi(x,y)-\Phi(x,y_0)\|+\|[F'_y(x_0,y_0)]^{-1}F(x,y_0)\|$$

$$<\frac{1}{2}\|y-y_0\|+M\frac{\tau}{2M}\leqslant\tau,$$

因此，Φ 将闭球 $\|y-y_0\|\leqslant\tau$ 映入开球 $\|y-y_0\|<\tau$. 根据压缩映射原理，Φ 在 $\|y-y_0\|<\tau$ 中存在唯一不动点 $y=Tx$，显然 $y_0=Tx_0$.

最后证明算子 T 在 $\|x-x_0\|<r$ 内连续. 设 $\|x_1-x_0\|<r$，$\|x_2-x_0\|<r$，令 $y_1=Tx_1$，$y_2=Tx_2$，则由(8.13)式知

$$\|y_2-y_1\|=\|\Phi(x_2,y_2)-\Phi(x_1,y_1)\|$$

$$\leqslant\|\Phi(x_2,y_2)-\Phi(x_2,y_1)\|+\|\Phi(x_2,y_1)-\Phi(x_1,y_1)\|$$

$$\leqslant\frac{1}{2}\|y_2-y_1\|+\|[F'_y(x_0,y_0)]^{-1}[F(x_2,y_1)-F(x_1,y_1)]\|,$$

故 $\|Tx_2-Tx_1\|=\|y_2-y_1\|\leqslant2M\|F(x_2,y_1)-F(x_1,y_1)\|$. 根据 $F(x,y)$ 的连续性

可知 T 在 $\|x-x_0\|<r$ 内连续.　　　　　　　　　　　　　　　　■

　　定理 8.9　如果在定理 8.8 的条件下，进一步假设在 (x_0,y_0) 的某邻域内，F 导算子 $F_x'(x,y)$ 与 $F_y'(x,y)$ 都存在并连续，则存在 $r>0,\tau>0$，使得定理 8.9 结论中的 $y=Tx$ 在 $\|x-x_0\|<r$ 中具有连续的 F 导算子 $T'(x)$，并且成立

$$T'(x)=-\left[F_y'(x,Tx)\right]^{-1}F_x'(x,Tx).$$

　　证明　由定理 8.8，存在连续映射 $T:B(x_0,r)\to B(y_0,\tau)$，当 $x\in B(x_0,r)$ 时，

$$F(x,Tx)=\theta. \tag{8.14}$$

　　设 $x,x+h\in B(x_0,r)$，则 $Tx,T(x+h)\in B(y_0,\tau)$，于是

$$F(x+h,T(x+h))=\theta. \tag{8.15}$$

记 $u=T(x+h)-Tx$，由(8.14)式，(8.15)式及导算子的定义，有

$$
\begin{aligned}
\theta &= F(x+h,Tx+u)-F(x,Tx)\\
&= F(x+h,Tx+u)-F(x,Tx+u)+F(x,Tx+u)-F(x,Tx)\\
&= F_x'(x,Tx+u)h+F_y'(x,Tx)u+o(\|h\|)+o(\|u\|).
\end{aligned}
$$

由于 $F_x'(x,y)$ 和 Tx 都连续，所以当 $\|h\|\to0$ 时，$\|u\|\to0$，从而

$$F_x'(x,Tx+u)h=F_x'(x,Tx)h+o(\|h\|).$$

因此得到

$$F_x'(x,Tx)h+F_y'(x,Tx)u=o(\|h\|)+o(\|u\|).$$

　　对任意的 $x\in B(x_0,r)$ 和任意的 $\varepsilon>0$，存在 $\eta>0$，当 $\|h\|<\eta$ 时，有

$$\|F_x'(x,Tx)h+F_y'(x,Tx)u\|\leqslant\varepsilon(\|h\|+\|u\|). \tag{8.16}$$

　　令 $\Phi(x,y)=y-\left[F_y'(x_0,y_0)\right]^{-1}F(x,y)$，则对 $x\in B(x_0,r)$，$y\in B(y_0,\tau)$，根据(8.12)式，

$$\|I-\left[F_y'(x_0,y_0)\right]^{-1}F_y'(x,y)\|<1,$$

所以由定理 3.3 可知，$\left[F_y'(x_0,y_0)\right]^{-1}F_y'(x,y)$ 存在有界逆，从而 $\left[F_y'(x,Tx)\right]^{-1}$ 存在且是有界线性算子. 由(8.16)式，有

$$\|u+\left[F_y'(x,Tx)\right]^{-1}F_x'(x,Tx)h\|\leqslant\varepsilon\|\left[F_y'(x,Tx)\right]^{-1}\|(\|h\|+\|u\|). \tag{8.17}$$

取 ε 充分小，使得 $\varepsilon\left[F_y'(x,Tx)\right]^{-1}\leqslant\dfrac{1}{2}$，记 $M=2\|\left[F_y'(x,Tx)\right]^{-1}F_x'(x,Tx)\|+1$，则由(8.17)式可知

$$\|u\|-\frac{M-1}{2}\|h\|\leqslant\frac{1}{2}(\|u\|+\|h\|),$$

即 $\|u\|\leqslant M\|h\|$. 当 $\|h\|<\eta$ 时，在(8.17)式中代入 $u=T(x+h)-Tx$，有

$$\|T(x+h)-Tx+\left[F_y'(x,Tx)\right]^{-1}F_x'(x,Tx)h\|\leqslant\varepsilon(M+1)\|\left[F_y'(x,Tx)\right]^{-1}\|\|h\|.$$

由此可知，T 在 $\|x-x_0\|<r$ 中有导算子 $T'(x)$，且成立

$$T'(x)=-\left[F'_y(x,Tx)\right]^{-1}F'_x(x,Tx). \tag{8.18}$$

由定理假设及(8.18)式知 $T'(x)$ 连续. ∎

【注】　设 $X=\mathbf{R}^n$，$Y=\mathbf{R}^m$，$Z=\mathbf{R}^m$，记 $x=(x_1,x_2,\cdots,x_n)$，$y=(y_1,y_2,\cdots,y_m)$. 如果 $F(x,y)=(F_1,F_2,\cdots,F_m)$，则方程(8.9)相当于函数方程组

$$F_i(x_1,x_2,\cdots,x_n,y_1,y_2,\cdots,y_m)=0, \quad (i=1,2,\cdots,m),$$

初始条件 $F(x_0,y_0)=0$ 相当于

$$F_i(x_1^{(0)},x_2^{(0)},\cdots,x_n^{(0)},y_1^{(0)},y_2^{(0)},\cdots,y_m^{(0)})=0, \quad (i=1,2,\cdots,m),$$

其中 $x_0=(x_1^{(0)},x_2^{(0)},\cdots,x_n^{(0)})$，$y_0=(y_1^{(0)},y_2^{(0)},\cdots,y_m^{(0)})$.

由例 8.2 知，导算子 $z=F'_y(x_0,y_0)$ 相当于从 $h=(h_1,h_2,\cdots,h_m)$ 到 $z=(z_1,z_2,\cdots,z_m)$ 的线性变换

$$\begin{pmatrix} z_1 \\ z_2 \\ \vdots \\ z_m \end{pmatrix} = \begin{pmatrix} \dfrac{\partial F_1}{\partial y_1}\Big|_{(x_0,y_0)} & \cdots & \dfrac{\partial F_1}{\partial y_m}\Big|_{(x_0,y_0)} \\ \vdots & & \vdots \\ \dfrac{\partial F_m}{\partial y_1}\Big|_{(x_0,y_0)} & \cdots & \dfrac{\partial F_m}{\partial y_m}\Big|_{(x_0,y_0)} \end{pmatrix} \begin{pmatrix} h_1 \\ h_2 \\ \vdots \\ h_m \end{pmatrix}.$$

因此，$F'_y(x_0,y_0)$ 具有有界逆，相当于函数行列式

$$\frac{D(F_1,F_2,\cdots,F_m)}{D(y_1,y_2,\cdots,y_m)} = \begin{vmatrix} \dfrac{\partial F_1}{\partial y_1} & \cdots & \dfrac{\partial F_1}{\partial y_m} \\ \vdots & & \vdots \\ \dfrac{\partial F_m}{\partial y_1} & \cdots & \dfrac{\partial F_m}{\partial y_m} \end{vmatrix}$$

在 $(x_1^{(0)},x_2^{(0)},\cdots,x_n^{(0)},y_1^{(0)},y_2^{(0)},\cdots,y_m^{(0)})$ 点不等于零. 这时定理 8.8 与定理 8.9 就是数学分析中的隐函数定理，因此它们是数学分析中的隐函数定理在一般 Banach 空间中算子方程的推广.

作为隐函数定理的特殊情形，我们给出下面的反函数定理.

定理 8.10（反函数定理）　设 X,Y 是 Banach 空间，$D\subset X$ 是开集，$x_0\in D$，$T:D\to Y$ 是 F 可微的. 如果 $T'(x)$ 在 x_0 处连续，并且 $T'(x_0)$ 具有有界逆（即 $T'(x_0)$ 是 X 与 Y 的同胚映射），则 T 在 x_0 处是**局部同胚**，即存在 x_0 的邻域 $U(x_0)$ 及 $y_0=Tx_0$ 的邻域 $V(y_0)$，使得 T 在 $U(x_0)$ 上的限制是 $U(x_0)$ 到 $V(y_0)$ 的**同胚映射**.

证明　令 $F(x,y)=Tx-y$，则 $F:D\times Y\to Y$ 连续，$F'_x(x,y)=T'(x)$，并且对任意的 $(x,y)\in D\times Y$，$F'_y(x,y)=-I$. 由条件知 $F'_x(x_0,y_0)=T'(x_0)$ 具有有界逆，于是根据定理 8.8，存在 $r>0,\tau>0$，使得当 $\|y-y_0\|<r$ 时，方程 $F(x,y)=0$（即

$Tx=y$)在$\|x-x_0\|<\tau$ 中存在唯一的解 $x=\varphi(y)$，并且 $\varphi(y)$ 在$\|y-y_0\|<r$ 内连续.

记 $B(y_0,r)=\{y\in Y\,|\,\|y-y_0\|<r\}$，$B(x_0,\tau)=\{x\in X\,|\,\|x-x_0\|<\tau\}$，令

$$U(x_0)=\varphi(B(y_0,r))=T^{-1}(B(y_0,r))\bigcap B(x_0,\tau).$$

由于 T 是 F 可微的，从而连续，故 $T^{-1}(B(y_0,r))$ 是 D 中的开集，也是 X 中的开集. 因此，$U(x_0)$ 是 X 中开集，即是 x_0 的一个邻域. 显然 T 在 $U(x_0)$ 上的限制是 $U(x_0)$ 与 $B(y_0,r)$ 之间的双射，并且 T 在 $U(x_0)$ 上连续，$T^{-1}=\varphi$ 在 $V(y_0)$ 上连续，即 T 是 $U(x_0)$ 与 $B(y_0,r)=V(y_0)$ 之间的同胚映射. ∎

推论 1　如果在定理 8.10 的条件下，进一步假设 $T'(x)$ 在 D 中连续，则 T 在 x_0 处局部微分同胚，即存在 x_0 的邻域 $U(x_0)$ 及 $y_0=f(x_0)$ 的邻域 $V(y_0)$，使 T 在 $U(x_0)$ 上的限制是 $U(x_0)$ 与 $V(y_0)$ 间的同胚映射，并且 T 在 $U(x_0)$ 具有连续的 F 导算子，T^{-1} 在 $V(y_0)$ 上也具有连续的 F 导算子.

例 8.8　考察非线性 Hammerstein 积分方程

$$x(t)=\lambda\int_a^b k(t,s)f(s,x(s))\mathrm{d}s, \tag{8.19}$$

核函数 $k(t,s)$ 在 $[a,b]\times[a,b]$ 上连续，$f(s,u)$ 和 $f'_u(s,u)$ 在 $[a,b]\times(-\infty,+\infty)$ 上连续，其中 λ 为参数，并且 $\forall s\in[a,b]$，$f(s,0)\equiv0$. 显然对任何 λ，$x(t)\equiv0$ 都是(8.19)的解. 下面证明：如果 $\lambda_0\neq0$ 不是线性积分方程

$$x(t)=\lambda\int_a^b k(t,s)f'_u(s,0)x(s)\mathrm{d}s \tag{8.20}$$

的特征值，即对于 λ_0，方程(8.20)没有非零解，则存在 $\sigma>0$，$\tau>0$，使得当 $|\lambda-\lambda_0|<\sigma$ 时，方程(8.19)除零解外没有满足 $|x(t)|<\tau$($\forall t\in[a,b]$)的其他连续解.

考察由

$$(Tx)(t)=\int_a^b k(t,s)f(s,x(s))\mathrm{d}s$$

定义的算子 T. 由例 8.6 可知 $T:C[a,b]\to C[a,b]$ 在任意的 $x\in C[a,b]$ 处 F 可微，并且

$$(T'(x)h)(t)=\int_a^b k(t,s)f'_u(s,x(s))h(s)\mathrm{d}s,\,\forall h\in C[a,b].$$

由例 8.6 知，对任意的 $x\in C[a,b]$，$T'(x):C[a,b]\to C[a,b]$ 是紧线性算子.

取常数 $r>0$，记 $D=\{x\in C[a,b]\,|\,\|x\|<r\}$. 因为 $f'_u(s,u)$ 在 $[a,b]\times[-r,r]$ 上一致，易证 $T'(x)$ 在 $\overline{D}$ 上连续. 令 $F(\lambda,x)=x-\lambda Tx$，显然方程(8.19)的解等价于方程

$$F(\lambda,x)=\theta \tag{8.21}$$

的解. 易见 $F: \mathbf{R}^1 \times D \to C[a, b]$ 连续, 关于 x 是 F 可微的, 并且 $F_x'(\lambda, x) = I - \lambda T'(x)$ 连续. 因为 $\lambda_0 \neq 0$ 不是线性积分方程 (8.20) 的特征值, 根据定理 5.11, $F_x'(\lambda_0, \theta) = I - \lambda_0 T'(\theta)$ 具有有界逆 $[F_x'(\lambda_0, \theta)]^{-1} = [I - \lambda_0 T'(\theta)]^{-1}$. 于是由隐函数定理, 存在 $\sigma > 0$, $\tau > 0 (\tau < r)$, 使得当 $|\lambda - \lambda_0| < \sigma$ 时, 方程 (8.21) 在 $\|x\| < \tau$ 内具有唯一解. 但是 $x = \theta$ 是 (8.21) 的解, 故此唯一解就是零解 $x = \theta$.

8.4　Riemann 积分

设 X 为实赋范线性空间, 算子 $x: [a, b] \subset \mathbf{R}^1 \to X$ 称为**抽象函数**. 下面讨论抽象函数的 Riemann 积分, 它是数学分析中 Riemann 积分的推广.

对区间 $[a, b]$ 的任一划分 $T: a = t_0 < t_1 < \cdots < t_n = b$, 任取 $\xi_i \in [t_i, t_{i-1}]$, 构造 Riemann 和 $S(T) = \sum_{i=1}^{n} x(\xi_i)(t_i - t_{i-1})$. 记 $\omega(T) = \max_{1 \leqslant i \leqslant n} |t_i - t_{i-1}|$, 若存在极限 $\lim_{\omega(T) \to 0} S(T) = I$, 则称抽象函数 $x(t)$ 在区间 $[a, b]$ 上 (Riemann) **可积**, 极限值 I 称为 $x(t)$ 在 $[a, b]$ 上的 (Riemann) **积分**, 记作 $I = \int_a^b x(t) \mathrm{d}t$.

也可用 "ε-δ" 的语言来描述 Riemann 积分: 设 $I \in X$. 如果 $\forall \varepsilon > 0$, 存在 $\delta > 0$, 使得对区间 $[a, b]$ 的任一划分 T, 当 $\omega(T) < \delta$ 时, 对任取的 $\xi_i \in [t_i, t_{i-1}]$, 有 $\|S(T) - I\| < \varepsilon$, 则称 $x(t)$ 在 $[a, b]$ 上可积.

容易证明, 抽象函数的 Riemann 积分具有通常实函数定积分的有关性质.

记 $C([a, b], X)$ 是 $[a, b]$ 到 X 的连续抽象函数全体, 易见 $C([a, b], X)$ 是线性空间. 定义 $\|x\|_C = \max_{t \in [a, b]} \|x(t)\|$, $\forall x \in C([a, b], X)$, 易证 $\|\cdot\|_C$ 是 $C([a, b], X)$ 中的范数. 如果 X 是 Banach 空间, 则 $C([a, b], X)$ 也是 Banach 空间.

定理 8.11　设 X 为实 Banach 空间. 如果 $x \in C([a, b], X)$, 则 $x(t)$ 在 $[a, b]$ 上可积.

证明　因为 $x(t)$ 在 $[a, b]$ 上连续, 类似于数学分析中的证明, $x(t)$ 在 $[a, b]$ 上一致连续, 即 $\forall \varepsilon > 0$, 存在 $\delta = \delta(\varepsilon) > 0$, 使得当 $t', t'' \in [a, b]$, 并且 $|t' - t''| < \delta$ 时, 有

$$\|x(t') - x(t'')\| < \frac{\varepsilon}{3(b - a)}.$$

设 T' 是 $[a, b]$ 的一个划分且 $\omega(T') < \delta(\varepsilon)$, T'' 是 T' 的加细, 则 $\omega(T'') < \delta(\varepsilon)$, 由上式可得

$$\|S(T'') - S(T')\| < \frac{\varepsilon}{3}. \tag{8.22}$$

现取 $[a, b]$ 的一列划分 $\{T_n\}$, 其中 T_{n+1} 是 T_n 的加细且 $\omega(T_n) \to 0 (n \to \infty)$. 由 (8.22) 式, $\{S(T_n)\}$ 是 X 中的 Cauchy 序列, 因此存在 $I \in X$, 使得 $S(T_n) \to I(n \to$

∞），即存在正整数 $N=N(\varepsilon)$，当 $n\geqslant N$ 时，有 $\omega(T_n)<\delta(\varepsilon)$，并且

$$\|S(T_n)-I\|<\frac{\varepsilon}{3}. \tag{8.23}$$

设 T 是 $[a,b]$ 上的任一划分且 $\omega(T)<\delta(\varepsilon)$，$T$ 与 T_N 合成 $[a,b]$ 的划分 T^*，则由 (8.22) 与 (8.23) 两式有

$$\|S(T)-I\|\leqslant\|S(T)-S(T^*)\|+\|S(T^*)-S(T_N)\|+\|S(T_N)-I\|<\varepsilon.$$

因此，$x(t)$ 在 $[a,b]$ 上可积. ■

命题 8.6　设 X 为实 Banach 空间. 如果 $x\in C([a,b],X)$，则

$$\left\|\int_a^b x(t)\mathrm{d}t\right\|\leqslant\int_a^b\|x(t)\|\mathrm{d}t\leqslant(b-a)\max_{t\in[a,b]}\|x(t)\|.$$

证明　因为 $x\in C([a,b],X)$，所以 $\|x(t)\|\in C[a,b]$，从而 $\int_a^b\|x(t)\|\mathrm{d}t$ 与 $\max_{t\in[a,b]}\|x(t)\|$ 均有意义. 设划分 $T:a=t_0<t_1<\cdots<t_n=b$，于是

$$\|S(T)\|=\left\|\sum_{i=1}^n x(\xi_i)(t_i-t_{i-1})\right\|\leqslant\sum_{i=1}^n\|x(\xi_i)\|(t_i-t_{i-1}).$$

令 $\omega(T)\rightarrow0$，则有

$$\left\|\int_a^b x(t)\mathrm{d}t\right\|\leqslant\int_a^b\|x(t)\|\mathrm{d}t\leqslant(b-a)\max_{t\in[a,b]}\|x(t)\|. ■$$

命题 8.7　设 X 为实 Banach 空间，$x_n\in C([a,b],X)(n=1,2,\cdots)$. 如果 $x_n(t)$ 在 $[a,b]$ 上一致收敛于 $x(t)$，则 $x\in C([a,b],X)$，并且

$$\lim_{n\rightarrow\infty}\int_a^b x_n(t)\mathrm{d}t=\int_a^b x(t)\mathrm{d}t.$$

证明　类似于数学分析中的证明，可知 $x\in C([a,b],X)$. 根据命题 8.6，

$$\left\|\int_a^b[x_n(t)-x(t)]\mathrm{d}t\right\|\leqslant(b-a)\max_{t\in[a,b]}\|x_n(t)-x(t)\|\rightarrow0,$$

即 $\lim_{n\rightarrow\infty}\int_a^b x_n(t)\mathrm{d}t=\int_a^b x(t)\mathrm{d}t$. ■

设 $t\in(a,b)$，对抽象函数 $x:[a,b]\subset\mathbf{R}^1\rightarrow X$，如果极限 $\lim_{\Delta t\rightarrow0}\dfrac{x(t+\Delta t)-x(t)}{\Delta t}$ 存在，称 x 在 t 处可导，该极限记作 $\dfrac{\mathrm{d}x(t)}{\mathrm{d}t}$，称为 x 在 t 处的导数，显然 $\dfrac{\mathrm{d}x(t)}{\mathrm{d}t}\in X$. 至于 x 在 $[a,b]$ 端点处的导数，类似于数学分析中左导数和右导数的定义. 易见若 x 在 t 处可导，则 x 在 t 处连续. 如果 x 在 $[a,b]$ 中每一点都可导，称为 x 在 $[a,b]$ 上可导，导函数 $\dfrac{\mathrm{d}x(t)}{\mathrm{d}t}$ 也是抽象函数.

另一方面，按定义 8.3，如果 x 在 $t\in(a,b)$ 处可导，那么 x 在 t 处 F 可微，但

是它的 F 导算子为

$$x'(t) = \lim_{\Delta t \to 0} \frac{x(t+\Delta t) - x(t)}{\Delta t} \in L(\mathbf{R}^1, X).$$

下面我们通过讨论 X 与 $L(\mathbf{R}^1, X)$ 之间的关系，给出 $\dfrac{\mathrm{d}x(t)}{\mathrm{d}t} = x'(t)$ 的含义.

如果 $T \in L(\mathbf{R}^1, X)$，则 $\forall t \in \mathbf{R}^1$，有 $T(t) = T(t \cdot 1) = tT(1)$，显然 $T(1) \in X$，并且容易证明 $\|T\| = \|T(1)\|$. 反之，$\forall x \in X$，令 $T(t) = tx$，易见 $T \in L(\mathbf{R}^1, X)$，且 $\|T\| = \|x\|$. 可见 X 与 $L(\mathbf{R}^1, X)$ 是等距同构的，因此在等距同构的意义下，$\dfrac{\mathrm{d}x(t)}{\mathrm{d}t} = x'(t)$. 以后我们对这两个记号不加区别.

例 8.9　设 X 为实 Hilbert 空间，$x: (a,b) \subset \mathbf{R}^1 \to X$ 具有连续的导数，则 $\forall t \in (a,b)$，

$$\frac{\mathrm{d}\|x(t)\|^2}{\mathrm{d}t} = 2(x'(t), x(t)).$$

证明　当 $\Delta t \to 0$ 时，

$$\frac{1}{\Delta t}(\|x(t+\Delta t)\|^2 - \|x(t)\|^2)$$

$$= \frac{1}{\Delta t}((x(t+\Delta t), x(t+\Delta t)) - (x(t), x(t)))$$

$$= \left(\frac{x(t+\Delta t) - x(t)}{\Delta t}, x(t+\Delta t)\right) + \left(x(t), \frac{x(t+\Delta t) - x(t)}{\Delta t}\right) \to 2(x'(t), x(t)).$$

∎

例 8.10　设 X 为实 Banach 空间，$f: X \to \mathbf{R}^1$ 是 F 可微泛函，$x: (a,b) \subset \mathbf{R}^1 \to X$ 可导，则由命题 8.4 知，$\forall t \in (a,b)$，$\dfrac{\mathrm{d}f(x(t))}{\mathrm{d}t} = (f'(x(t)), x'(t))$.

命题 8.8　设 X 为实 Banach 空间. 如果 $x \in C([a,b], X)$，并且 $x(t)$ 在 (a,b) 内可导，则存在 $\xi \in (a,b)$，使得 $\|x(b) - x(a)\| \leqslant (b-a)\|x'(\xi)\|$.

证明　取 $f \in X^*$，使得 $\|f\| = 1$，并且 $f(x(b)) - f(x(a)) = \|x(b) - x(a)\|$.
令 $g(t) = f(x(t))$，于是由 f 的线性和连续性及中值公式，存在 $\xi \in (a,b)$，

$$\|x(b) - x(a)\| = g(b) - g(a) = g'(\xi)(b-a)$$

$$= f(x'(\xi))(b-a) \leqslant \|f\| \|x'(\xi)\| (b-a)$$

$$= \|x'(\xi)\| (b-a).$$

∎

命题 8.9　设 X 为实 Banach 空间. 如果 $x \in C([a,b], X)$，$y(t) = \int_a^t x(s)\mathrm{d}s(t \in [a,b])$，则 $y(t)$ 在 $[a,b]$ 上可导，并且 $y'(t) = x(t)$.

证明　设 $t_0 \in (a,b)$，$\Delta t > 0$，且 $t_0 + \Delta t \in (a,b)$，于是

$$\left\| \frac{1}{\Delta t} \big[y(t_0 + \Delta t) - y(t_0) \big] - x(t_0) \right\| = \left\| \frac{1}{\Delta t} \int_{t_0}^{t_0 + \Delta t} x(t) \mathrm{d}t - x(t_0) \right\|$$

$$= \frac{1}{\Delta t} \left\| \int_{t_0}^{t_0 + \Delta t} \big[x(t) - x(t_0) \big] \mathrm{d}t \right\|$$

$$\leqslant \max_{t_0 \leqslant t \leqslant t_0 + \Delta t} \| x(t) - x(t_0) \| \to 0 (\Delta t \to 0).$$

对于 $\Delta t < 0$，以及 t_0 是端点的情形，可类似证明. ■

下列结论是关于抽象函数积分的 Newton-Leibnitz 公式.

定理 8.12 设 X 为实 Banach 空间. 如果 $x : [a,b] \subset \mathbf{R}^1 \to X$ 在 $[a,b]$ 上具有连续的导数，则 $\int_a^b x'(t) \mathrm{d}t = x(b) - x(a)$.

证明 对任意的 $f \in X^*$，由 f 的线性和连续性有

$$f \Big(\int_a^b x'(t) \mathrm{d}t \Big) = \int_a^b f(x'(t)) \mathrm{d}t = f(x(b)) - f(x(a)) = f(x(b) - x(a)).$$

由 f 的任意性知，$\int_a^b x'(t) \mathrm{d}t = x(b) - x(a)$. ■

记 $T^{(n)}(x)(h,h,\cdots,h) = T^{(n)}(x)h^n$，下列结果是数学分析中 Taylor 公式的推广.

定理 8.13（Taylor 公式） 设 X,Y 为实赋范线性空间，$\Omega \subset X$ 是凸开集，$T : \Omega \to Y$. 如果 $T \in C^{n+1}(\Omega, Y)$，即 T 在 Ω 中有连续的 $n+1$ 阶 F **导映射**，则对于任意的 $x_0 \in \Omega$ 及 $h \in X$，当 $x_0 + h \in \Omega$ 时，有

$$T(x_0 + h) = Tx_0 + T'(x_0)h + \cdots + \frac{1}{n!} T^{(n)}(x_0) h^n$$

$$+ \frac{1}{n!} \int_0^1 (1-t)^n T^{(n+1)}(x_0 + th) h^{n+1} \mathrm{d}t.$$

证明 由 Ω 的凸性，当 $0 \leqslant t \leqslant 1$ 时，$x + th \in \Omega$. 定义 $\varphi : [0,1] \to Y$ 为

$$\varphi(t) = T(x_0 + th) + (1-t)T'(x_0 + th)h + \cdots + \frac{(1-t)^n}{n!} T^{(n)}(x_0 + th) h^n,$$

显然，$\varphi \in C^1([0,1], Y)$. 因此

$$\varphi(1) - \varphi(0) = \int_0^1 \varphi'(t) \mathrm{d}t = \frac{1}{n!} \int_0^1 (1-t)^n T^{(n+1)}(x_0 + th) h^{n+1} \mathrm{d}t. ■$$

8.5   Banach 空间中的微分方程

设 X 是实 Banach 空间，$t_0 \in \mathbf{R}^1$，$x_0 \in X$. 现在考虑 Banach 空间 X 中的常微分方程初值问题

$$\frac{\mathrm{d}x}{\mathrm{d}t} = f(t,x), x(t_0) = x_0. \tag{8.24}$$

令 $J=[t_0-a,t_0+a]$，$S=\{x\in X\mid \|x-x_0\|\leqslant b\}$，其中 $a,b>0$ 为常数.

定理 8.14（解的存在唯一性定理）　设 $f:J\times S\to X$ 连续，并且关于 x 满足 Lipschitz 条件，即存在常数 $K>0$，使得 $\forall (t,x_1),(t,x_2)\in J\times S$，

$$\|f(t,x_1)-f(t,x_2)\|\leqslant K\|x_1-x_2\|,\tag{8.25}$$

则 $\forall \delta\in\left(0,\min\left\{a,\dfrac{b}{M},\dfrac{1}{K}\right\}\right)$，初值问题（8.24）在 $J_\delta=[t_0-\delta,t_0+\delta]$ 上存在唯一的解 $x(t)\in S$，其中 $M=\sup\limits_{(t,x)\in J\times S}\|f(t,x)\|+1$.

证明　因为 $\|f(t,x_0)\|$ 是 J 上的连续函数，故有界. 从而由（8.25）式可知 $\forall (t,x)\in J\times S$，

$$\|f(t,x)\|\leqslant \|f(t,x)-f(t,x_0)\|+\|f(t,x_0)\|$$
$$\leqslant K\|x-x_0\|+\|f(t,x_0)\|\leqslant Kb+\sup\limits_{t\in J}\|f(t,x_0)\|<+\infty,$$

因此 $0<M<+\infty$. 另外，因为 $f(t,x)$ 连续，所以初值问题（8.24）的解具有连续导数. 根据命题 8.9 和定理 8.12,问题（8.24）的解等价于 Banach 空间积分方程

$$x(t)=x_0+\int_{t_0}^{t}f(s,x(s))\mathrm{d}s\tag{8.26}$$

的连续解.

令 $D=\{x\in C(J_\delta,X)\mid x(t)\in S,\forall t\in J_\delta\}$，显然 D 是 Banach 空间 $C(J_\delta,X)$ 中的闭集. 在 D 上定义算子 A 为 $(Ax)(t)=x_0+\int_{t_0}^{t}f(s,x(s))\mathrm{d}s$. 如果 $x\in D$，显然 $Ax\in C(J_\delta,X)$，并且当 $t\in J_\delta$ 时，

$$\|(Ax)(t)-x_0\|=\left\|\int_{t_0}^{t}f(s,x(s))\mathrm{d}s\right\|\leqslant M\delta<b,$$

则 $A:D\to D$. 同时，如果 $x,y\in D$，那么当 $t\in J_\delta$ 时，

$$\|(Ax)(t)-(Ay)(t)\|=\left\|\int_{t_0}^{t}(f(s,x(s))-f(s,y(s)))\mathrm{d}s\right\|$$
$$\leqslant K\delta\max\limits_{t\in J_\delta}\|x(s)-y(s)\|=K\delta\|x-y\|_C.$$

因为 $K\delta<1$，所以 $A:D\to D$ 是压缩映射. 根据压缩映射原理，A 在 D 中存在唯一的不动点 x^*，即积分方程（8.26）在 J_δ 上存在唯一的连续解 $x^*(t)\in S$. ■

【注】　古典常微分方程的 Picard 定理（即局部存在唯一性定理），对于 Banach 空间中的常微分方程仍然成立. 但是 Peano 定理（即存在性定理）对于 Banach 空间中的常微分方程不再成立，即 $f(t,x)$ 的连续性不能保证问题（8.24）解的存在性，见参考文献[21].

定理 8.15（解的延拓定理）　设 U 是 X 中的开集，$f:\mathbf{R}^1\times U\to X$ 连续，且关于 x 满足局部 Lipschitz 条件（即 $\forall (t,x)\in\mathbf{R}^1\times U$，存在 t 的邻域 J_t 与 x 的邻域

S_x，使 $f(t,x)$ 在 $J_t \times S_x$ 上关于 x 满足 Lipschitz 条件．如果 $x_0 \in U$，则初值问题 (8.24) 的解 $x(t)$ 可以从右边唯一地延拓到向右最大存在区间 $[t_0, \eta)$ 上，其中 $\eta \leqslant +\infty$，并且在 $\eta < +\infty$，同时 $\lim\limits_{t \to \eta - 0} x(t) = x^*$ 存在的情形，$x^* \in \partial U$；初值问题 (8.24) 的解 $x(t)$ 也可以从左边唯一地延拓到向左最大存在区间 $(\xi, t_0]$ 上，其中 $\xi \geqslant -\infty$，并且在 $\xi > -\infty$，同时 $\lim\limits_{t \to \xi + 0} x(t) = x^*$ 存在的情形，$x^* \in \partial U$．

定理 8.16（解对初值的连续依赖性定理） 设 U 是 X 中的开集，$f: \mathbf{R}^1 \times U \to X$ 连续，且关于 x 满足局部 Lipschitz 条件，$x_0 \in U$，初值问题 (8.24) 唯一解 $x(t; t_0, x_0)$ 的向右最大存在区间是 $[t_0, \eta(t_0, x_0))$．如果 $t_0 < \beta < \eta(t_0, x_0)$，则 $\forall \varepsilon > 0$，存在 $r > 0$，使得当 $\|x_1 - x_0\| < r$ 时，$\eta(t_0, x_1) > \beta$，并且 $\|x(t; t_0, x_1) - x(t; t_0, x_0)\| < \varepsilon$，$\forall t \in [t_0, \beta]$．从而可见当 $x_1 \to x_0$ 时，$x(t; t_0, x_1)$ 在 $[t_0, \beta]$ 上一致收敛于 $x(t; t_0, x_0)$．对于向左最大存在区间 $(\xi(t_0, x_0), t_0]$，类似的结论成立．

命题 8.10 设 X 是实 Banach 空间，$f \in C^1(X, \mathbf{R}^1)$．令 $K = \{x \in X \mid f'(x) = \theta\}$（即 K 是泛函 f 的**临界点集**，见后面的定义 9.2），$U = X \backslash K$．如果 f 不是常数值泛函，则存在局部 Lipschitz 算子 $F: U \to X$，使得 $\forall x \in U$ 满足

(i) $\|F(x)\| \leqslant 2\|f'(x)\|$；

(ii) $(f'(x), F(x)) \geqslant \|f'(x)\|^2$．

【注】 因为 $f \in C^1(X, \mathbf{R}^1)$，所以 K 是 X 中的闭集，从而 U 是 X 中的开集．如果 f 不是常数值泛函，由定理 8.1 可知，集合 $U \neq \varnothing$．如果 X 是实 Hilbert 空间，取 $F(x)$ 为 f 在 $x \in U$ 处的梯度 $f'(x)$，则满足命题 8.10 中的 (i) 和 (ii)．命题 8.10 中的算子 F 称为泛函 f 的**伪梯度算子**．

定理 8.15，定理 8.16 和命题 8.10 的证明见参考文献 [12]．

设 $f \in C^1(X, \mathbf{R}^1)$ 不是常数值泛函，考虑初值问题

$$\frac{\mathrm{d}x}{\mathrm{d}t} = -F(x), \quad x(0) = x_0, \tag{8.27}$$

其中 F 是泛函 f 的伪梯度算子．

定理 8.17 设 X 是实 Banach 空间，$f \in C^1(X, \mathbf{R}^1)$ 不是常数值泛函．令 $U = X \backslash K$，其中 $K = \{x \in X \mid f'(x) = \theta\}$．如果 $x_0 \in U$，则对初值问题 (8.27) 的唯一解 $x(t)$，在其向右最大存在区间 $[0, \eta)$ 上，$f(x(t))$ 是单调减函数（称 (8.27) 的解 $x(t)$ 是 $f(x)$ 的下降流线）．

证明 根据定理 8.15，初值问题 (8.27) 存在唯一解 $x(t)$ 及其向右最大存在区间 $[0, \eta)$．再由例 8.10，

$$\frac{\mathrm{d}f(x(t))}{\mathrm{d}t} = (f'(x(t)), x'(t)) = -(f'(x(t)), F(x(t)))$$

$$\leqslant -\|f'(x(t))\|^2, \forall t \in [0, \eta), \tag{8.28}$$

故在 $[0, \eta)$ 上，$f(x(t))$ 是单调减函数． ■

第 9 章 临界点理论及应用

9.1 能量泛函与临界点

在本章中均假定 $n>2$. Ω 是 $\mathbf{R}^n$ 中有界区域.

命题 9.1 设 $f\in L^2(\Omega)$，定义 $W_0^{1,2}(\Omega)$ 上的泛函（称为能量泛函）

$$I(u)=\frac{1}{2}\int_\Omega |Du|^2\mathrm{d}x-\int_\Omega fu\mathrm{d}x,\ \forall u\in W_0^{1,2}(\Omega),\qquad (9.1)$$

则 $I\in C^1(W_0^{1,2}(\Omega),\mathbf{R}^1)$，且 $(I'(u),v)=\int_\Omega (Du\cdot Dv-fv)\mathrm{d}x,\ u,v\in W_0^{1,2}(\Omega)$.

证明 $\forall u,v\in W_0^{1,2}(\Omega)$，

$$I(u+v)=\frac{1}{2}\int_\Omega |Du+Dv|^2\mathrm{d}x-\int_\Omega f(u+v)\mathrm{d}x$$

$$=I(u)+\int_\Omega (Du\cdot Dv-fv)\mathrm{d}x+\frac{1}{2}\int_\Omega |Dv|^2\mathrm{d}x.$$

记 $(A(u),v)=\int_\Omega (Du\cdot Dv-fv)\mathrm{d}x,\ \omega(u,v)=\frac{1}{2}\int_\Omega |Dv|^2\mathrm{d}x$. 易见 $A(u)$ 是 $W_0^{1,2}(\Omega)$ 上的线性泛函. 由内积的 Schwarz 不等式和 Friedrichs 不等式得

$$|(A(u),v)|=|[u,v]-(f,v)_2|\leqslant \|u\|_{1,2}\|v\|_{1,2}+\|f\|_2\|v\|_2$$

$$\leqslant (\|u\|_{1,2}+\sqrt{C_1}\|f\|_2)\|v\|_{1,2}.$$

可见 $A(u)\in H^{-1}(\Omega)$，而 $\omega(u,v)=\frac{1}{2}\|v\|_{1,2}^2=o(\|v\|_{1,2})$，于是 I 对任意 $u\in W_0^{1,2}(\Omega)$ 是 F 可微的，且 $I'(u)=A(u)$.

设 $\{u_n\}\subset W_0^{1,2}(\Omega)$，如果 $\|u_n-u\|_{1,2}\to 0$，则

$$\|I'(u_n)-I'(u)\|=\sup_{\|v\|_{1,2}=1}|(I'(u_n)-I'(u),v)|$$

$$=\sup_{\|v\|_{1,2}=1}\left|\int_\Omega (Du_n-Du)\cdot Dv\mathrm{d}x\right|$$

$$=\sup_{\|v\|_{1,2}=1}|[u_n-u,v]|$$

$$\leqslant \|u_n-u\|_{1,2}\to 0,$$

所以 $I'(u)$ 关于 u 连续. ∎

引理 9.1　设 $f \in C(\overline{\Omega} \times \mathbf{R}^1, \mathbf{R}^1)$，存在常数 $r, s \geqslant 1$ 和 $a_1, a_2 \geqslant 0$，使得 f 满足增长型条件

$$|f(x, \xi)| \leqslant a_1 + a_2 |\xi|^{\frac{r}{s}}, \quad \forall (x, \xi) \in \overline{\Omega} \times \mathbf{R}^1. \tag{9.2}$$

定义算子 B 为 $(Bu)(x) = f(x, u(x))$，$\forall u \in L^r(\Omega)$，则 $B \in C(L^r(\Omega), L^s(\Omega))$，且 B 是有界算子.

证明　在例 1.3 中可知，当 $a, b \geqslant 0, p \geqslant 1$ 时，有不等式

$$(a + b)^p \leqslant 2^{p-1}(a^p + b^p). \tag{9.3}$$

如果 $u \in L^r(\Omega)$，则根据 (9.2) 式和 (9.3) 式

$$\int_\Omega |f(x, u(x))|^s \mathrm{d}x \leqslant \int_\Omega (a_1 + a_2 |u(x)|^{\frac{r}{s}})^s \mathrm{d}x$$

$$\leqslant 2^{s-1} \int_\Omega (a_1^s + a_2^s |u(x)|^r) \mathrm{d}x \leqslant a_3 \int_\Omega (1 + |u(x)|^r) \mathrm{d}x,$$

其中 a_3 为正常数. 故 $B: L^r(\Omega) \to L^s(\Omega)$，且 B 是有界算子. 下证 B 是连续的.

若 B 在 $u_0 \in L^r(\Omega)$ 处不连续，则存在 $\varepsilon_0 > 0$ 及 $\{u_n\} \subset L^r(\Omega)$，使得

$$\|u_n - u_0\|_r \to 0, \tag{9.4}$$

$$\|Bu_n - Bu_0\|_s \geqslant \varepsilon_0, \tag{9.5}$$

由 (9.4) 式，不妨设 $u_n(x) \overset{\text{a. e.}}{\to} u_0(x)$. 令

$$f_n(x) = f(x, u_n(x)), \quad g_n(x) = a_1 + a_2 |u_n(x)|^{\frac{r}{s}} \quad (n = 0, 1, 2, \cdots),$$

则

$$f_n(x) \overset{\text{a. e.}}{\to} f_0(x), \ g_n(x) \overset{\text{a. e.}}{\to} g_0(x), |f_n(x)| \overset{\text{a. e.}}{\leqslant} |g_n(x)| \quad (n = 0, 1, 2, \cdots). \tag{9.6}$$

根据 Fatou 引理

$$2 \int_\Omega |u_0|^r \mathrm{d}x = \int_\Omega \varliminf_{n \to \infty} (|u_n|^r + |u_0|^r - \|u_n|^r - |u_0|^r|) \mathrm{d}x$$

$$\leqslant \varliminf_{n \to \infty} \int_\Omega (|u_n|^r + |u_0|^r - \|u_n|^r - |u_0|^r|) \mathrm{d}x.$$

由 (9.4) 式得，$2 \int_\Omega |u_0|^r \mathrm{d}x \leqslant 2 \int_\Omega |u_0|^r \mathrm{d}x - \varlimsup_{n \to \infty} \int_\Omega \|u_n|^r - |u_0|^r| \mathrm{d}x$，于是 $\lim\limits_{n \to \infty} \int_\Omega \|u_n|^r - |u_0|^r| \mathrm{d}x = 0$. 由不等式 $(a - b)^r \leqslant a^r - b^r$，$\forall a \geqslant b \geqslant 0, r \geqslant 1$ 可得

$$\int_\Omega |g_n - g_0|^s \mathrm{d}x = a_2^s \int_\Omega \||u_n|^{\frac{r}{s}} - |u_0|^{\frac{r}{s}}|^s \mathrm{d}x \leqslant a_2^s \int_\Omega \||u_n|^r - |u_0|^r| \mathrm{d}x \to 0,$$

因此

$$\int_\Omega |g_n|^s \mathrm{d}x \to \int_\Omega |g_0|^s \mathrm{d}x, \tag{9.7}$$

$$|f_n-f_0|^s \leqslant 2^{s-1}(|f_n|^s+|f_0|^s) \overset{a.e.}{\leqslant} 2^{s-1}(|g_n|^s+|g_0|^s).$$

再由 Fatou 引理,(9.6)式和(9.7)式得

$$2^s\int_\Omega |g_0|^s dx = \int_\Omega \varliminf_{n\to\infty}(2^{s-1}(|g_n|^s+|g_0|^s)-|f_n-f_0|^s)dx$$

$$\leqslant \varliminf_{n\to\infty}\int_\Omega (2^{s-1}(|g_n|^s+|g_0|^s)-|f_n-f_0|^s)dx$$

$$\leqslant 2^s\int_\Omega |g_0|^s dx - \varlimsup_{n\to\infty}\int_\Omega |f_n-f_0|^s dx.$$

于是 $\lim\limits_{n\to\infty}\int_\Omega |f_n-f_0|^s dx=0$,即 $\|Bu_n-Bu_0\|_s\to 0$,与(9.5)式矛盾. 所以 B 是连续的. ■

命题 9.2　设 $f\in C(\overline{\Omega}\times \mathbf{R}^1, \mathbf{R}^1)$,且满足增长型条件

$$|f(x,\xi)| \leqslant a_1 + a_2|\xi|^r, \quad \forall (x,\xi)\in \overline{\Omega}\times \mathbf{R}^1, \tag{9.8}$$

其中 $0<r\leqslant\dfrac{n+2}{n-2}, a_1, a_2>0$ 为常数. 记 $F(x,\xi)=\displaystyle\int_0^\xi f(x,t)dt$,定义泛函

$$J(u)=\int_\Omega F(x,u(x))dx, \quad \forall u\in W_0^{1,2}(\Omega), \tag{9.9}$$

则 $J\in C^1(W_0^{1,2}(\Omega),\mathbf{R}^1)$,且

$$(J'(u),v)=\int_\Omega f(x,u(x))v(x)dx, \quad \forall u,v\in W_0^{1,2}(\Omega). \tag{9.10}$$

另外,当 $0<r<\dfrac{n+2}{n-2}$ 时,则 $J':W_0^{1,2}(\Omega)\to H^{-1}(\Omega)$ 是紧算子,且 J 是弱连续的,

即如果 $\{u_n\}\subset W_0^{1,2}(\Omega), u_0\in W_0^{1,2}(\Omega), u_n \overset{w}{\to} u_0$,那么 $J(u_n)\to J(u_0)$.

证明　(1) 首先说明(9.9)式和(9.10)式有意义.

当 $u\in W_0^{1,2}(\Omega)$ 时,由 (9.8) 式知, $|F(x,u(x))| \leqslant a_1|u(x)| + \dfrac{a_2}{r+1}|u(x)|^{r+1}$. 根据嵌入定理, $W_0^{1,2}(\Omega)\subset L^{r+1}(\Omega)\subset L^1(\Omega)$,故 J 有意义.

当 $u\in W_0^{1,2}(\Omega)$ 时,由条件(9.8)式和引理 9.1 以及 $W_0^{1,2}(\Omega)\subset L^{r+1}(\Omega)$ 知

$$Bu\in L^{\frac{r+1}{r}}(\Omega), \tag{9.11}$$

其中 $(Bu)(x)=f(x,u(x))$. 再由 Young 不等式(1.2),

$$|f(x,u(x))v(x)| \leqslant \frac{r}{r+1}|f(x,u(x))|^{\frac{r+1}{r}} + \frac{1}{r+1}|v(x)|^{r+1}, \quad \forall v\in W_0^{1,2}(\Omega),$$

故(9.10)式有意义.

$\forall v\in W_0^{1,2}(\Omega)$,由 Hölder 不等式和嵌入定理,

$$\left| \int_{\Omega} f(x,u(x))v(x)\mathrm{d}x \right| \leqslant \left(\int_{\Omega} |f(x,u(x))|^{\frac{r+1}{r}}\mathrm{d}x \right)^{\frac{r}{r+1}} \|v\|_{r+1}$$

$$\leqslant \left(\int_{\Omega} |f(x,u(x))|^{\frac{r+1}{r}}\mathrm{d}x \right)^{\frac{r}{r+1}} C\|v\|_{1,2},$$

其中 $C>0$ 为常数. 可见(9.10)式定义了 $W_0^{1,2}(\Omega)$ 上的有界线性泛函.

(2) 证明 J 对任意 $u \in W_0^{1,2}(\Omega)$ 是 F 可微的.

$$\frac{1}{t}(J(u+tv)-J(u)) = \int_{\Omega} \frac{1}{t}(F(x,u+tv)-F(x,u))\mathrm{d}x$$

$$= \int_{\Omega} f(x,u+\theta tv)v\mathrm{d}x, \quad \forall v \in W_0^{1,2}(\Omega), \qquad (9.12)$$

其中 $0 \leqslant \theta = \theta(x,u(x),tv(x)) \leqslant 1$.

当 $|t| \leqslant 1$ 时，由(9.8)式，Young 不等式和(9.3)式得

$$|f(x,u+\theta tv)v|$$

$$\leqslant (a_1 + a_2|u+\theta tv|^r)|v|$$

$$\leqslant \frac{r}{r+1}(a_1 + a_2|u+\theta tv|^r)^{\frac{r+1}{r}} + \frac{1}{r+1}|v|^{r+1}$$

$$\leqslant \frac{2^{\frac{1}{r}}r}{r+1}(a_1^{\frac{r+1}{r}} + a_2^{\frac{r+1}{r}}|u+\theta tv|^{r+1}) + \frac{1}{r+1}|v|^{r+1}$$

$$\leqslant \frac{2^{\frac{1}{r}}r}{r+1}(a_1^{\frac{r+1}{r}} + a_2^{\frac{r+1}{r}}2^r(|u|^{r+1} + |v|^{r+1})) + \frac{1}{r+1}|v|^{r+1}.$$

根据 Lebesgue 控制收敛定理，由(9.12)式得

$$\lim_{t \to 0} \frac{J(u+tv)-J(u)}{t} = \int_{\Omega} f(x,u)v\mathrm{d}x,$$

因此 J 在 u 处 G 可微，即存在 $A(u) \in H^{-1}(\Omega)$，使得 $(A(u),v) = \int_{\Omega} f(x,u)v\mathrm{d}x$.

下证 $A(u)$ 关于 u 连续.

$\forall v,w \in W_0^{1,2}(\Omega)$，由(9.11)式，Hölder 不等式和嵌入定理，

$$|(A(u)-A(v),w)|$$

$$= \left| \int_{\Omega} (f(x,u)-f(x,v))w\mathrm{d}x \right|$$

$$\leqslant \int_{\Omega} |Bu-Bv||w|\mathrm{d}x \leqslant \|Bu-Bv\|_{\frac{r+1}{r}}\|w\|_{r+1} \leqslant C\|Bu-Bv\|_{\frac{r+1}{r}}\|w\|_{1,2},$$

其中 $C>0$ 为常数. 故

$$\|A(u)-A(v)\| \leqslant C\|Bu-Bv\|_{\frac{r+1}{r}}. \qquad (9.13)$$

根据引理 9.1，$B \in C(L^{r+1}(\Omega), L^{\frac{r+1}{r}}(\Omega))$. 而由嵌入定理 $W_0^{1,2}(\Omega) \subseteq L^{r+1}(\Omega)$，

于是可知 $A: W_0^{1,2}(\Omega) \to H^{-1}(\Omega)$ 连续，即 $A(u)$ 关于 u 连续. 由定理 8.5，$J \in C^1(W_0^{1,2}(\Omega), \mathbf{R}^1)$，且 $J'(u) = A(u)$.

(3) 当 $0 < r < \dfrac{n+2}{n-2}$ 时，$W_0^{1,2}(\Omega) \subset\subset L^{r+1}(\Omega)$. 设 $\{u_n\}$ 是 $W_0^{1,2}(\Omega)$ 中的有界点列，不妨设 $\{u_n\}$ 在 $L^{r+1}(\Omega)$ 中收敛. 因此, 由 (9.13) 式及 B 连续，

$$\|A(u_n) - A(u_m)\| \leqslant C\|Bu_n - Bu_m\|_{\frac{r+1}{r}} \to 0 (m, n \to \infty),$$

所以 $A = J': W_0^{1,2}(\Omega) \to H^{-1}(\Omega)$ 是紧算子.

设 $\{u_n\} \subset W_0^{1,2}(\Omega)$，$u_0 \in W_0^{1,2}(\Omega)$，$u_n \overset{w}{\to} u_0$，下证 $J(u_n) \to J(u_0)$. 如若不然，存在 $\varepsilon_0 > 0$，以及子列 $\{u_{n_k}\}$ 使得

$$|J(u_{n_k}) - J(u_0)| \geqslant \varepsilon_0. \tag{9.14}$$

由定理 8.1，存在 $0 \leqslant \theta_k \leqslant 1$，使得

$$J(u_{n_k}) - J(u_0) = (J'(u_0 + \theta_k(u_{n_k} - u_0)), u_{n_k} - u_0). \tag{9.15}$$

记 $v_k = u_0 + \theta_k(u_{n_k} - u_0)$. 因为 $\{u_n\}$ 有界，存在常数 $M > 0$，有 $\|u_n\|_{1,2} \leqslant M (n = 0, 1, 2, \cdots)$，故 $\{v_k\}$ 有界. 而 J' 是紧算子，不妨设 $J'(v_k) \to \varphi \in H^{-1}(\Omega)$，于是

$$|(J'(v_k), u_{n_k} - u_0)| = |(J'(v_k) - \varphi, u_{n_k} - u_0) + (\varphi, u_{n_k} - u_0)|$$
$$\leqslant 2M\|J'(v_k) - \varphi\| + |(\varphi, u_{n_k}) - (\varphi, u_0)| \to 0.$$

从而由 (9.15) 式知，$J(u_{n_k}) \to J(u_0)$，与 (9.14) 式矛盾. ∎

命题 9.3 设 $f \in C(\overline{\Omega} \times \mathbf{R}^1, \mathbf{R}^1)$，且满足增长型条件 (9.8). 定义泛函

$$I(u) = \frac{1}{2} \int_\Omega |Du|^2 dx - \int_\Omega F(x, u(x)) dx, \quad \forall u \in W_0^{1,2}(\Omega), \tag{9.16}$$

则 $I \in C^1(W_0^{1,2}(\Omega), \mathbf{R}^1)$，且

$$(I'(u), v) = \int_\Omega (Du \cdot Dv - f(x, u(x)) v(x)) dx$$
$$= [u, v] - (J'(u), v), \forall u, v \in W_0^{1,2}(\Omega).$$

另外，当 $0 < r < \dfrac{n+2}{n-2}$ 时，如果 $\{u_n\} \subset W_0^{1,2}(\Omega)$ 有界，$I'(u_n) \to \theta$，则 $\{u_n\}$ 是列紧集.

证明 我们只需证明最后一个结论.

因为 $\{u_n\} \subset W_0^{1,2}(\Omega)$ 有界，于是存在常数 $M > 0$，使得 $\|u_n\|_{1,2} \leqslant M (n = 1, 2, \cdots)$. 由命题 9.2 知，$J': W_0^{1,2}(\Omega) \to H^{-1}(\Omega)$ 是紧算子，不妨设 $J'(u_n)$ 收敛. 因为

$$(I'(u_m) - I'(u_n), u_m - u_n) = \int_\Omega |D(u_m - u_n)|^2 dx - (J'(u_m) - J'(u_n), u_m - u_n),$$

所以

$$\|u_m - u_n\|^2_{1,2}$$

$$= \int_\Omega |D(u_m - u_n)|^2 dx$$

$$\leqslant (\|I'(u_m)\| + \|I'(u_n)\|)\|u_m - u_n\|_{1,2} + \|J'(u_m) - J'(u_n)\|\|u_m - u_n\|_{1,2}$$

$$\leqslant 2M(\|I'(u_m)\| + \|I'(u_n)\| + \|J'(u_m) - J'(u_n)\|) \to 0 (n, m \to \infty),$$

从而 $\{u_n\}$ 收敛. ∎

考虑半线性椭圆方程 Dirichlet 问题

$$\begin{cases} -\Delta u = f(x, u(x)), & x \in \Omega, \\ u(x) = 0, & x \in \partial\Omega. \end{cases} \tag{9.17}$$

定义 9.1 设 $f \in C(\overline{\Omega} \times \mathbf{R}^1, \mathbf{R}^1)$. 如果 $u \in B_0^2$，并且满足 $-\Delta u = f(x, u(x))$，$\forall x \in \Omega$，则称 u 是问题(9.17)的**古典解**. 如果 $u \in W_0^{1,2}(\Omega)$，满足

$$\int_\Omega (Du \cdot Dv - f(x, u(x))v(x)) dx = 0, \forall v \in W_0^{1,2}(\Omega),$$

(当 $I \in C^1(W_0^{1,2}(\Omega), \mathbf{R}^1)$ 时即 $I'(u) = \theta$)，则称 u 是问题(9.17)的**弱解**.

命题 9.4 设 Ω 是具有充分光滑的边界$\partial\Omega$，$f \in C(\overline{\Omega} \times \mathbf{R}^1, \mathbf{R}^1)$，如果 u_0 是问题(9.17)的古典解，则 u_0 是问题(9.17)的弱解.

证明 显然 u_0 是

$$\begin{cases} -\Delta u = f(x, u_0(x)), & x \in \Omega, \\ u(x) = 0, & x \in \partial\Omega \end{cases} \tag{9.18}$$

的古典解，于是由命题 7.8，u_0 是(9.18)式的弱解，即

$$\int_\Omega (Du_0 \cdot Dv - f(x, u_0(x))v(x)) dx = 0, \forall v \in W_0^{1,2}(\Omega),$$

从而 u_0 是问题(9.17)的弱解. ∎

定义 9.2 设 X 是实赋范线性空间，泛函 $I: X \to \mathbf{R}^1$ 是 G 可微的. 如果 $u \in X$，使得 $dI(u) = \theta$，即 $(dI(u), v) = 0$，$\forall v \in X$，则称 u 为泛函 I 的**临界点**，对应于临界点 u 的值 $I(u)$ 称为 I 的**临界值**.

根据定义 7.3 和命题 9.1，$u \in W_0^{1,2}(\Omega)$ 是 Poisson 方程 Dirichlet 问题(7.3)的弱解等价于 u 是泛函(9.1)的临界点. 根据定义 9.1 知，如果 f 满足增长型条件(9.8)式，$u \in W_0^{1,2}(\Omega)$ 是半线性椭圆方程 Dirichlet 问题(9.17)的弱解等价于 u 是泛函(9.16)的临界点.

【注】 设 $f \in C(\overline{\Omega} \times \mathbf{R}^1, \mathbf{R}^1)$，且满足增长型条件(9.8)，其中 $0 < r < \dfrac{n+2}{n-2}$，定义 $(Bu)(x) = f(x, u(x))$，$\forall u \in W_0^{1,2}(\Omega)$. 令 $q = r+1$，$q' = \dfrac{r+1}{r}$，于是 $\dfrac{1}{q} +$

$\dfrac{1}{q}=1$，并且 $q\in(1,2^*)$，$W_0^{1,2}(\Omega)\underset{\longrightarrow}{\subset}L^q(\Omega)$，$L^{q'}(\Omega)\underset{\longrightarrow}{\subset}H^{-1}(\Omega)$．根据引理 9.1，$B\in C(L^q(\Omega),L^{q'}(\Omega))$ 是有界算子．

如果 $u_0\in W_0^{1,2}(\Omega)$ 是问题(9.17)的弱解，根据定理 7.4，问题(9.18)存在唯一弱解，故 $(-\Delta)^{-1}Bu_0=u_0$，即 u_0 是算子 $(-\Delta)^{-1}B:W_0^{1,2}(\Omega)\rightarrow W_0^{1,2}(\Omega)$ 的不动点．反之，如果 $u_0\in W_0^{1,2}(\Omega)$ 是 $(-\Delta)^{-1}B$ 的不动点，根据 $(-\Delta)^{-1}$ 的定义，知 u_0 是问题(9.18)的弱解，从而是问题(9.17)的弱解．从定理 7.5 的证明可知 $(-\Delta)^{-1}:L^{q'}(\Omega)\rightarrow W_0^{1,2}(\Omega)$ 是紧线性算子，因此，问题(9.17)的弱解等价于紧算子 $(-\Delta)^{-1}B:W_0^{1,2}(\Omega)\rightarrow W_0^{1,2}(\Omega)$ 的不动点．此时对于(9.16)式定义的泛函 I，由命题 9.3 知，$I'(u)\in H^{-1}(\Omega)$，$\forall u\in W_0^{1,2}(\Omega)$．于是由命题 9.3 以及 $(-\Delta)^{-1}$ 的定义，$\forall u,v\in W_0^{1,2}(\Omega)$，

$$[u-(-\Delta)^{-1}I'(u),v]=[u,v]-(I'(u),v)$$
$$=\int_\Omega Du\cdot Dvdx-\int_\Omega(Du\cdot Dv-f(x,u(x))v(x))\mathrm{d}x$$
$$=(Bu,v)=[(-\Delta)^{-1}Bu,v],$$

从而 $u-(-\Delta)^{-1}I'(u)=(-\Delta)^{-1}Bu$，根据 $(-\Delta)^{-1}$ 的定义可知，泛函 I 的临界点等价于紧算子 $(-\Delta)^{-1}B:W_0^{1,2}(\Omega)\rightarrow W_0^{1,2}(\Omega)$ 的不动点．这从另一方面说明，$u\in W_0^{1,2}(\Omega)$ 是问题(9.17)的弱解等价于 u 是泛函(9.16)的临界点．

9.2　山路定理及其应用

定义 9.3　设 X 是实 Banach 空间，泛函 $I\in C^1(X,\mathbf{R}^1)$，如果满足条件 $\{I(u_n)\}$ 有界，$I'(u_n)\rightarrow\theta$ 的序列 $\{u_n\}\subset X$ 都是列紧集，则称泛函 I 满足 Palais-Smale 条件(简称(PS)条件)．

定理 9.1(山路定理)　设 X 是实 Banach 空间．泛函 $I\in C^1(X,\mathbf{R}^1)$ 满足(PS)条件．如果

(i) 存在正常数 r 和 α，使得当 $\|x\|=r$ 时，$I(x)\geqslant\alpha$，且 $I(\theta)<\alpha$；

(ii) 存在 $x_0\in X$，使得 $\|x_0\|>r$，且 $I(x_0)<\alpha$．

记 $c=\inf\limits_{h\in\Gamma}\max\limits_{t\in[0,1]}I(h(t))$，其中 $\Gamma=\{h\in C([0,1],X)\,|\,h(0)=\theta,h(1)=x_0\}$，则 I 存在临界点 $x^*\in X$，即 $I'(x^*)=\theta$，且 $I(x^*)=c\geqslant\alpha$．

证明　(1) 在 $C([0,1],X)$ 中定义范数 $\|h\|=\max\limits_{t\in[0,1]}\|h(t)\|$，$\forall h\in C([0,1],X)$．易证 $C([0,1],X)$ 是 Banach 空间，且 Γ 是闭集．

定义泛函 $F:\Gamma\rightarrow\mathbf{R}^1$ 为 $F(h)=\max\limits_{t\in[0,1]}I(h(t))$，$\forall h\in\Gamma$．显然

$$\alpha\leqslant\inf\limits_{\|x\|=r}I(x)\leqslant\max\limits_{t\in[0,1]}I(h(t))=F(h),\quad\forall h\in\Gamma,$$

故

$$\alpha \leqslant \inf_{h \in \Gamma} \max_{t \in [0,1]} I(h(t)) = \inf_{h \in \Gamma} F(h) = c < +\infty. \ \ 令 \ d = \max\{I(\theta), I(x_0)\},$$

则 $d < \alpha \leqslant c$.

下证 F 是下半连续的.

设 $\{h_n\} \subset \Gamma$, $h_0 \in \Gamma$, $h_n \to h_0$. 取 $t_0 \in [0,1]$ 使得 $I(h_0(t_0)) = \max\limits_{t \in [0,1]} I(h_0(t))$. 因为 I 连续, 则 $\forall \varepsilon > 0$, 存在 $\delta > 0$, 使得当 $x \in X$, $\|x - h_0(t_0)\| < \delta$ 时, $|I(x) - I(h_0(t_0))| < \varepsilon$. 而存在正整数 N, 当 $n > N$ 时, $\|h_n - h_0\| = \max\limits_{t \in [0,1]} \|h_n(t) - h_0(t)\| < \delta$, 故

$$\|h_n(t_0) - h_0(t_0)\| < \delta,$$

因此 $I(h_0(t_0)) - I(h_n(t_0)) < \varepsilon$. 此时

$$F(h_0) - F(h_n) = I(h_0(t_0)) - \max_{t \in [0,1]} I(h_n(t_0)) \leqslant I(h_0(t_0)) - I(h_n(t_0)) < \varepsilon,$$

于是 $F(h_0) < F(h_n) + \varepsilon$, 故 $F(h_0) \leqslant \varliminf\limits_{n \to \infty} F(h_n) + \varepsilon$, 由 ε 的任意性, $F(h_0) \leqslant \varliminf\limits_{n \to \infty} F(h_n)$.

(2) 取 $\varepsilon > 0$, 使得 $\varepsilon < c - d$. 根据下确界的定义, 存在 $h_\varepsilon \in \Gamma$ 使得 $c \leqslant F(h_\varepsilon) < c + \varepsilon$. 由 Ekeland 变分原理 (在其中取 $\tau = \varepsilon^{\frac{1}{2}}$), 存在 $\overline{h}_\varepsilon \in \Gamma$, 使得 $F(\overline{h}_\varepsilon) \leqslant F(h_\varepsilon)$, $\|\overline{h}_\varepsilon - h_\varepsilon\| \leqslant \varepsilon^{\frac{1}{2}}$, 并且

$$F(\overline{h}_\varepsilon) < F(h) + \varepsilon^{\frac{1}{2}} \|\overline{h}_\varepsilon - h\|, \ \ \forall h \in \Gamma, \ h \neq \overline{h}_\varepsilon. \tag{9.19}$$

(3) 令 $S = \{t \in [0,1] \mid c - \varepsilon \leqslant I(\overline{h}_\varepsilon(t))\}$, 由

$$c = \inf_{h \in \Gamma} F(h) \leqslant F(\overline{h}_\varepsilon) = \max_{t \in [0,1]} I(\overline{h}_\varepsilon(t)),$$

可知 S 非空. 因为 $\overline{h}_\varepsilon(0) = \theta$, $I(\theta) \leqslant d$, 而 $d < c - \varepsilon$, 所以 $0 \notin S$. 根据 I 和 $\overline{h}_\varepsilon$ 的连续性, 知 S 是紧集.

(4) 断言: 存在 $t_\varepsilon \in S$, 使得

$$\|I'(\overline{h}_\varepsilon(t_\varepsilon))\| \leqslant \varepsilon^{\frac{1}{2}}. \tag{9.20}$$

如若不然, $\|I'(\overline{h}_\varepsilon(t))\| > \varepsilon^{\frac{1}{2}}$, $\forall t \in S$. 因为 $\|I'(\overline{h}_\varepsilon(t))\| = \sup\limits_{\|x\|=1} (I'(\overline{h}_\varepsilon(t)), x)$ (参见问题 3.3), 所以存在 $x_t \in X$, 使得 $\|x_t\| = 1$, 且

$$(I'(\overline{h}_\varepsilon(t)), -x_t) > \varepsilon^{\frac{1}{2}}. \tag{9.21}$$

下一步构造 $h_0 \in \Gamma$, $h_0 \neq \overline{h}_\varepsilon$, 但是

$$F(\overline{h}_\varepsilon) \geqslant F(h_0) + \varepsilon^{\frac{1}{2}} \|\overline{h}_\varepsilon - h_0\|, \tag{9.22}$$

这与 (9.19) 式矛盾.

(5) 因为 I' 在 X 上连续, 由 (9.21) 式知, $\forall t \in S$, 存在常数 $\beta_t > 0$ 和开区间 J_t, 使得当 $s \in J_t$, $\|x\| \leqslant \beta_t$ 时,

$$(I'(\overline{h}_\varepsilon(s)+x), -x_t) > \varepsilon^{\frac{1}{2}}. \tag{9.23}$$

因为 $0 \notin S$，则 $\forall t \in S$，可取 J_t 使得 $0 \notin J_t$，且 $[0,1] \backslash J_t$ 是非空闭集.

显然开区间族 $\{J_t\}$ 覆盖紧集 S，于是存在有限覆盖，记作 $\{J_{t_1}, J_{t_2}, \cdots, J_{t_m}\}$.

因此若 $t \in \bigcup_{k=1}^{m} J_{t_k}$，则有 $\sum_{k=1}^{m} \rho(t, [0,1] \backslash J_{t_k}) > 0$，其中 ρ 表示距离.

令 $S_1 = \{t \in [0,1] \mid c \leqslant I(\overline{h}_\varepsilon(t))\} \subset S$，$S_2 = \{t \in [0,1] \mid I(\overline{h}_\varepsilon(t)) \leqslant c - \varepsilon\}$. 由 I 和 $\overline{h}_\varepsilon$ 连续可知，S_1 和 S_2 是 $[0,1]$ 中互不相交的非空闭子集（因 $I(\overline{h}_\varepsilon(0)) \leqslant d < c - \varepsilon$，$0 \in S_2$）.

定义 $\varphi(t) = \begin{cases} 1, & t \in S_1, \\ 0, & t \in S_2. \end{cases}$ 根据 Tietze 扩张定理（见参考文献[1]），φ 可以延拓为 $\varphi: [0,1] \rightarrow [0,1]$，且连续. 对 $j = 1, 2, \cdots, m$，定义 $\varphi_j: [0,1] \rightarrow \mathbf{R}^1$ 为

$$\varphi_j(t) = \begin{cases} \dfrac{\rho(t, [0,1] \backslash J_{t_j})}{\sum\limits_{k=1}^{m} \rho(t, [0,1] \backslash J_{t_k})}, & t \in [0,1] \cap (\bigcup\limits_{k=1}^{m} J_{t_k}), \\[2em] 0, & t \in [0,1] \backslash (\bigcup\limits_{k=1}^{m} J_{t_k}). \end{cases}$$

易见 φ_j 在 $[0,1]$ 上连续，且 $\forall t \in [0,1]$，$\sum_{j=1}^{m} \varphi_j(t) \leqslant 1$；当 $t \notin J_{t_j}$ 时，$\varphi_j(t) = 0$.

取 $\beta = \min(\beta_{t_1}, \beta_{t_2}, \cdots, \beta_{t_m})$，定义

$$h_0(t) = \overline{h}_\varepsilon(t) + \beta \varphi(t) \sum_{j=1}^{m} \varphi_j(t) x_{t_j}, \tag{9.24}$$

显然 $h_0 \in C([0,1], X)$.

因为 $I(\theta) \leqslant d$，$I(x_0) \leqslant d$，$d < c - \varepsilon$，故 $\varphi(0) = \varphi(1) = 0$. 从而 $h_0(0) = \overline{h}_\varepsilon(0) = \theta$，$h_0(1) = \overline{h}_\varepsilon(1) = x_0$，即 $h_0 \in \Gamma$. 易见 $h_0(t) \neq \overline{h}_\varepsilon(t)$，$\forall t \in S_1 \subset S$，于是 $h_0 \neq \overline{h}_\varepsilon$.

下证 h_0 满足 (9.22) 式. 令 $\psi(\tau) = I(\overline{h}_\varepsilon(t) + \tau(h_0(t) - \overline{h}_\varepsilon(t)))$，$\forall \tau \in \mathbf{R}^1$. 由 Lagrange 中值定理，存在 $\tau_0 \in (0,1)$ 使得 $\psi(1) - \psi(0) = \psi'(\tau_0)$，即

$$I(h_0(t)) - I(\overline{h}_\varepsilon(t)) = I'(\overline{h}_\varepsilon(t) + \tau_0(h_0(t) - \overline{h}_\varepsilon(t)), h_0(t) - \overline{h}_\varepsilon(t)).$$

$$\tag{9.25}$$

由 (9.24) 式及 $\|x_{t_j}\| = 1$，有

$$\|h_0(t) - \overline{h}_\varepsilon(t)\| \leqslant \beta \sum_{j=1}^{m} \varphi_j(t) \|x_{t_j}\| \leqslant \beta \leqslant \beta_{t_k}, \quad (k = 1, 2, \cdots, m). \tag{9.26}$$

若 $t \in S$，则存在 $1 \leqslant k \leqslant m$，使得 $t \in J_{t_k}$. 于是根据 (9.25)、(9.24)、(9.26) 和 (9.23) 四式有

$$I(h_0(t)) - I(\overline{h}_\varepsilon(t)) = \beta\varphi(t) \sum_{j=1}^m \varphi_j(t)(I'(\overline{h}_\varepsilon(t) + \tau_0(h_0(t) - \overline{h}_\varepsilon(t))), x_{t_j})$$

$$\leqslant \beta\varphi(t) \sum_{j=1}^m \varphi_j(t)(-\varepsilon^{\frac{1}{2}}) \leqslant -\varepsilon^{\frac{1}{2}}\beta\varphi(t), \forall t \in S. \quad (9.27)$$

若 $t \in [0,1] \backslash S$，则 $I(\overline{h}_\varepsilon(t)) < c - \varepsilon$，$t \in S_2$. 于是 $\varphi(t) = 0$，故 $h_0(t) = \overline{h}_\varepsilon(t)$. 从而

$$I(h_0(t)) - I(\overline{h}_\varepsilon(t)) = 0, \quad \forall t \in [0,1] \backslash S. \quad (9.28)$$

由(9.27)和(9.28)两式知

$$I(\overline{h}_\varepsilon(t)) \geqslant I(h_0(t)), \quad \forall t \in [0,1]. \quad (9.29)$$

与步骤(1)相同，取 $t_0 \in [0,1]$，使得

$$I(h_0(t_0)) = \max_{t \in [0,1]} I(h_0(t)) = F(h_0).$$

因为 $h_0 \in \Gamma$，$c = \inf_{h \in \Gamma} F(h)$. 于是由(9.29)式，

$$I(\overline{h}_\varepsilon(t_0)) \geqslant I(h_0(t_0)) = F(h_0) \geqslant c,$$

因此 $t_0 \in S_1 \subset S$，$\varphi(t_0) = 1$. 由(9.27)式，

$$I(\overline{h}_\varepsilon(t_0)) \geqslant I(h_0(t_0)) + \varepsilon^{\frac{1}{2}}\beta\varphi(t_0) = I(h_0(t_0)) + \varepsilon^{\frac{1}{2}}\beta,$$

于是 $F(\overline{h}_\varepsilon) \geqslant F(h_0) + \varepsilon^{\frac{1}{2}}\beta$. 再由(9.26)式知，$\|h_0 - \overline{h}_\varepsilon\| \leqslant \beta$，所以

$$F(\overline{h}_\varepsilon) \geqslant F(h_0) + \varepsilon^{\frac{1}{2}}\|h_0 - \overline{h}_\varepsilon\|,$$

即(9.22)式成立.

(6) 由步骤(4)和(2)知

$$c - \varepsilon \leqslant I(\overline{h}_\varepsilon(t_\varepsilon)) \leqslant F(\overline{h}_\varepsilon) \leqslant F(h_\varepsilon) < c + \varepsilon. \quad (9.30)$$

取 $\varepsilon = \dfrac{1}{n}$($n$ 充分大)，$x_n = \overline{h}_{\frac{1}{n}}(t_{\frac{1}{n}})$，由(9.20)与(9.30)两式知

$$\|I'(x_n)\| \leqslant n^{-\frac{1}{2}}, \quad c - \frac{1}{n} \leqslant I(x_n) < c + \frac{1}{n}. \quad (9.31)$$

根据(PS)条件，不妨设 $x_n \to x^*$. 在(9.31)式中令 $n \to \infty$，得 $\|I'(x^*)\| = 0$，$I(x^*) = c$. ■

命题 9.5 设 $f \in C(\overline{\Omega} \times \mathbf{R}^1, \mathbf{R}^1)$，且满足增长型条件(9.8)，其中 $1 < r < \dfrac{n+2}{n-2}$. 如果存在 $0 < \mu < \dfrac{1}{2}$ 及 $M > 0$，使得

$$F(x, \xi) = \int_0^\xi f(x, t)\,\mathrm{d}t \leqslant \mu\xi f(x, \xi), \quad \forall |\xi| \geqslant M, \quad x \in \Omega, \quad (9.32)$$

且

$$\overline{\lim_{\xi \to 0}} \frac{f(x,\xi)}{\xi} < \lambda_1, \text{ 对 } x \in \Omega \text{ 一致成立}, \tag{9.33}$$

$$\underline{\lim_{\xi \to +\infty}} \frac{f(x,\xi)}{\xi} > \lambda_1, \text{ 对 } x \in \Omega \text{ 一致成立}, \tag{9.34}$$

其中 λ_1 是 $(-\Delta)$ 在零 Dirichlet 边值条件下的最小特征值，则(9.17)存在非平凡的弱解．

【注】 在命题 9.5 中，要求 f 满足指数 $1 < r < \dfrac{n+2}{n-2}$ 的增长型条件(9.8)，实际上只需 $0 < r < \dfrac{n+2}{n-2}$ 即可．这是因为在(9.8)式中，如果 $r \leqslant 1$，当 $|\xi| \leqslant 1$ 时，有

$$|f(x,\xi)| \leqslant a_1 + a_2;$$

当 $|\xi| > 1$ 时，存在 $1 < r_1 < \dfrac{n+2}{n-2}$，有

$$|f(x,\xi)| \leqslant a_1 + a_2 |\xi|^r \leqslant a_1 + a_2 |\xi|^{r_1}.$$

故 $|f(x,\xi)| \leqslant a_1 + a_2 + a_1 + a_2 |\xi|^{r_1}, \forall (x,\xi) \in \overline{\Omega} \times \mathbf{R}^1.$

证明 由命题 9.3 知，(9.16)定义的泛函 $I \in C^1(W_0^{1,2}(\Omega), \mathbf{R}^1)$．

(1) 现在证明 I 在 $W_0^{1,2}(\Omega)$ 中满足(PS)条件．设 $\{u_n\} \subset W_0^{1,2}(\Omega)$，$\{I(u_n)\}$ 有界，并且 $I'(u_n) \to \theta$．于是存在常数 $C > 0$，使得 $|I(u_n)| \leqslant C$，$\|I'(u_n)\| \leqslant C (n=1,2,\cdots)$．记

$$\Omega_n = \{x \in \Omega \mid |u_n(x)| \geqslant M\},$$

$$C_1 = \max\{\max_{x \in \overline{\Omega}, |\xi| \leqslant M} |F(x,\xi)|, \max_{x \in \overline{\Omega}, |\xi| \leqslant M} |f(x,\xi)|\},$$

则由(9.32)式得

$$C \geqslant I(u_n) = \frac{1}{2}\|u_n\|_{1,2}^2 - \int_{\Omega_n} F(x,u_n)\mathrm{d}x - \int_{\Omega \backslash \Omega_n} F(x,u_n)\mathrm{d}x$$

$$\geqslant \frac{1}{2}\|u_n\|_{1,2}^2 - \mu\int_{\Omega_n} u_n f(x,u_n)\mathrm{d}x - C_1|\Omega|$$

$$= \frac{1}{2}\|u_n\|_{1,2}^2 - \mu\int_{\Omega} u_n f(x,u_n)\mathrm{d}x + \mu\int_{\Omega \backslash \Omega_n} u_n f(x,u_n)\mathrm{d}x - C_1|\Omega|$$

$$\geqslant \frac{1}{2}\|u_n\|_{1,2}^2 - \mu\int_{\Omega} u_n f(x,u_n)\mathrm{d}x - \mu M C_1|\Omega| - C_1|\Omega|$$

$$= \left(\frac{1}{2} - \mu\right)\|u_n\|_{1,2}^2 + \mu(I'(u_n), u_n) - C_2$$

$$\geqslant \left(\frac{1}{2} - \mu\right)\|u_n\|_{1,2}^2 - \mu\|I'(u_n)\|\|u_n\|_{1,2} - C_2$$

$$\geqslant \left(\frac{1}{2}-\mu\right)\|u_n\|_{1,2}^2 - \mu C\|u_n\|_{1,2} - C_2,$$

其中 $C_2 = (\mu M+1)C_1|\Omega|$. 于是 $\{u_n\}$ 有界. 由命题 9.3 知 $\{u_n\}$ 是列紧集, 即 I 满足 (PS) 条件.

(2) 由 (9.33) 式, 存在 $0<\varepsilon_1<\lambda_1$ 及 $\delta>0$, 使得

$$\frac{f(x,\xi)}{\xi} < \lambda_1 - \varepsilon_1, \quad \forall\, 0<|\xi|<\delta, \quad x\in\Omega.$$

从而当 $0<\xi<\delta$ 时, $f(x,\xi)<(\lambda_1-\varepsilon_1)\xi$,

$$F(x,\xi) = \int_0^\xi f(x,t)\,\mathrm{d}t \leqslant \int_0^\xi (\lambda_1-\varepsilon_1)t\,\mathrm{d}t = \frac{1}{2}(\lambda_1-\varepsilon_1)\xi^2;$$

当 $-\delta<\xi<0$ 时,

$$f(x,\xi) > (\lambda_1-\varepsilon_1)\xi,$$

$$F(x,\xi) \leqslant \int_0^\xi (\lambda_1-\varepsilon_1)t\,\mathrm{d}t = \frac{1}{2}(\lambda_1-\varepsilon_1)\xi^2.$$

故

$$F(x,\xi) \leqslant \frac{1}{2}(\lambda_1-\varepsilon_1)\xi^2, \forall\,|\xi|<\delta, \quad x\in\Omega. \tag{9.35}$$

再由 (9.8) 式, 当 $|\xi|\geqslant\delta$ 时,

$$F(x,\xi) \leqslant |F(x,\xi)| \leqslant \int_0^{|\xi|}|f(x,t)|\,\mathrm{d}t \leqslant \int_0^{|\xi|}(a_1+a_2|t|^r)\,\mathrm{d}t$$

$$= a_1|\xi| + \frac{a_2}{r+1}|\xi|^{r+1}$$

$$= a_1\delta\frac{|\xi|}{\delta} + \frac{a_2}{r+1}|\xi|^{r+1} \leqslant a_1\delta\frac{|\xi|^{r+1}}{\delta^{r+1}} + \frac{a_2}{r+1}|\xi|^{r+1}$$

$$= C_3|\xi|^{r+1}, \forall\, x\in\Omega, \tag{9.36}$$

其中 $C_3 = \frac{a_1}{\delta^r} + \frac{a_2}{r+1}$. 于是由 (9.35) 和 (9.36) 两式知

$$F(x,\xi) \leqslant \frac{1}{2}(\lambda_1-\varepsilon_1)\xi^2 + C_3|\xi|^{r+1}, \forall\,(x,\xi)\in\Omega\times\mathbf{R}^1. \tag{9.37}$$

所以由 (9.37) 式, Friedrichs 不等式和嵌入定理, $\forall\, u\in W_0^{1,2}(\Omega)$,

$$I(u) \geqslant \frac{1}{2}\|u\|_{1,2}^2 - \frac{1}{2}(\lambda_1-\varepsilon_1)\int_\Omega u^2\,\mathrm{d}x - C_3\int_\Omega |u|^{r+1}\,\mathrm{d}x$$

$$= \frac{1}{2}\|u\|_{1,2}^2 - \frac{1}{2}(\lambda_1-\varepsilon_1)\|u\|_2^2 - C_3\|u\|_{r+1}^{r+1}$$

$$\geqslant \frac{1}{2}\|u\|_{1,2}^2 - \frac{1}{2}(\lambda_1-\varepsilon_1)\frac{1}{\lambda_1}\|u\|_{1,2}^2 - C_4\|u\|_{1,2}^{r+1}$$

$$= \frac{\varepsilon_1}{2\lambda_1} \| u \|_{1,2}^2 - C_4 \| u \|_{1,2}^{r+1},$$

其中 $C_4 > 0$ 为常数. 取 $\rho > 0$ 充分小, 使得 $\alpha = \frac{\varepsilon_1}{2\lambda_1}\rho^2 - C_4\rho^{r+1} > 0$, 于是当 $\| u \|_{1,2} = \rho$ 时, $I(u) \geqslant \alpha > 0$, 而 $I(\theta) = 0 < \alpha$.

(3) 设 $\varphi \in W_0^{1,2}(\Omega)$ 是 $(-\Delta)$ 在零 Dirichlet 边值条件下关于 λ_1 的特征函数, 满足 $\varphi(x) > 0$, $\forall x \in \Omega$, 且 $\| \varphi \|_2 = 1$, 于是 $\| \varphi \|_{1,2}^2 = \lambda_1$. 考虑

$$I(\tau\varphi) = \frac{1}{2}\lambda_1\tau^2 - \int_\Omega F(x, \tau\varphi)\mathrm{d}x, \quad \tau > 0.$$

由 (9.34) 式, 存在 $\varepsilon_2 > 0$ 及 $\tau_0 > 0$, 使得

$$\frac{f(x, \xi)}{\xi} > \lambda_1 + \varepsilon_2, \forall \xi > \tau_0, x \in \Omega. \tag{9.38}$$

令 $\Omega_\tau = \{ x \in \Omega \mid \tau\varphi(x) > \tau_0 \}$, 由 (9.38) 和 (9.8) 两式得

$$\int_\Omega F(x, \tau\varphi)\mathrm{d}x = \int_{\Omega_\tau} \mathrm{d}x \int_{\tau_0}^{\tau\varphi(x)} f(x, t)\mathrm{d}t + \int_{\Omega_\tau} \mathrm{d}x \int_0^{\tau_0} f(x, t)\mathrm{d}t$$

$$+ \int_{\Omega \backslash \Omega_\tau} \mathrm{d}x \int_0^{\tau\varphi(x)} f(x, t)\mathrm{d}t$$

$$\geqslant \int_{\Omega_\tau} \mathrm{d}x \int_{\tau_0}^{\tau\varphi(x)} (\lambda_1 + \varepsilon_2)t\mathrm{d}t - \int_{\Omega_\tau} \mathrm{d}x \int_0^{\tau_0} | f(x, t) | \mathrm{d}t$$

$$- \int_{\Omega \backslash \Omega_\tau} \mathrm{d}x \int_0^{\tau_0} | f(x, t) | \mathrm{d}t$$

$$= \frac{1}{2}(\lambda_1 + \varepsilon_2)\int_{\Omega_\tau} (\tau^2\varphi^2 - \tau_0^2)\mathrm{d}x - \int_\Omega \mathrm{d}x \int_0^{\tau_0} | f(x, t) | \mathrm{d}t$$

$$\geqslant \frac{1}{2}(\lambda_1 + \varepsilon_2)\left(\int_{\Omega_\tau} (\tau^2\varphi^2 - \tau_0^2)\mathrm{d}x + \int_{\Omega \backslash \Omega_\tau} (\tau^2\varphi^2 - \tau_0^2)\mathrm{d}x \right)$$

$$- \int_\Omega \mathrm{d}x \int_0^{\tau_0} (a_1 + a_2 | t |^r)\mathrm{d}t$$

$$= \frac{1}{2}(\lambda_1 + \varepsilon_2)\int_\Omega (\tau^2\varphi^2 - \tau_0^2)\mathrm{d}x - \left(a_1\tau_0 + \frac{a_2}{r+1}\tau_0^{r+1} \right) | \Omega |$$

$$= \frac{1}{2}(\lambda_1 + \varepsilon_2)\tau^2 - C_5,$$

其中 $C_5 = \left(\frac{1}{2}(\lambda_1 + \varepsilon_2)\tau_0^2 + a_1\tau_0 + \frac{a_2}{r+1}\tau_0^{r+1} \right) | \Omega |$. 所以,

$$I(\tau\varphi) \leqslant \frac{\lambda_1}{2}\tau^2 - \frac{1}{2}(\lambda_1 + \varepsilon_2)\tau^2 + C_5 = -\frac{\varepsilon_2}{2}\tau^2 + C_5 \longrightarrow -\infty (\tau \to +\infty).$$

因此, 存在 $\tau_1 > \frac{\rho}{\sqrt{\lambda_1}}$, 使得 $I(\tau_1\varphi) < \alpha$. 令 $u_0 = \tau_1\varphi$, 则 $\| u_0 \|_{1,2} = \tau_1\| \varphi \|_{1,2} > \rho$. 最

后,由山路定理得出结论.

命题 9.6 设 $f \in C(\overline{\Omega} \times \mathbf{R}^1, \mathbf{R}^1)$. 如果满足 (9.33) 式以及

$$\lambda_1 < \varliminf_{|u| \to \infty} \frac{f(x,u)}{u} \leqslant \varlimsup_{|u| \to \infty} \frac{f(x,u)}{u} < \lambda_2, \text{关于} x \in \Omega \text{一致成立}, \quad (9.39)$$

其中 λ_1, λ_2 分别是 $(-\Delta)$ 在零 Dirichlet 边值条件下的最小和第二特征值,则 (9.17) 式存在非平凡的弱解.

证明 由条件 (9.39),取 $\varepsilon > 0$ 使得

$$\lambda_1 + \varepsilon < \varliminf_{|u| \to \infty} \frac{f(x,u)}{u} \leqslant \varlimsup_{|u| \to \infty} \frac{f(x,u)}{u} < \lambda_2 - \varepsilon,$$

于是存在 $M > 1$,当 $|u| \geqslant M$ 时,有

$$\lambda_1 + \varepsilon \leqslant \frac{f(x,u)}{u} \leqslant \lambda_2 - \varepsilon, \ \forall x \in \overline{\Omega}. \quad (9.40)$$

从而当 $|u| \geqslant M$ 时,存在 $1 < r < \dfrac{n+2}{n-2}$,使得

$$|f(x,u)| \leqslant (\lambda_2 - \varepsilon)|u| \leqslant (\lambda_2 - \varepsilon)|u|^r, \ \forall x \in \overline{\Omega}. \quad (9.41)$$

因为 $f \in C(\overline{\Omega} \times \mathbf{R}^1, \mathbf{R}^1)$,所以存在常数 $a_1 > 0$,使得

$$|f(x,u)| \leqslant a_1, \ \forall |u| \leqslant M, x \in \overline{\Omega}. \quad (9.42)$$

于是结合 (9.41) 式和 (9.42) 式,有

$$|f(x,u)| \leqslant a_1 + a_2|u|^r, \ \forall (x,u) \in \overline{\Omega} \times \mathbf{R}^1,$$

其中 $a_2 = \lambda_2 - \varepsilon > 0$. 由命题 9.3 知,(9.16) 式定义的泛函 $I \in C^1(W_0^{1,2}(\Omega), \mathbf{R}^1)$.

下面证明 I 在 $W_0^{1,2}(\Omega)$ 中满足 (PS) 条件. 令

$$\tau(x,u) = \begin{cases} \dfrac{f(x,u)}{u}, & |u| > M, \\ \dfrac{f(x,M) + f(x,-M)}{2M^2} u + \dfrac{f(x,M) - f(x,-M)}{2M}, & |u| \leqslant M, \end{cases}$$

可见 $\tau \in C(\overline{\Omega} \times \mathbf{R}^1, \mathbf{R}^1)$. 当 $|u| \leqslant M, f(x,M) + f(x,-M) \geqslant 0$ 时,有

$$-\frac{f(x,-M)}{M} = \frac{f(x,M) + f(x,-M)}{2M^2}(-M) + \frac{f(x,M) - f(x,-M)}{2M} \leqslant \tau(x,u)$$

$$\leqslant \frac{f(x,M) + f(x,-M)}{2M^2} M + \frac{f(x,M) - f(x,-M)}{2M} = \frac{f(x,M)}{M};$$

当 $|u| \leqslant M, f(x,M) + f(x,-M) < 0$ 时,有

$$\frac{f(x,M)}{M} = \frac{f(x,M) + f(x,-M)}{2M^2} M + \frac{f(x,M) - f(x,-M)}{2M} \leqslant \tau(x,u)$$

$$\leqslant \frac{f(x,M) + f(x,-M)}{2M^2}(-M) + \frac{f(x,M) - f(x,-M)}{2M} = -\frac{f(x,-M)}{M}.$$

由 (9.40) 式可得

$$\lambda_1 + \varepsilon \leqslant \tau(x,u) \leqslant \lambda_2 - \varepsilon, \ \forall \, (x,u) \in \overline{\Omega} \times \mathbf{R}^1. \tag{9.43}$$

定义 $l \in C(\overline{\Omega} \times \mathbf{R}^1, \mathbf{R}^1)$ 为 $l(x,u) = f(x,u) - \tau(x,u)u$, 则当 $|u| \leqslant M$ 时, 存在常数 $M_1, M_2 > 0$, 使得

$$|l(x,u)| \leqslant |f(x,u)| + |\tau(x,u)u| \leqslant M_1 + M_2 M, \ \forall \, x \in \overline{\Omega};$$

当 $|u| > M$ 时, $l(x,u) = f(x,u) - \tau(x,u)u = 0$. 从而

$$|l(x,u)| \leqslant k, \ \forall \, (x,u) \in \overline{\Omega} \times \mathbf{R}^1, \tag{9.44}$$

其中 $k = M_1 + M_2 M > 0$ 为常数.

设 φ_1 是对应于第一特征值 λ_1 的特征函数, 令 $V = \mathrm{span}\{\varphi_1\} = \{t\varphi_1 | t \in \mathbf{R}^1\}$.

设 $\{u_m\} \subset W_0^{1,2}(\Omega)$ 满足条件 $\{I(u_m)\}$ 有界及 $\lim\limits_{m \to \infty} I'(u_m) = \theta$, 记 $u_m = v_m + w_m$, 其中 $v_m \in V, w_m \in V^{\perp}$. 由 $\lim\limits_{m \to \infty} I'(u_m) = \theta$, 存在正整数 N, 当 $m \geqslant N$ 时, 有

$$(I'(u_m), w_m - v_m) \leqslant \varepsilon \, \| w_m - v_m \|_{1,2}. \tag{9.45}$$

由命题 9.3, 根据空间 $W_0^{1,2}(\Omega)$ 中 v_m 和 w_m 的正交性,

$$(I'(u_m), w_m - v_m) = \int_{\Omega} Du_m \cdot D(w_m - v_m) \mathrm{d}x - \int_{\Omega} f(x,u_m)(w_m - v_m) \mathrm{d}x$$

$$= \int_{\Omega} D(v_m + w_m) \cdot D(w_m - v_m) \mathrm{d}x - \int_{\Omega} (l(x,u_m) + \tau(x,u_m)u_m)(w_m - v_m) \mathrm{d}x$$

$$= \int_{\Omega} (Dv_m + Dw_m) \cdot (Dw_m - Dv_m) \mathrm{d}x - \int_{\Omega} l(x,u_m)(w_m - v_m) \mathrm{d}x$$

$$\quad - \int_{\Omega} \tau(x,u_m)u_m(w_m - v_m) \mathrm{d}x$$

$$= \int_{\Omega} (Dv_m + Dw_m) \cdot (Dw_m - Dv_m) \mathrm{d}x - \int_{\Omega} l(x,u_m)(w_m - v_m) \mathrm{d}x$$

$$\quad - \int_{\Omega} \tau(x,u_m)(v_m + w_m)(w_m - v_m) \mathrm{d}x$$

$$= \int_{\Omega} |Dw_m|^2 \mathrm{d}x - \int_{\Omega} |Dv_m|^2 \mathrm{d}x - \int_{\Omega} l(x,u_m)w_m \mathrm{d}x + \int_{\Omega} l(x,u_m)v_m \mathrm{d}x$$

$$\quad - \int_{\Omega} \tau(x,u_m)w_m^2 \mathrm{d}x + \int_{\Omega} \tau(x,u_m)v_m^2 \mathrm{d}x,$$

再由 (9.45) 式可得

$$\| w_m \|_{1,2}^2 - \| v_m \|_{1,2}^2 - \int_{\Omega} \tau(x,u_m)w_m^2 \mathrm{d}x + \int_{\Omega} \tau(x,u_m)v_m^2 \mathrm{d}x$$

$$\leqslant \varepsilon \, \| w_m - v_m \|_{1,2} + \int_{\Omega} l(x,u_m)w_m \mathrm{d}x - \int_{\Omega} l(x,u_m)v_m \mathrm{d}x. \tag{9.46}$$

利用 (9.43) 式以及定理 7.6 的 (5) 和 (7),

$$\| w_m \|_{1,2}^2 - \| v_m \|_{1,2}^2 - \int_{\Omega} \tau(x,u_m)w_m^2 \mathrm{d}x + \int_{\Omega} \tau(x,u_m)v_m^2 \mathrm{d}x$$

$$\geqslant \| w_m \|_{1,2}^2 - \| v_m \|_{1,2}^2 - (\lambda_2 - \varepsilon) \int_{\Omega} w_m^2 \mathrm{d}x + (\lambda_1 + \varepsilon) \int_{\Omega} v_m^2 \mathrm{d}x$$

$$= \parallel w_m \parallel_{1,2}^2 - \parallel v_m \parallel_{1,2}^2 - (\lambda_2 - \varepsilon) \parallel w_m \parallel_2^2 + (\lambda_1 + \varepsilon) \parallel v_m \parallel_2^2$$

$$\geqslant \parallel w_m \parallel_{1,2}^2 - \parallel v_m \parallel_{1,2}^2 - \frac{\lambda_2 - \varepsilon}{\lambda_2} \parallel w_m \parallel_{1,2}^2 + \frac{\lambda_1 + \varepsilon}{\lambda_1} \parallel v_m \parallel_{1,2}^2$$

$$= \frac{\varepsilon}{\lambda_2} \parallel w_m \parallel_{1,2}^2 + \frac{\varepsilon}{\lambda_1} \parallel v_m \parallel_{1,2}^2.$$

利用(9.44)式和 Hölder 不等式以及定理 7.6 的(7),

$$\varepsilon \parallel w_m - v_m \parallel_{1,2} + \int_\Omega l(x, u_m) w_m \mathrm{d}x - \int_\Omega l(x, u_m) v_m \mathrm{d}x$$

$$\leqslant \varepsilon \parallel w_m - v_m \parallel_{1,2} + \int_\Omega |l(x, u_m) w_m| \mathrm{d}x + \int_\Omega |l(x, u_m) v_m| \mathrm{d}x$$

$$\leqslant \varepsilon(\parallel w_m \parallel_{1,2} + \parallel v_m \parallel_{1,2}) + k \int_\Omega |w_m| \mathrm{d}x + k \int_\Omega |v_m| \mathrm{d}x$$

$$\leqslant \varepsilon(\parallel w_m \parallel_{1,2} + \parallel v_m \parallel_{1,2}) + k |\Omega|^{\frac{1}{2}} (\parallel w_m \parallel_2 + \parallel v_m \parallel_2)$$

$$\leqslant \varepsilon(\parallel w_m \parallel_{1,2} + \parallel v_m \parallel_{1,2}) + k |\Omega|^{\frac{1}{2}} \lambda_1^{-\frac{1}{2}} (\parallel w_m \parallel_{1,2} + \parallel v_m \parallel_{1,2})$$

$$= (\varepsilon + k |\Omega|^{\frac{1}{2}} \lambda_1^{-\frac{1}{2}}) (\parallel w_m \parallel_{1,2} + \parallel v_m \parallel_{1,2}).$$

将它们代入到(9.46)式可得

$$\frac{\varepsilon}{\lambda_2} \parallel w_m \parallel_{1,2}^2 + \frac{\varepsilon}{\lambda_1} \parallel v_m \parallel_{1,2}^2 \leqslant (\varepsilon + k |\Omega|^{\frac{1}{2}} \lambda_1^{-\frac{1}{2}}) (\parallel w_m \parallel_{1,2} + \parallel v_m \parallel_{1,2}).$$

$$(9.47)$$

由 $\parallel u_m \parallel_{1,2}^2 = \parallel w_m \parallel_{1,2}^2 + \parallel v_m \parallel_{1,2}^2$,有 $\parallel w_m \parallel_{1,2} + \parallel v_m \parallel_{1,2} \leqslant 2 \parallel u_m \parallel_{1,2}$,并且

$$\frac{\varepsilon}{\lambda_2} \parallel u_m \parallel_{1,2}^2 = \frac{\varepsilon}{\lambda_2} (\parallel w_m \parallel_{1,2}^2 + \parallel v_m \parallel_{1,2}^2) \leqslant \frac{\varepsilon}{\lambda_2} \parallel w_m \parallel_{1,2}^2 + \frac{\varepsilon}{\lambda_1} \parallel v_m \parallel_{1,2}^2,$$

因此由(9.47)式可知

$$\parallel u_m \parallel_{1,2}^2 \leqslant 2\lambda_2 \left(1 + \frac{k}{\varepsilon} |\Omega|^{\frac{1}{2}} \lambda_1^{-\frac{1}{2}}\right) \parallel u_m \parallel_{1,2},$$

即 $\{u_m\}$ 在 $W_0^{1,2}(\Omega)$ 内有界,从而根据命题 9.3,泛函 I 满足(PS)条件.

其余部分的证明与命题 9.5 的证明相同. ■

9.3　最小作用定理及其应用

定理 9.2　设 X 是实 Banach 空间, $\varphi: X \rightarrow \mathbf{R}^1$ 是下方有界的下半连续泛函. 如果 φ 在 X 上 F 可微,则 $\forall \varepsilon > 0$,以及满足 $\varphi(x_\varepsilon) < \inf\limits_{x \in X} \varphi(x) + \varepsilon$ 的任意的 $x_\varepsilon \in X$,存在 $y_\varepsilon \in X$ 使得(i) $\varphi(y_\varepsilon) \leqslant \varphi(x_\varepsilon)$; (ii) $\parallel y_\varepsilon - x_\varepsilon \parallel \leqslant \sqrt{\varepsilon}$; (iii) $\parallel \varphi'(y_\varepsilon) \parallel \leqslant \sqrt{\varepsilon}$.

证明　根据 Ekeland 变分原理,取 $\tau = \sqrt{\varepsilon}$,可得(i)和(ii). 另外, $\forall x \in X$,

$$\varphi(y_\varepsilon) \leqslant \varphi(x) + \sqrt{\varepsilon} \parallel x - y_\varepsilon \parallel.$$

于是 $\forall z \in X$, $t > 0$, 有 $\varphi(y_\varepsilon) \leqslant \varphi(y_\varepsilon + tz) + \sqrt{\varepsilon}\|tz\|$, 从而 $\dfrac{\varphi(y_\varepsilon) - \varphi(y_\varepsilon + tz)}{t} \leqslant$

$\sqrt{\varepsilon}\|z\|$. 令 $t \to 0^+$, 得 $-(\varphi'(y_\varepsilon), z) \leqslant \sqrt{\varepsilon}\|z\|$. 由 z 的任意性, 考虑 $-z$ 可得 $(\varphi'(y_\varepsilon), z) \leqslant \sqrt{\varepsilon}\|z\|$, 故 $|(\varphi'(y_\varepsilon), z)| \leqslant \sqrt{\varepsilon}\|z\|$. 因此 $\|\varphi'(y_\varepsilon)\| \leqslant \sqrt{\varepsilon}$. ■

定理 9.3（最小作用定理）　设 X 是实 Banach 空间, 泛函 $I \in C^1(X, \mathbf{R}^1)$ 满足 (PS) 条件. 如果 I 下方有界, 则 I 存在临界点 $x^* \in X$, 使得 $I(x^*) = \inf\limits_{x \in X} I(x)$.

证明　令 $c = \inf\limits_{x \in X} I(x)$, 对任意正整数 n, 存在 $\{x_n\} \subset X$, 使得 $I(x_n) < c + \dfrac{1}{n}$. 由定理 9.2, 存在 $\{y_n\} \subset X$, 使得

$$c \leqslant I(y_n) \leqslant I(x_n) < c + \frac{1}{n}, \quad \|I'(y_n)\| \leqslant \frac{1}{\sqrt{n}}. \tag{9.48}$$

于是根据 (PS) 条件, $\{y_n\}$ 存在收敛子列, 不妨设 $y_n \to x^*$. 在 (9.48) 式中令 $n \to \infty$, 得

$$I(x^*) = c, I'(x^*) = \theta. \qquad ■$$

命题 9.7　设 $f \in C(\overline{\Omega} \times \mathbf{R}^1, \mathbf{R}^1)$, 且满足增长型条件 (9.8), 其中 $0 < r < \dfrac{n+2}{n-2}$. 如果

$$\overline{\lim\limits_{|\xi| \to +\infty}} \frac{f(x, \xi)}{\xi} < \lambda_1, \text{ 对 } x \in \Omega \text{ 一致成立}; \tag{9.49}$$

$$\lim\limits_{\xi \to 0^+} \frac{f(x, \xi)}{\xi} > \lambda_1, \text{ 对 } x \in \Omega \text{ 一致成立}. \tag{9.50}$$

其中 λ_1 是 $(-\Delta)$ 在零 Dirichlet 边值条件下的最小特征值, 则 (9.17) 式存在非平凡的弱解.

证明　由命题 9.3 知, (9.16) 式定义的泛函 $I \in C^1(W_0^{1,2}(\Omega), \mathbf{R}^1)$.

(1) 由 (9.49) 和 (9.50) 两式, 存在 $0 < \varepsilon < \lambda_1$ 以及 $0 < R_1 < R_2$, 使得

$$\frac{f(x, \xi)}{\xi} < \lambda_1 - \varepsilon, \forall |\xi| > R_2, \quad x \in \Omega, \tag{9.51}$$

$$\frac{f(x, \xi)}{\xi} > \lambda_1 + \varepsilon, \forall 0 < \xi < R_1, x \in \Omega. \tag{9.52}$$

记 $M = \max\limits_{(x, \xi) \in \overline{\Omega} \times [-R_2, R_2]} f(x, \xi)$, 从而由 (9.51) 式, 当 $\xi > R_2$ 时,

$$f(x, \xi) < (\lambda_1 - \varepsilon)\xi,$$

$$F(x, \xi) = \int_0^\xi f(x, t)\mathrm{d}t = \int_0^{R_2} f(x, t)\mathrm{d}t + \int_{R_2}^\xi f(x, t)\mathrm{d}t$$

$$\leqslant MR_2 + \int_{R_2}^\xi (\lambda_1 - \varepsilon)t\mathrm{d}t = MR_2 + \frac{1}{2}(\lambda_1 - \varepsilon)\xi^2 - \frac{1}{2}(\lambda_1 - \varepsilon)R_2^2;$$

当 $\xi < -R_2$ 时,

$$f(x,\xi) > (\lambda_1 - \varepsilon)\xi,$$

$$F(x,\xi) = \int_0^\xi f(x,t)\mathrm{d}t = \int_0^{-R_2} f(x,t)\mathrm{d}t + \int_{-R_2}^\xi f(x,t)\mathrm{d}t$$

$$\leqslant -MR_2 + \int_{-R_2}^\xi (\lambda_1 - \varepsilon)t\mathrm{d}t = -MR_2 + \frac{1}{2}(\lambda_1 - \varepsilon)\xi^2 - \frac{1}{2}(\lambda_1 - \varepsilon)R_2^2.$$

故存在常数 $C_1 > 0$,使得

$$F(x,\xi) \leqslant \frac{1}{2}(\lambda_1 - \varepsilon)\xi^2 + C_1, \ \forall\, |\xi| > R_2, x \in \Omega. \tag{9.53}$$

由 f 的连续性,存在常数 $C_2 > 0$,使得

$$F(x,\xi) \leqslant C_2, \ \forall\, |\xi| \leqslant R_2, x \in \Omega. \tag{9.54}$$

于是从(9.53)式和(9.54)式可知,存在常数 $C > 0$,使得

$$F(x,\xi) \leqslant \frac{1}{2}(\lambda_1 - \varepsilon)\xi^2 + C. \tag{9.55}$$

根据(9.55)式和 Friedrichs 不等式, $\forall\, u \in W_0^{1,2}(\Omega)$,

$$I(u) \geqslant \frac{1}{2}\|u\|_{1,2}^2 - \frac{1}{2}(\lambda_1 - \varepsilon)\int_\Omega u^2 \mathrm{d}x - C|\Omega|$$

$$\geqslant \frac{1}{2}\|u\|_{1,2}^2 - \frac{1}{2}(\lambda_1 - \varepsilon)\frac{1}{\lambda_1}\|u\|_{1,2}^2 - C|\Omega| = \frac{\varepsilon}{2\lambda_1}\|u\|_{1,2}^2 - C|\Omega|,$$

可见 I 下方有界,即 $I(u) \geqslant -C|\Omega|$, $\forall\, u \in W_0^{1,2}(\Omega)$,且是强制的,即当 $\|u\|_{1,2} \to \infty$ 时, $I(u) \to +\infty$.

(2) 现证 I 在 $W_0^{1,2}(\Omega)$ 中满足(PS)条件. 设 $\{u_n\} \subset W_0^{1,2}(\Omega)$, $\{I(u_n)\}$ 有界,并且 $I'(u_n) \to \theta$,于是 $\{u_n\}$ 有界. 否则不妨设 $\|u_n\|_{1,2} \to \infty$,由强制性可知, $I(u_n) \to +\infty$,与 $\{I(u_n)\}$ 有界矛盾. 根据命题 9.3 可知,(PS)条件满足.

所以根据定理 9.3, I 存在临界点 $u^* \in W_0^{1,2}(\Omega)$,且 $I(u^*) = \inf\limits_{u \in W_0^{1,2}(\Omega)} I(u)$.

(3) 下证 $u^* \neq \theta$. 设 $\varphi \in W_0^{1,2}(\Omega) \bigcap C^2(\overline{\Omega})$ 是 $(-\Delta)$ 在零 Dirichlet 边值条件下关于 λ_1 的特征函数,满足 $0 < \varphi(x) < R_1$, $\forall\, x \in \Omega$. 于是由(9.43)式得

$$I(\varphi) = \frac{1}{2}\|\varphi\|_{1,2}^2 - \int_\Omega \mathrm{d}x \int_0^{\varphi(x)} f(x,t)\mathrm{d}t \leqslant \frac{1}{2}\|\varphi\|_{1,2}^2 - (\lambda_1 + \varepsilon)\int_\Omega \mathrm{d}x \int_0^{\varphi(x)} t\mathrm{d}t$$

$$= \frac{1}{2}\|\varphi\|_{1,2}^2 - \frac{1}{2}(\lambda_1 + \varepsilon)\|\varphi\|_2^2 = \frac{1}{2}\|\varphi\|_{1,2}^2 - \frac{1}{2}(\lambda_1 + \varepsilon)\frac{1}{\lambda_1}\|\varphi\|_{1,2}^2$$

$$= -\frac{\varepsilon}{2\lambda_1}\|\varphi\|_{1,2}^2 < 0,$$

因此 $I(u^*) = \inf\limits_{u \in W_0^{1,2}(\Omega)} I(u) \leqslant I(\varphi) < 0.$

9.4　下降流线与 Minimax 定理

引理 9.2　设 X 是实 Banach 空间，$I \in C^1(X, \mathbf{R}^1)$ 不是常数值泛函，$x_0 \in U = X \backslash K$，其中 K 是泛函 I 的临界点集，$x(t)$ 是 $I(x)$ 的下降流线，其向右最大存在区间 $[0, \eta)$. 如果 $\{I(x(t)) \mid t \in [0, \eta)\}$ 有下界，则存在常数 $\beta > 0$，使得

$$\|x(t_2) - x(t_1)\| \leqslant \beta \mid t_2 - t_1 \mid^{\frac{1}{2}}, \ \forall t_1, t_2 \in [0, \eta) \tag{9.56}$$

（即 $x(t)$ 在 $[0, \eta)$ 上 Hölder 连续），并且

(i) 当 $\eta < +\infty$ 时，$\lim\limits_{t \to \eta - 0} x(t) = x^* \in K$；

(ii) 当 $\eta = +\infty$ 时，$\displaystyle\int_0^{+\infty} \|I'(x(t))\|^2 \mathrm{d}t$ 收敛.

证明　设 $c = \inf\{I(x(t)) \mid t \in [0, \eta)\}$，于是

$$c \leqslant I(x(t)) \leqslant I(x_0), \quad \forall t \in [0, \eta). \tag{9.57}$$

因为 $x(t)$ 是 $I(x)$ 的下降流线，根据 (8.28) 式可知，当 $0 \leqslant t_1 < t_2 < \eta$ 时，

$$I(x(t_2)) - I(x(t_1)) \leqslant -\int_{t_1}^{t_2} \|I'(x(t))\|^2 \mathrm{d}t. \tag{9.58}$$

于是由 (9.57) 和 (9.58) 两式，

$$\begin{aligned}
\|x(t_2) - x(t_1)\| &= \left\| \int_{t_1}^{t_2} x'(t) \mathrm{d}t \right\| \leqslant \int_{t_1}^{t_2} \|F(x(t))\| \mathrm{d}t \\
&\leqslant 2 \int_{t_1}^{t_2} \|I'(x(t))\| \mathrm{d}t \leqslant 2 \left(\int_{t_1}^{t_2} \|I'(x(t))\|^2 \mathrm{d}t \right)^{\frac{1}{2}} (t_2 - t_1)^{\frac{1}{2}} \\
&\leqslant 2 (I(x(t_1)) - I(x(t_2)))^{\frac{1}{2}} (t_2 - t_1)^{\frac{1}{2}} \\
&\leqslant 2 (I(x_0) - c)^{\frac{1}{2}} (t_2 - t_1)^{\frac{1}{2}},
\end{aligned} \tag{9.59}$$

其中 F 是泛函 I 的伪梯度算子，取 $\beta > 2(I(x_0) - c)^{\frac{1}{2}}$ 即得 (9.56) 式.

当 $\eta < +\infty$ 时，由 (9.59) 式可知 $\lim\limits_{t \to \eta - 0} x(t) = x^*$ 存在. 根据定理 8.15，$x^* \in \partial U$，但是 U 是开集，从而 $x^* \in K$. 当 $\eta = +\infty$ 时，由 (9.58) 和 (9.57) 两式，

$$\int_0^t \|I'(x(s))\|^2 \mathrm{d}s \leqslant I(x_0) - I(x(t)) \leqslant I(x_0) - c, \quad \forall 0 < t < +\infty,$$

因此，$\displaystyle\int_0^{+\infty} \|I'(x(t))\|^2 \mathrm{d}t$ 收敛. ■

引理 9.3　设 X 是实 Banach 空间，$I \in C^1(X, \mathbf{R}^1)$ 满足 (PS) 条件，K 是泛函 I 的临界点集，$a, b \in \mathbf{R}^1, a \leqslant b$. 如果 $K \cap I^{-1}([a, b]) = \varnothing$，则

(i) 若 $I^{-1}([a - \varepsilon, b + \varepsilon]) \neq \varnothing, \forall \varepsilon > 0$，那么存在常数 $\varepsilon_0, \delta_0 > 0$，使得 $\|I'(x)\| \geqslant \varepsilon_0, \forall x \in I^{-1}([a - \delta_0, b + \delta_0])$；

(ii) 若 $x_0 \in I^{-1}([a,b])$，并且对于 $I(x)$ 的下降流线 $x(t)$，其向右最大存在区间为 $[0,\eta)$，那么 $-\infty \leqslant \lim\limits_{t \to \eta - 0} I(x(t)) < a$，其中当 $\eta = +\infty$ 时，$t \to \eta - 0$ 表示 $t \to +\infty$.

证明 （i）如若不然，则存在 $x_n \in I^{-1}([a - \frac{1}{n}, b + \frac{1}{n}])$，使得 $\|I'(x_n)\| < \frac{1}{n}$ （$n = 1, 2, \cdots$）. 根据（PS）条件，存在子列 $x_{n_k} \to x^*$. 显然 $x^* \in K \bigcap I^{-1}([a,b])$，矛盾.

（ii）因为 $x_0 \in I^{-1}([a,b])$，$K \bigcap I^{-1}([a,b]) = \varnothing$，所以 $x_0 \in U = X \backslash K$，并且 I 不是常数值泛函. 由定理 8.17，$I(x)$ 存在下降流线 $x(t)$. 如果 $\lim\limits_{t \to \eta - 0} I(x(t)) \geqslant a$，那么

$$x(t) \in I^{-1}([a,b]), \quad \forall t \in [0,\eta). \tag{9.60}$$

于是由（i）和（8.28）式可得

$$b - a \geqslant I(x_0) - I(x(t)) \geqslant \int_0^t \|I'(x(s))\|^2 ds \geqslant \varepsilon_0^2 t, \quad \forall t \in [0,\eta),$$

因此 $\eta < +\infty$. 从（9.60）式可见 $\{I(x(t)) \mid t \in [0,\eta)\}$ 有界，根据引理 9.2(i)，$\lim\limits_{t \to \eta - 0} x(t) = x^* \in K$. 但是从（9.60）式又可见 $x^* \in I^{-1}([a,b])$，矛盾. ∎

引理 9.4 设 X 是实 Banach 空间，$I \in C^1(X, \mathbf{R}^1)$ 满足（PS）条件，K 是泛函 I 的临界点集，$a, b \in \mathbf{R}^1$，$a < b$，$I^{-1}([a,b]) \neq \varnothing$，$K \bigcap I^{-1}([a,b]) = \varnothing$，则水平集 $I_a = \{x \in X \mid I(x) \leqslant a\} \neq \varnothing$，并且 I_a 是 I_b 的收缩核，即存在连续映射 $\varphi: I_b \to I_a$，使得当 $x \in I_a$ 时，$\varphi(x) = x$，其中映射 φ 称为保核收缩.

引理 9.4 的证明见参考文献[12].

定理 9.4（Minimax 定理）　设 X 是实 Banach 空间，$I \in C^1(X, \mathbf{R}^1)$ 满足（PS）条件，Δ 是 X 的一些非空子集的集族，令 $c = \inf\limits_{D \in \Delta} \sup\limits_{x \in D} I(x)$. 如果

（i）c 是有限数；

（ii）存在常数 $\delta > 0$，使得 $\forall \varphi \in \Phi = \{\varphi \in C(S, X) \mid S \supseteq I_{c-\delta}, \varphi(x) = x, \forall x \in I_{c-\delta}\}$，有 $\varphi(D) \in \Delta, \forall D \in \Delta, D \subset S$，则 c 是 I 的临界值.

证明 如果 c 不是 I 的临界值，那么 $K \bigcap I^{-1}(c) = \varnothing$，其中 K 是泛函 I 的临界点集. 根据 c 的定义，$I^{-1}([c-\varepsilon, c+\varepsilon]) \neq \varnothing$，$\forall \varepsilon > 0$，于是由引理 9.3(i) 可知，存在 $\delta_0 \in (0, \delta)$，使得 $K \bigcap I^{-1}([c-\delta_0, c+\delta_0]) = \varnothing$. 再根据引理 9.4，水平集 $I_{c-\delta_0} \neq \varnothing$，并且 $I_{c-\delta_0}$ 是 $I_{c+\delta_0}$ 的收缩核.

取 $\varphi_0: I_{c+\delta_0} \to I_{c-\delta_0}$ 为保核收缩，因为 $I_{c-\delta} \subset I_{c-\delta_0}$，所以 $\varphi_0(x) = x, \forall x \in I_{c-\delta}$，从而 $\varphi_0 \in \Phi$，其中 $S = I_{c+\delta_0}$. 由 c 的定义，存在 $D_0 \in \Delta$，使得 $\sup\limits_{x \in D_0} I(x) < c + \delta_0$，故 $D_0 \subset I_{c+\delta_0}$. 于是根据条件（ii），$\varphi_0(D_0) \in \Delta$，因此 $\sup\limits_{x \in \varphi_0(D_0)} I(x) \geqslant c$.

但是，由于 $\varphi_0: I_{c+\delta_0} \to I_{c-\delta_0}$，故 $\varphi_0(D_0) \subset I_{c-\delta_0}$，从而 $\sup\limits_{x \in \varphi_0(D_0)} I(x) \leqslant c - \delta_0$，矛盾. ∎

下面我们利用 Minimax 定理证明山路定理.

证明　设 $\Delta = \{D_h \mid h \in \Gamma\}$，其中 $D_h = \{h(t) \mid 0 \leqslant t \leqslant 1\}$. 因为 $\forall h \in \Gamma$，存在 $t_0 \in (0,1)$，使得 $\|h(t_0)\| = r$，所以 $\max\limits_{t \in [0,1]} I(h(t)) \geqslant a$，故 $c \geqslant a$，而 $I(h(t))$ 是 $[0,1]$ 上的连续函数，有上界，从而 c 是有限数. 记 $c_0 = \max\{I(\theta), I(x_0)\}$.

取 $\delta \in (0, a - c_0)$，$\varphi \in \Phi = \{\varphi \in C(S,X) \mid S \supset I_{c-\delta}, \varphi(x) = x, \forall x \in I_{c-\delta}\}$. 若 $D_h \in \Delta$，$D_h \subset S$，其中 $S \supset I_{c-\delta}$，显然 $\varphi(D_h) = \{\varphi(h(t)) \mid 0 \leqslant t \leqslant 1\}$，而且 $\varphi h \in C([0,1], X)$. 因为 $\max\{I(\theta), I(x_0)\} = c_0 < a - \delta \leqslant c - \delta$，所以 $\theta, x_0 \in I_{c-\delta}$，故 $\varphi(\theta) = \theta$，$\varphi(x_0) = x_0$. 因此，$\varphi h \in \Gamma$，即 $\varphi(D_h) \in \Delta$. 根据 Minimax 定理，c 是 I 的临界值. ■

引理 9.5　设 X 是实 Banach 空间，泛函 $I \in C^1(X, \mathbf{R}^1)$. 如果 I 存在最小值点 $x^* \in X$，即 $I(x^*) = \inf\limits_{x \in X} I(x)$，则 x^* 是 I 的**临界点**.

证明　对任意的 $h \in X$，考虑实函数 $\varphi(t) = I(x^* + th)$，显然 $\varphi(t)$ 在 $t = 0$ 处取得极小值. 因为

$$\varphi'(0) = \lim_{t \to 0} \frac{I(x^* + th) - I(x^*)}{t} = I'(x^*)h,$$

所以 $I'(x^*)h = \varphi'(0) = 0$，由 $h \in X$ 的任意性可得，$I'(x^*) = \theta$. ■

下面我们给出最小作用定理的另一个证明.

证明　如果 I 是常数值泛函，结论显然成立，故设 I 不是常数值泛函. 因为 I 下方有界，所以 $c = \inf\limits_{x \in X} I(x)$ 是有限数.

如果对任意正整数 n，水平集 $I_{c+\frac{1}{n}} = \left\{ x \in X \mid I(x) \leqslant c + \dfrac{1}{n} \right\}$ 中均存在 I 的临界点，即存在 $x_n \in X$，使得 $c \leqslant I(x_n) \leqslant c + \dfrac{1}{n}$，并且 $I'(x_n) = \theta (n = 1, 2, \cdots)$，则根据 (PS) 条件可知，存在 $\{x_n\}$ 的子列 $\{x_{n_k}\}$，使得 $x_{n_k} \to x^*$，并且 $I(x^*) = c$. 再由引理 9.5，x^* 是 I 的临界点.

如果存在 $\tau > 0$，使得水平集 $I_{c+\tau} = \{x \in X \mid I(x) \leqslant c + \tau\}$ 中不存在 I 的临界点，那么 $I_{c+\tau} \subset U = X \backslash K$，其中 K 是 I 的临界点集. 由 c 的定义可知，$I_{c+\tau} \neq \varnothing$. 取 $x_0 \in I_{c+\tau}$，设 $x(t)$ 是 $I(x)$ 的下降流线，其向右最大存在区间 $[0, \eta)$.

(1) 若 $\eta < +\infty$，根据引理 9.2(i)，存在 $x^* \in K$，使得 $\lim\limits_{t \to \eta - 0} x(t) = x^*$. 但是从 $I(x(t)) \leqslant I(x(0)) = I(x_0) \leqslant c + \tau, t \in [0, \eta)$ 可知，$x^* \in I_{c+\tau}$，矛盾.

(2) 若 $\eta = +\infty$，根据引理 9.2(ii)，$\displaystyle\int_0^{+\infty} \|I'(x(t))\|^2 \mathrm{d}t$ 收敛. 于是对任意正整数 n，存在 $N > n$，使得 $\displaystyle\int_N^{N+1} \|I'(x(t))\|^2 \mathrm{d}t < \dfrac{1}{n}$，再由积分中值定理，存在 $t_n \in (N, N+1)$，使得 $\|I'(x(t_n))\|^2 < \dfrac{1}{n}$. 令 $x_n = x(t_n)$，于是 $c \leqslant I(x_n) = I(x(t_n)) \leqslant I(x_0) \leqslant c + \tau$，并且当 $n \to \infty$ 时，$\|I'(x_n)\| \to 0$. 根据 (PS) 条件可知，存在 $\{x_n\}$ 的子列 $\{x_{n_k}\}$，使得 $x_{n_k} \to x^*$，并且 $x^* \in K \bigcap I_{c+\tau}$，矛盾. ■

关于临界点理论可参见参考文献 [12], [13], [22]—[27].

第 10 章　泛函的极值与单调梯度映射

10.1　梯　度　映　射

由定理 8.7 可知,高阶 F 微分与次序无关,即具有对称性,但是在一般情况下,高阶 G 微分不具有对称性.然而如果高阶导映射是半连续的,那么高阶 G 微分具有对称性.

定义 10.1　设 X 是实赋范线性空间,映射 $T:D(T)\subset X\to X^*$,$x_0\in D(T)$. 如果对任意的 $h\in X$,当 $t_n>0,t_n\to 0$,并且 $x_0+t_nh\in D(T)$ 时,有 $T(x_0+t_nh)\xrightarrow{w^*}Tx_0$,则称 T 在 x_0 处半连续.

显然,如果 x_0 是 $D(T)$ 的内点,$T:D(T)\subset X\to X^*$ 是 G 可微的,那么 T 在 x_0 处半连续.

引理 10.1　设 X 是实赋范线性空间,$\Omega\subset X$ 是凸集,$T:\Omega\to X^*$ 在 $x\in\Omega$ 处半连续. 如果 $h,e\in X,x+h\in\Omega$,则 $(T(x+th),e)$ 关于 t 是 $[0,1]$ 上的连续函数.

证明　设 $t_0\in(0,1)$,对任意的 $t_n\in(0,1),t_n\to t_0+0$,因为 $x\in\Omega,x+h\in\Omega$,并且 Ω 是凸集,所以 $x+t_0h\in\Omega,x+t_nh\in\Omega$. 由于 $T:\Omega\to X^*$ 在 Ω 中半连续,

$$(T(x+t_nh),e)-(T(x+t_0h),e)$$
$$=(T(x+t_0h+(t_n-t_0)h),e)-(T(x+t_0h),e)\to 0.$$

对任意的 $t_n\in(0,1),t_n\to t_0-0$,

$$(T(x+t_nh),e)-(T(x+t_0h),e)$$
$$=(T(x+t_0h+(t_0-t_n)(-h)),e)-(T(x+t_0h),e)\to 0.$$

因此,$(T(x+th),e)$ 在 $(0,1)$ 内连续. 类似可得在端点处的连续性. ■

定理 10.1　设 X 是实赋范线性空间,$\Omega\subset X$ 是凸开集,$T:\Omega\to X^*$ 在 Ω 中 n 阶 G 可微. 如果对 $(h_1,h_2,\cdots,h_n)\in\overbrace{X\times X\times\cdots\times X}^{n},d^nT(\bullet)(h_1,h_2,\cdots,h_n):\Omega\to X^*$ 在 Ω 上是半连续的,则 $\forall x\in\Omega$,

$$d^nT(x)(h_1,h_2,\cdots,h_n)=d^nT(x)(h_{p(1)},h_{p(2)},\cdots,h_{p(n)}),$$

其中 $(p(1),p(2),\cdots,p(n))$ 是 $(1,2,\cdots,n)$ 的任一排列.

证明　我们对 $n=2$ 时给出证明.任取 $(h,k)\neq(\theta,\theta)$,使得 $x,x+h,x+k\in\Omega$,对充分小的 $s,t\in(0,1)$ 和任意的 $e\in X$,令

$$a(s,t)=(T(x+sh+tk)-T(x+sh)-T(x+tk)+Tx,e),$$

由泛函的 Lagrange 公式(定理 8.1)得

$$a(s,t) = t(\mathrm{d}T(x+sh+\tau_1 tk)k - \mathrm{d}T(x+\tau_1 tk)k, e),$$

其中 $\tau_1 \in (0,1)$,再由 Lagrange 公式得

$$a(s,t) = st(\mathrm{d}^2 T(x+\tau_2 sh+\tau_1 tk)(k,h), e),$$

其中 $\tau_2 \in (0,1)$. 在上式中用 tk 代 sh,用 sh 代 tk,类似地可得 $a(s,t)$ 的另一表达式,从而

$$(\mathrm{d}^2 T(x+\tau_2 sh+\tau_1 tk)(k,h) - \mathrm{d}^2 T(x+\tau_3 sh+\tau_4 tk)(h,k), e) = 0,$$

其中 $\tau_3, \tau_4 \in (0,1)$. 令 $s,t \to 0$,由 $\mathrm{d}^2 T(\cdot)(h_1,h_2)$ 的半连续性得

$$(\mathrm{d}^2 T(x)(k,h) - \mathrm{d}^2 T(x)(h,k), e) = 0.$$

再由 $e \in X$ 的任意性,$\mathrm{d}^2 T(x)(k,h) = \mathrm{d}^2 T(x)(h,k)$. ■

从证明中可以看出,如果将算子 T 换成 Ω 上的泛函 φ,定理 10.1 依然成立.

将 n 阶 G 微分 $\mathrm{d}^n T(x)(h,h,\cdots,h)$ 记作 $\mathrm{d}^n T(x)h^n$,下面我们给出 G 微分形式的 Taylor 公式.

定理 10.2　设 X 为实 Banach 空间,$\Omega \subset X$ 为凸开集,$T:\Omega \to X^*$ 在 Ω 中 $(n+1)$ 阶 G 可微. 如果对 $(h_1,h_2,\cdots,h_{n+1}) \in \overbrace{X \times X \times \cdots \times X}^{n+1}$, $\mathrm{d}^{n+1} T(\cdot)(h_1,h_2,\cdots,h_{n+1}):\Omega \to X^*$ 在 Ω 中是半连续的,则 $\forall x \in \Omega, h,e \in X$,当 $x+h \in \Omega$ 时,

$$(T(x+h),e) = (Tx,e) + \frac{1}{1!}(\mathrm{d}T(x)h,e) + \cdots + \frac{1}{n!}(\mathrm{d}^n T(x)h^n,e)$$
$$+ \frac{1}{n!}\int_0^1 (1-t)^n (\mathrm{d}^{n+1} T(x+th)h^{n+1},e)\mathrm{d}t.$$

证明　我们证明 $n=1$ 的情形,一般情形可用归纳法类似地证明. 显然,$\forall t \in (0,1)$,有

$$(\mathrm{d}T(x+th)h,e) = \frac{\mathrm{d}}{\mathrm{d}t}(T(x+th),e), \tag{10.1}$$

因为 T 是二阶 G 可微的,故 $\mathrm{d}T(\cdot)h$ 半连续. 由引理 10.1,上式是关于 t 的连续函数,故

$$(T(x+h),e) = (Tx,e) + \int_0^1 (\mathrm{d}T(x+th)h,e)\mathrm{d}t, \tag{10.2}$$

即 $n=0$ 时 Taylor 公式成立. 因为 $\mathrm{d}^2 T(\cdot)h^2$ 半连续,由引理 10.1,$(\mathrm{d}^2 T(x+th)h^2,e)$ 关于 t 是 $[0,1]$ 上的连续函数,故 $n=1$ 时 Taylor 公式的余项

$$r(x,h) = \int_0^1 (1-t)(\mathrm{d}^2 T(x+th)h^2,e)\mathrm{d}t$$

存在. 由(10.1)式和分部积分得

$$r(x,h) = \int_0^1 (1-t)(\mathrm{d}^2 T(x+th)h^2, e)\mathrm{d}t + \int_0^1 \left(\frac{\mathrm{d}}{\mathrm{d}t}(1-t)\right)(\mathrm{d}T(x+th)h, e)\mathrm{d}t$$

$$+ \int_0^1 \frac{\mathrm{d}}{\mathrm{d}t}(T(x+th), e)\mathrm{d}t$$

$$= (1-t)(\mathrm{d}T(x+th)h, e) \mid_{t=1} - (1-t)(\mathrm{d}T(x+th)h, e) \mid_{t=0}$$

$$+ \int_0^1 (\mathrm{d}T(x+th)h, e)\mathrm{d}t$$

$$= -(\mathrm{d}T(x)h, e) + \int_0^1 (\mathrm{d}T(x+th)h, e)\mathrm{d}t.$$

将上式代入(10.2)式,即得$(T(x+h), e) = (Tx, h) + (\mathrm{d}T(x)h, e) + r(x, h)$. ∎

定义 10.2 设 X 为实赋范线性空间,$\Omega \subset X$ 为开集. 如果算子 $T: \Omega \to X^*$ 是 Ω 上泛函 φ 的 G 导映射,即 $\forall x \in \Omega, Tx = \mathrm{d}\varphi(x) = \mathrm{grad}\varphi(x)$,则称 T 是 Ω 上的**梯度映射**,φ 称为 T 的**势泛函**.

下列定理给出了 G 可微分算子是梯度映射的特征.

定理 10.3 设 X 是实 Banach 空间,$\Omega \subset X$ 是凸开集,$T: \Omega \to X^*$ 在 Ω 内 G 可微. 如果 $\forall h \in X, \mathrm{d}T(\cdot)h: \Omega \to X^*$ 在 Ω 内是半连续的,则 T 是 Ω 上的梯度映射当且仅当

$$(\mathrm{d}T(x)u, v) = (\mathrm{d}T(x)v, u), \forall u, v \in X, x \in \Omega. \tag{10.3}$$

此时,T 的势泛函为

$$\varphi(x) = \int_0^1 (T(y+t(x-y)), x-y)\mathrm{d}t, x \in \Omega,$$

其中 $y \in \Omega$ 是任取的,并且 T 的不同势泛函只相差一个常数.

证明 必要性. 因为 T 是梯度映射,所以存在势泛函 φ,使得 $\forall x \in \Omega, \mathrm{d}\varphi(x) = Tx$. 根据假设,$\varphi(x)$ 满足泛函形式定理 10.1 的条件,故

$$\mathrm{d}^2 \varphi(x)(u, v) = \mathrm{d}^2 \varphi(x)(v, u), \forall u, v \in X, x \in \Omega.$$

由 $\mathrm{d}^2 \varphi(x)(u, v) = (\mathrm{d}^2 \varphi(x)u, v)$ 和 $\mathrm{d}^2 \varphi(x)(v, u) = (\mathrm{d}^2 \varphi(x)v, u)$,得

$$(\mathrm{d}^2 \varphi(x)u, v) = (\mathrm{d}^2 \varphi(x)v, u),$$

即(10.3)式成立.

充分性. 取 $y \in \Omega$,定义泛函

$$\varphi(x) = \int_0^1 (T(y+t(x-y)), x-y)\mathrm{d}t.$$

对任意 $x, x+h \in \Omega$,

$$\varphi(x+h) - \varphi(x) - \int_0^1 (T(y+t(x+h-y)), h)\mathrm{d}t$$

$$= \int_0^1 (T(y+t(x+h-y)) - T(y+t(x-y)), x-y)\mathrm{d}t. \tag{10.4}$$

由 $dT(\cdot)h$ 在 Ω 内的半连续性,定理 8.12 和(10.3)式,

$$\int_0^1 (T(y+t(x+h-y)) - T(y+t(x-y)), x-y)dt$$

$$= \int_0^1 dt \int_0^t \frac{\partial}{\partial s}(T(y+t(x-y)+sh) - T(y+t(x-y)), x-y)ds$$

$$= \int_0^1 dt \int_0^t (dT(y+t(x-y)+sh)h, x-y)ds$$

$$= \int_0^1 dt \int_0^t (dT(y+t(x-y)+sh)(x-y), h)ds$$

$$= \int_0^1 dt \int_0^t \frac{\partial}{\partial t}(T(y+sh+t(x-y)), h)ds$$

$$= \int_0^1 ds \int_s^1 \frac{\partial}{\partial t}(T(y+sh+t(x-y)), h)dt$$

$$= \int_0^1 \big[(T(y+sh+(x-y)), h) - (T(y+s(x-y)+sh), h) \big]ds$$

$$= \int_0^1 (T(x+sh), h)ds - \int_0^1 (T(y+s(x-y)+sh), h)ds.$$

因此,从(10.4)式得

$$\varphi(x+h) - \varphi(x) = \int_0^1 (T(x+sh), h)ds.$$

再由积分中值定理,

$$\varphi(x+h) - \varphi(x) = (T(x+\tau h), h), \tau \in (0,1).$$

对任意 $\tilde{h} \in X$,取 $t \in (0,1)$ 充分小,使得 $x+t\tilde{h} \in \Omega$,在上式令 $h=t\tilde{h}$ 得

$$t^{-1}(\varphi(x+t\tilde{h}) - \varphi(x)) = (T(x+\tau t\tilde{h}), \tilde{h}).$$

令 $t \to 0$,根据 T 是 G 可微从而是半连续的,知 φ 在 x 处 G 可微,并且 $d\varphi(x)\tilde{h} = (Tx, \tilde{h})$. 因为 $x, \tilde{h}$ 是任意的,故 φ 在 Ω 上 G 可微,并且 $\forall x \in \Omega, Tx = d\varphi(x)$,即 φ 是 T 的势泛函.

设 G 可微分泛函 $\psi: \Omega \to \mathbf{R}^1$ 是 T 的一个势泛函,即 $d\psi = T$. 于是 $\forall t \in (0,1)$, $x, y \in \Omega$ 有

$$\frac{d}{dt}\psi(y+t(x-y)) = (T(y+t(x-y)), x-y).$$

由 T 的半连续性,上式右端关于 t 连续. 因此,

$$\psi(x) = \psi(y) + \int_0^1 (T(y+t(x-y)), x-y)dt. \qquad ■$$

命题 10.1 设 X 为实自反空间,$\Omega \subset X$ 是凸开集,$T: \Omega \to X^*$ 在 Ω 内 G 可微,T 是 Ω 上的梯度映射,$L: X^* \to X^*$ 线性连续. 如果 $\forall h \in X, dT(\cdot)h: \Omega \to X^*$ 在 Ω

内是半连续的,则 LT 为 Ω 上的梯度映射当且仅当

$$LdT(x) = dT(x)L^*, \forall x \in \Omega.$$

证明　因为 X 是自反空间,故 L 的共轭算子 $L^*: X \to X$. 由链式法则(命题 8.4),以及 T 是梯度映射和定理 10.3 可知,$\forall u, v \in X$,

$$(d(LT)(x)u, v) = ((LdT(x))u, v) = (dT(x)u, L^*v) = (dT(x)L^*v, u).$$

$$(10.5)$$

如果 LT 是梯度映射,那么由(10.5)式及定理 10.3,有

$$(LdT(x)v, u) = (d(LT)(x)v, u) = (d(LT)(x)u, v)$$

$$= (dT(x)L^*v, u), \forall x \in \Omega, u, v \in X.$$

根据 u, v 的任意性,可得 $LdT(x) = dT(x)L^*, \forall x \in \Omega$.

反之,如果 $LdT(x) = dT(x)L^*, \forall x \in \Omega$,那么由(10.5)式,

$$(d(LT)(x)u, v) = (dT(x)L^*v, u) = (LdT(x)v, u)$$

$$= (d(LT)(x)v, u), \forall x \in \Omega, u, v \in X.$$

由定理 10.3 知,LT 是梯度映射. ∎

10.2　弱下半连续泛函

定义 10.3　设 X 是实赋范线性空间,称泛函 $\varphi: \Omega \subset X \to \mathbf{R}^1$ 在 $x_0 \in \Omega$ 处**弱下半连续(弱上半连续)**,是指对任意 $x_n \xrightarrow{w} x_0, x_n \in \Omega$,有 $\varphi(x_0) \leqslant \varliminf_{n \to \infty} \varphi(x_n) \left(\varlimsup_{n \to \infty} \varphi(x_n) \leqslant \varphi(x_0)\right)$.

定理 10.4　设 X 为实赋范线性空间. 若 $\Omega \subset X$ 是序列式弱闭集(即当 $x_n \in \Omega$, $x_n \xrightarrow{w} x_0$ 时,$x_0 \in \Omega$),则 $\varphi: \Omega \to \mathbf{R}^1$ 在 Ω 上弱下半连续当且仅当 $\forall r \in \mathbf{R}^1, \varphi_r = \{x \in \Omega \mid \varphi(x) \leqslant r\}$ 是序列式弱闭集.

证明　必要性. 设 φ 在 Ω 上弱下半连续,$r \in \mathbf{R}^1$. 如果 $x_n \in \varphi_r, x_n \xrightarrow{w} x_0 \in \Omega$,由于 $\varphi(x_0) \leqslant \varliminf_{n \to \infty} \varphi(x_n) \leqslant r$,因此 $x_0 \in \varphi_r$.

充分性. 设 $\forall r \in \mathbf{R}^1, \varphi_r$ 是序列式弱闭集. 对任意 $x_n \xrightarrow{w} x_0, x_n \in \Omega, x_0 \in \Omega$,令 $c = \varliminf_{n \to \infty} \varphi(x_n)$. 若 $c = -\infty$,则 $\forall r \in \mathbf{R}^1$,存在子列 $\{x_{n_k}\}$,使得 $\varphi(x_{n_k}) < r$. 因为 φ_r 是序列式弱闭集,以及 $x_{n_k} \xrightarrow{w} x_0$,所以 $x_0 \in \varphi_r$,矛盾. 因此,$c > -\infty$.

如果 φ 在 $x_0 \in \Omega$ 处不是弱下半连续的,则存在 $x_n \in \Omega, x_n \xrightarrow{w} x_0$,使得 $\varphi(x_0) > c$. 取 $\varepsilon > 0$,使得 $\varphi(x_0) > c + \varepsilon$. 因为 $c = \varliminf_{n \to \infty} \varphi(x_n)$,所以存在子列 $\{x_{n_k}\}$,使 $\varphi(x_{n_k})$

$\leqslant c + \frac{\varepsilon}{2}$. 而 $\varphi_{c+\frac{\varepsilon}{2}}$ 是序列式弱闭集, 并且 $x_{n_k} \xrightarrow{w} x_0$, 于是 $x_0 \in \varphi_{c+\frac{\varepsilon}{2}}$, 即 $\varphi(x_0) \leqslant c + \frac{\varepsilon}{2}$, 矛盾. ■

引理 10.2 设 X 是实赋范线性空间, $\Omega \subset X$ 是开集, 泛函 $\varphi : \Omega \to \mathbf{R}^1$ 在 Ω 上 G 可微. 如果 $\varphi(y) - \varphi(x) \geqslant (d\varphi(x), y-x)$, $\forall x, y \in \Omega$, 则 φ 在 Ω 上弱下半连续.

证明 设 $x_n \in \Omega, x_n \xrightarrow{w} x_0 \in \Omega$, 于是 $\varphi(x_n) - \varphi(x_0) \geqslant (d\varphi(x_0), x_n - x_0)$. 从而

$$0 = \lim_{n \to \infty}(d\varphi(x_0), x_n - x_0) = \varliminf_{n \to \infty}(d\varphi(x_0), x_n - x_0) \leqslant \varliminf_{n \to \infty}(\varphi(x_n) - \varphi(x_0)),$$

因此, $\varphi(x_0) \leqslant \varliminf_{n \to \infty} \varphi(x_n)$. ■

定理 10.5 设 X 是实赋范线性空间, $\Omega \subset X$ 是凸开集, 泛函 $\varphi : \Omega \to \mathbf{R}^1$ 在 Ω 上 G 可微. 如果 $(d\varphi(x) - d\varphi(y), x-y) \geqslant 0$, $\forall x, y \in \Omega$ (此时称梯度映射 $d\varphi$ 是**单调的**, 见 10.4 节), 则 φ 在 Ω 上弱下半连续.

证明 由泛函的 Lagrange 公式 (定理 8.1), 对任何 $x, y \in \Omega$ 有

$$\varphi(y) - \varphi(x) = (d\varphi(x + \tau(y-x)), y-x), \quad \tau \in (0,1). \tag{10.6}$$

由条件可知, $(d\varphi(x + \tau(y-x)) - d\varphi(x), \tau(y-x)) \geqslant 0$, 两端除以 τ, 从 (10.6) 式得

$$\varphi(y) - \varphi(x) \geqslant (d\varphi(x), y-x), \quad \forall x, y \in \Omega.$$

根据引理 10.2, 结论得证. ■

定理 10.6 设 X 是实赋范线性空间, $\Omega \subset X$ 是凸开集, 泛函 $\varphi : \Omega \to \mathbf{R}^1$ 在 Ω 上二阶 G 可微. 如果

$$d^2\varphi(x)h^2 \geqslant 0, \forall x \in \Omega, \quad h \in X, \tag{10.7}$$

则 φ 在 Ω 上弱下半连续.

证明 对任何 $x, y \in \Omega$, 由泛函的 Lagrange 公式, 有 (10.6) 式成立. 对泛函 $(d\varphi(\cdot), y-x)$ 再应用 Lagrange 公式, 有

$$(d\varphi(x + \tau(y-x)), y-x) - (d\varphi(x), y-x)$$
$$= \tau d^2\varphi(x + \tau'\tau(y-x))(y-x)^2, \quad \tau' \in (0,1). \tag{10.8}$$

从 (10.6), (10.8) 和 (10.7) 三式可知 $\varphi(y) - \varphi(x) \geqslant (d\varphi(x), y-x)$, $\forall x, y \in \Omega$. 根据引理 10.2, 结论得证. ■

命题 10.2 设 X 是实赋范线性空间, 则泛函 $\varphi(x) = \| x \|$ $(x \in X)$ 是在 X 上弱下半连续.

证明 设 $x_n \xrightarrow{w} x$, 则对任意的 $f \in X^*$, 有 $f(x_n) \to f(x)$. 由 Hahn-Banach 定理, 存在 $f_0 \in X^*$, $\| f_0 \| = 1$, 使得 $f_0(x) = \| x \|$. 于是

$$\| x_n \| = \| f_0 \| \| x_n \| \geqslant | f_0(x_n) | \to | f_0(x) | = \| x \|,$$

从而有 $\varliminf_{n \to \infty} \| x_n \| \geqslant \| x \|$. ■

例 10.1 在命题 9.3 的条件下，当 $0 < r < \dfrac{n+2}{n-2}$ 时，由命题 10.2 和命题 9.2 可知，命题 9.3 中的泛函 $I(u) = \dfrac{1}{2} \| u \|_{1,2}^2 - J(u)$ 是弱下半连续的，其中 $J(u)$ 是命题 9.2 中的泛函.

10.3 泛函的极值与临界点

定义 10.4 设 X 是实赋范线性空间，x_0 是 $\Omega \subset X$ 的内点，称泛函 $\varphi: \Omega \subset X \to \mathbf{R}^1$ 在 $x_0 \in \Omega$ 处取**极小(极大)值**，是指存在 x_0 的邻域 $U(x_0) \subset \Omega$，使得 $\forall x \in U(x_0)$，
$$\varphi(x) \geqslant \varphi(x_0) (\varphi(x) \leqslant \varphi(x_0)).$$
x_0 称为泛函 φ 在 Ω 中的**极小(极大)值点**.

定理 10.7(极值点的必要条件) 设 X 是实赋范线性空间，x_0 是 $\Omega \subset X$ 的内点，泛函 $\varphi: \Omega \to \mathbf{R}^1$ 在 x_0 处有 G 变分. 如果 φ 在 x_0 处取极值，则对于任意的 $h \in X$，$\delta\varphi(x_0)h = 0$.

证明 不妨设 φ 在 x_0 处取极小值. 于是存在 x_0 的邻域 $U(x_0) \subset \Omega$，使得
$$\varphi(x) \geqslant \varphi(x_0), \forall x \in U(x_0).$$
设 $h \in X$，故存在 $\alpha = \alpha(h) > 0$，使得当 $|t| < \alpha$ 时，有 $x_0 + th \in U(x_0)$. 令
$$f_h(t) = \varphi(x_0 + th)(|t| < \alpha),$$
则 $f_h(t) \geqslant f_h(0) (|t| < \alpha)$，即实函数 $f_h(t)$ 在 $t = 0$ 处取极小值. 故 $f_h'(0) = 0$，因此
$$\delta\varphi(x_0)h = \lim_{t \to 0} \frac{\varphi(x_0 + th) - \varphi(x_0)}{t} = \lim_{t \to 0} \frac{f_h(t) - f_h(0)}{t} = f_h'(0) = 0. \quad \blacksquare$$

定理 10.7 是引理 9.5 的推广. 下面的结果是数学分析中"有限闭区间上连续函数存在最小值"结论的推广.

引理 10.3 设 X 是实赋范线性空间，$\Omega \subset X$ 是弱列紧的序列式弱闭集. 如果泛函 $\varphi: \Omega \to \mathbf{R}^1$ 在 Ω 上弱下半连续，则 φ 在 Ω 上有下界，并且存在 $x_0 \in \Omega$，使得
$$\varphi(x_0) = \inf_{x \in \Omega} \varphi(x).$$

证明 设 $c = \inf_{x \in \Omega} \varphi(x)$. 如果 $c = -\infty$，则存在 $\{u_n\} \subset \Omega$，使得 $\varphi(u_n) < -n$. 因为 Ω 弱列紧，所以存在子列 $\{u_{n_k}\}$，$u_{n_k} \xrightarrow{w} u_0$. 又因为 Ω 是序列式弱闭集，故 $u_0 \in \Omega$. 由 φ 的弱下半连续性，$\varphi(u_0) \leqslant \varliminf_{k \to \infty} \varphi(u_{n_k})$，从而 $\varphi(u_0) = -\infty$，矛盾. 因此，φ 在 Ω 上有下界.

取 $\{x_n\} \subset \Omega$，使得 $\varphi(x_n) \to c$. 于是存在子列 $\{x_{n_k}\}$，$x_{n_k} \xrightarrow{w} x_0 \in \Omega$. 因此
$$c \leqslant \varphi(x_0) \leqslant \varliminf_{k \to \infty} \varphi(x_{n_k}) = \lim_{n \to \infty} \varphi(x_n) = c,$$

即 $\varphi(x_0)=c$.

引理 10.4 设 X 是实赋范线性空间. 如果 Ω 是 X 中的凸集, 则 Ω 是闭集当且仅当它是序列式弱闭集.

这个引理的证明见参考文献[7].

定理 10.8 设 X 是实自反空间, $D \subset X$ 是序列式弱闭集, φ 是 D 上的弱下半连续泛函. 如果 D 有界, 或者 D 无界, 而 φ 是强制的, 即当 $x \in D$, $\|x\| \to \infty$ 时, $\varphi(x) \to +\infty$, 则存在 $x_0 \in D$, 使得 $\varphi(x_0) = \inf_{x \in D} \varphi(x)$.

证明 如果 D 有界, 由定理 4.3 知, D 是弱列紧的. 再由引理 10.3, 结论得证.

设 D 无界, φ 是强制的. 根据强制性, 取 $u_0 \in D$, 使得 $M = \varphi(u_0) > 0$, 于是存在 $r > 0$, 使得当 $\|x\| > r$ 时, $\varphi(x) > M$. 由定理 4.3 和引理 10.4, X 中的闭球是弱列紧的序列式弱闭集, 故 $\Omega = D \bigcap \overline{B}(\theta, r)$ 也是弱列紧的序列式弱闭集. 由引理 10.3, 存在 $x_0 \in \Omega$, 使得 $\varphi(x_0) = \inf_{x \in \Omega} \varphi(x)$. 显然 $u_0 \in \Omega$, 所以当 $x \in D \backslash \Omega$ 时,

$$\varphi(x_0) \leqslant \varphi(u_0) = M < \varphi(x),$$

因此, $\varphi(x_0) = \inf_{x \in D} \varphi(x)$.

推论 1 设 X 为实自反空间, $T: X \to X^*$ 是梯度映射. 如果 T 的势泛函 φ 弱下半连续并且是强制的, 则泛函 φ 存在临界点, 即方程 $Tx = \theta$ 有解.

证明 全空间 X 当然是序列式弱闭集, 于是根据定理 10.8 和定理 10.7(或引理 9.5), 泛函 φ 存在临界点.

【注】 从命题 9.6 的证明可知, 泛函 I 是强制的. 由例 10.1 又知, 泛函 I 是弱下半连续的. 于是根据定理 10.8 的推论 1, 泛函 I 存在临界点. 这说明命题 9.6 也可以由定理 10.8 来证明.

下面给出泛函是强制的两个充分条件.

命题 10.3 设 X 是实赋范线性空间, 泛函 $\varphi: X \to \mathbf{R}^1$ 在 X 上 G 可微, $\mathrm{d}\varphi(x)$ 在 $x = \theta$ 处半连续. 如果存在常数 $c > 0$, 使得

$$(\mathrm{d}\varphi(x), x) \geqslant c\|x\|^2, \quad \forall x \in X,$$

则 φ 是强制的.

证明 因为 $\mathrm{d}\varphi(x)$ 在 $x = \theta$ 处半连续, 根据引理 10.1, $\forall x \in X$, $(\mathrm{d}\varphi(tx), x)$ 关于 t 是 $[0,1]$ 上的连续函数. 由于 $(\mathrm{d}\varphi(tx), x) = \dfrac{\mathrm{d}}{\mathrm{d}t}\varphi(tx)$, 故

$$\varphi(x) = \varphi(\theta) + \int_0^1 (\mathrm{d}\varphi(tx), x)\mathrm{d}t. \tag{10.9}$$

而当 $t \in (0,1]$ 时, $(\mathrm{d}\varphi(tx), tx) \geqslant ct^2\|x\|^2$, 因此 $(\mathrm{d}\varphi(tx), x) \geqslant ct\|x\|^2$, 从而

$$\varphi(x) = \varphi(\theta) + \int_0^1 (\mathrm{d}\varphi(tx), x)\mathrm{d}t \geqslant \varphi(\theta) + \int_0^1 ct\|x\|^2\mathrm{d}t = \varphi(\theta) + \frac{1}{2}\|x\|^2,$$

可见 φ 是强制的.

命题 10.4　设 X 是实赋范线性空间，$\varphi : X \to \mathbf{R}^1$ 在 X 上二阶 G 可微，并且 $\forall h \in X$，$\mathrm{d}^2 \varphi (\,\cdot\,) h$ 在 X 上是半连续的. 如果存在连续函数 $g : [0, +\infty) \to [0, +\infty), g(r) \to +\infty (r \to +\infty)$，使得

$$\mathrm{d}^2 \varphi (x) h^2 \geqslant \| h \| g(\| h \|), \forall x, h \in X,$$

则 φ 是强制的.

证明　因为 $T = \mathrm{d}\varphi : X \to X^*$，对 T 在 θ 处的 Taylor 公式(定理 10.2)为

$$(Tx, x) = (T\theta, x) + \int_0^1 (\mathrm{d}T(tx)x, x)\mathrm{d}t,$$

即 $(\mathrm{d}\varphi(x), x) = (\mathrm{d}\varphi(\theta), x) + \int_0^1 \mathrm{d}^2\varphi(tx)x^2 \mathrm{d}t$. 于是根据假设条件

$$(\mathrm{d}\varphi(x), x) \geqslant \| x \| g(\| x \|) - \| x \| \| \mathrm{d}\varphi(\theta) \|.$$

从而当 $t > 0$ 时，

$$(\mathrm{d}\varphi(tx), x) \geqslant \| x \| g(\| tx \|) - \| x \| \| \mathrm{d}\varphi(\theta) \|, \tag{10.10}$$

由于 φ 在 X 上二阶 G 可微，那么 $\mathrm{d}\varphi(\,\cdot\,)$ 半连续，在(10.10)式中令 $t \to 0$，根据 g 的连续性以及引理 10.1，可知(10.10)式在 $t = 0$ 时依然成立. 所以由(10.9)和(10.10)两式知

$$\varphi(x) = \varphi(\theta) + \int_0^1 (\mathrm{d}\varphi(tx, x)\mathrm{d}t$$

$$\geqslant \varphi(\theta) + \int_0^1 (\| x \| g(\| tx \|) - \| x \| \| \mathrm{d}\varphi(\theta) \|)\mathrm{d}t$$

$$= \varphi(\theta) + \| x \| \left(\int_0^1 g(\| tx \|)\mathrm{d}t - \| \mathrm{d}\varphi(\theta) \| \right). \tag{10.11}$$

由于 $g(r) \to +\infty (r \to +\infty)$，故存在 $R > 0$，使得当 $r \geqslant R$ 时，$g(r) \geqslant 2(\| \mathrm{d}\varphi(\theta) \| + 1)$. 因此，当 $\| x \| \geqslant 2R$ 时，由(10.11)式可得

$$\varphi(x) = \varphi(\theta) + \| x \| \left(\int_0^1 g(\| tx \|)\mathrm{d}t - \| \mathrm{d}\varphi(\theta) \| \right)$$

$$= \varphi(\theta) + \| x \| \left(\frac{1}{\| x \|} \int_0^{\| x \|} g(\tau)\mathrm{d}\tau - \| \mathrm{d}\varphi(\theta) \| \right)$$

$$\geqslant \varphi(\theta) + \| x \| \left(\frac{1}{\| x \|} \int_R^{\| x \|} g(\tau)\mathrm{d}\tau - \| \mathrm{d}\varphi(\theta) \| \right)$$

$$\geqslant \varphi(\theta) + \| x \| \left(\left(1 - \frac{R}{\| x \|} \right) 2(\| \mathrm{d}\varphi(\theta) \| + 1) - \| \mathrm{d}\varphi(\theta) \| \right)$$

$$\geqslant \varphi(\theta) + \| x \|,$$

可见 φ 是强制的.

推论 2　设 X 为实自反空间，$\varphi : X \to \mathbf{R}^1$ 在 X 上二阶 G 可微，并且 $\forall h \in X$，$\mathrm{d}^2 \varphi(\,\cdot\,) h$ 在 X 上是半连续的. 如果存在连续函数 $g : [0, +\infty) \to [0, +\infty), g(r) \to$

$+\infty(r \to +\infty)$,使得

$$\mathrm{d}^2\varphi(x)h^2 \geqslant \|h\| g(\|h\|), \forall x, h \in X,$$

则泛函 φ 存在临界点.

证明 根据定理 10.6,泛函 φ 在 X 上弱下半连续. 由命题 10.4,φ 强制. 故从推论 1 知,泛函 φ 存在临界点. ■

10.4 单调梯度映射

本节讨论具有凸势泛函的单调映射.

定义 10.5 设 X 是实线性空间,$\Omega \subset X$ 为凸子集,$\varphi: \Omega \to \mathbf{R}^1$ 称为 Ω 上的**凸泛函**,是指

$$\varphi(tx + (1-t)y) \leqslant t\varphi(x) + (1-t)\varphi(y), \forall t \in [0, 1], x, y \in \Omega.$$

若上述不等式只在 $x = y$ 时取等号,则称 φ 是**严格凸的**.

首先考虑泛函的凸性与弱下半连续的关系.

定理 10.9 设 X 是实赋范线性空间,$\Omega \subset X$ 为闭凸集. 如果 $\varphi: \Omega \to \mathbf{R}^1$ 是 Ω 上的凸泛函,并且下半连续,则 φ 在 Ω 上弱下半连续.

证明 对任意的 $r \in \mathbf{R}^1$,水平集 $\varphi_r = \{x \in \Omega \mid \varphi(x) \leqslant r\}$ 是凸集. 事实上,$\forall x, y \in \varphi_r$,当 $t \in [0, 1]$ 时,

$$\varphi(tx + (1-t)y) \leqslant t\varphi(x) + (1-t)\varphi(y) \leqslant tr + (1-t)r = r,$$

故 $tx + (1-t)y \in \varphi_r$. 此外,根据 φ 的下半连续性,由命题 6.2 知 φ_r 是闭集. 所以由引理 10.4 和定理 10.4 知,φ 在 Ω 上弱下半连续. ■

【注】 显然,如果 $\varphi: \Omega \to \mathbf{R}^1$ 在 Ω 上是弱下半连续的,那么 φ 在 Ω 上是下半连续的,所以由定理 10.9 可知,对于闭凸集 Ω 上的凸泛函 φ,其下半连续性和弱下半连续性等价.

下面考虑 G 可微的凸泛函.

定理 10.10 设 X 是实赋范线性空间,$\Omega \subset X$ 是凸开集. 如果泛函 $\varphi: \Omega \to \mathbf{R}^1$ 在 Ω 上 G 可微,则下列结论等价:

(i) φ 在 Ω 上的凸泛函;

(ii) $\varphi(y) - \varphi(x) \geqslant (\mathrm{d}\varphi(x), y-x), \forall x, y \in \Omega$;

(iii) $(\mathrm{d}\varphi(y) - \mathrm{d}\varphi(x), y-x) \geqslant 0, \forall x, y \in \Omega$.

证明 (i)$\Rightarrow$(ii). $\forall x, y \in \Omega, t \in (0, 1)$,由 φ 的凸性,

$$\varphi(y) - \varphi(x) \geqslant \frac{1}{t}(\varphi(x + t(y-x) - \varphi(x)).$$

因为 φ 是 G 可微的,所以令 $t \to 0^+$ 可得

$$\varphi(y) - \varphi(x) \geqslant (\mathrm{d}\varphi(x), y - x). \tag{10.12}$$

(ii)$\Rightarrow$(iii). 由(10.12)式得

$$\varphi(x) - \varphi(y) \geqslant (\mathrm{d}\varphi(y), x - y), \tag{10.13}$$

由(10.12)式又有

$$\varphi(y) - \varphi(x) \geqslant (-\mathrm{d}\varphi(x), x - y). \tag{10.14}$$

(10.13)和(10.14)两式相加得 $0 \geqslant (\mathrm{d}\varphi(y) - \mathrm{d}\varphi(x), x - y)$,即$(\mathrm{d}\varphi(y) - \mathrm{d}\varphi(x), y - x) \geqslant 0$.

(iii)$\Rightarrow$(ii). 由泛函的 Lagrange 公式(定理 8.1),存在 $\tau \in (0,1)$,使得

$$\varphi(y) - \varphi(x) = (\mathrm{d}\varphi(x + \tau(y - x)), y - x)$$

$$= \frac{1}{\tau}(\mathrm{d}\varphi(x + \tau(y - x)) - \mathrm{d}\varphi(x), \tau(y - x)) + (\mathrm{d}\varphi(x), y - x)$$

$$\geqslant (\mathrm{d}\varphi(x), y - x).$$

(ii)$\Rightarrow$(i). $\forall x, y \in \Omega, t \in [0,1]$,令 $u = tx + (1-t)y$,由(ii)得

$$\varphi(x) - \varphi(u) \geqslant (\mathrm{d}\varphi(u), x - u), \varphi(y) - \varphi(u) \geqslant (\mathrm{d}\varphi(u), y - u),$$

上面两个不等式的凸组合为

$$t(\varphi(x) - \varphi(u)) + (1-t)(\varphi(y) - \varphi(u)) \geqslant (\mathrm{d}\varphi(u), t(x - u) + (1-t)(y - u)) = 0,$$

因此,$\varphi(u) = \varphi(tx + (1-t)y) \leqslant t\varphi(x) + (1-t)\varphi(y)$. ■

【注】 从定理 10.10 和定理 10.5 可见,凸开集 Ω 上的 G 可微凸泛函 φ 在 Ω 上弱下半连续.

定理 10.11 设 X 是实赋范线性空间,$\Omega \subset X$ 是凸开集. 如果泛函 $\varphi: \Omega \to \mathbf{R}^1$ 在 Ω 上二次 G 可微,则 φ 是 Ω 上的凸泛函的充分必要条件为 $\mathrm{d}^2\varphi(x)h^2 \geqslant 0, \forall x \in \Omega, h \in X$.

证明 必要性. 设 φ 是 Ω 上的凸泛函,则 $\forall x \in \Omega, h \in X$,由定理 10.10(iii),

$$\mathrm{d}^2\varphi(x)h^2 = \lim_{t \to 0^+} \frac{1}{t}(\mathrm{d}\varphi(x + th) - \mathrm{d}\varphi(x), h) \geqslant 0.$$

充分性. 由定理 10.6 的证明可得 $\varphi(y) - \varphi(x) \geqslant (\mathrm{d}\varphi(x), y - x), \forall x, y \in \Omega$. 再根据定理 10.10(ii)知,$\varphi$ 是 Ω 上的凸泛函. ■

命题 10.5 设 X 是实赋范线性空间,$\Omega \subset X$ 是凸集. 如果泛函 $\varphi: \Omega \to \mathbf{R}^1$ 在 Ω 上是严格凸的,则最多存在一个 $x_0 \in \Omega$,使得 $\varphi(x_0) = \inf\limits_{x \in \Omega} \varphi(x)$.

证明 假设存在 $u, v \in \Omega, u \neq v$,使得

$$\varphi(u) = \varphi(v) = \inf_{x \in \Omega} \varphi(x),$$

则 $\forall t \in (0,1), \inf\limits_{x \in \Omega} \varphi(x) \leqslant \varphi(tu + (1-t)v) < t\varphi(u) + (1-t)\varphi(v) = \inf\limits_{x \in \Omega} \varphi(x)$,矛盾. ■

定义 10.6 设 X 为实赋范线性空间,$\Omega \subset X$ 为开集,算子 $T: \Omega \to X^*$ 是 Ω 上势泛函 φ 的梯度映射,即 $T = \mathrm{d}\varphi$. 如果$(Tx - Ty, x - y) \geqslant 0, \forall x, y \in \Omega$,则称 T 是

Ω 上的**单调梯度映射**. 如果等号当且仅当 $x=y$ 时成立,则称 T 是 Ω 上的**严格单调梯度映射**.

从定理 10.10 和定理 10.5 可见,对于凸开集上的单调梯度映射,其势泛函是凸的和弱下半连续的;对于凸开集上 G 可微的凸泛函,其 G 导映射是单调梯度映射.

定理 10.12　设 X 是实自反空间,$T:X\to X^*$ 为梯度映射,其势泛函 φ 是强制的. 如果 T 是单调的,则 φ 存在临界点,即方程 $Tx=\theta$ 有解. 特别地,如果 T 是严格单调的,则 φ 存在唯一的临界点.

证明　如果 T 是单调梯度映射,那么从定理 10.5 可知 φ 弱下半连续. 再由定理 10.8 的推论 1,φ 存在临界点. 如果 T 是严格单调的,并且 φ 存在临界点 $u,v\in X$,即 $Tu=Tv=\theta,u\neq v$,这与 $(Tu-Tv,u-v)>0$ 矛盾. ■

命题 10.6　设 X 是实 Hilbert 空间,$T:X\to X$ 是 X 上的梯度映射,其势泛函为 φ. 如果 $-T$ 是单调的,并且

$$\varphi(x)\leqslant a\parallel x\parallel^2+b\parallel x\parallel^r+c,\forall x\in X,\tag{10.15}$$

其中 a,b,c 是实常数,$a<\dfrac{1}{2}$,$0<r<2$,则泛函 $\psi(x)=\dfrac{1}{2}\parallel x\parallel^2-\varphi(x)$ 存在临界点,即 T 存在不动点.

证明　由例 8.3 可知,恒等算子 I 是势泛函为 $\dfrac{1}{2}\parallel x\parallel^2$ 的梯度映射. 易证 I 是单调的. 又因为 $-T$ 单调,所以 $I-T$ 为单调梯度映射,并且其势泛函为 $\psi(x)$. 由 (10.15) 式可得

$$\psi(x)\geqslant\left(\dfrac{1}{2}-a\right)\parallel x\parallel^2-b\parallel x\parallel^r-c,$$

所以 $\psi(x)$ 是强制的. 根据定理 10.12,$\psi(x)$ 存在临界点 x^*,即 $(I-T)x^*=\theta,x^*$ 是 T 的不动点. ■

第 11 章　变分方法在工程中的应用

11.1　刚塑性可压缩材料模型

本章中的一些术语及公式见参考文献[28].

先作如下的约定:x 表示轧制方向,y 表示轧件的宽度方向,z 表示轧件的厚度方向.

刚塑性可压缩材料与普通刚塑性材料的主要差别是放松了体积不变条件的限制,假定屈服与静水压力有关. 即屈服条件不仅与偏差应力的二次不变量 J'_2 有关,也与应力的一次不变量 J_1(即静水压力)有关:

$$F = (\alpha J_1^2 + \beta J'_2)^{\frac{1}{2}}, \tag{11.1}$$

在(11.1)式中,α,β 为常数,

$$J_1 = \sigma_x + \sigma_y + \sigma_z = 3\sigma_m, \tag{11.2}$$

在(11.2)式中,σ_m 为静水压力,σ_x,σ_y 和 σ_z 分别表示 x,y 和 z 方向的正应力,

$$J'_2 = -(\sigma'_x\sigma'_y + \sigma'_y\sigma'_z + \sigma'_z\sigma'_x) + \tau_{xy}^2 + \tau_{yz}^2 + \tau_{zx}^2$$
$$= \frac{1}{6}\left[(\sigma_x - \sigma_y)^2 + (\sigma_y - \sigma_z)^2 + (\sigma_z - \sigma_x)^2 + 6(\tau_{xy}^2 + \tau_{yz}^2 + \tau_{zx}^2)\right],$$
$$\tag{11.3}$$

在(11.3)式中,σ'_x,σ'_y 和 σ'_z 为偏差应力,τ_{xy},τ_{yz} 和 τ_{zx} 为剪应力.

与 Mises 屈服条件类似,(11.1)式可以写成

$$\bar{\sigma} = \left\{\frac{1}{2}\left[(\sigma_x - \sigma_y)^2 + (\sigma_y - \sigma_z)^2 + (\sigma_z - \sigma_x)^2 + 6(\tau_{xy}^2 + \tau_{yz}^2 + \tau_{zx}^2) + g\sigma_m^2\right]\right\}^{\frac{1}{2}},$$
$$\tag{11.4}$$

这里,$\bar{\sigma}$ 为等效应力;g 为一正值小常数,它与材料的可压缩程度有关,称为**可压缩参数**,在金属轧制过程求解中,一般取 $0.01 \sim 0.0001$.

对照(11.1)~(11.4)四式,可以得到

$$F = \bar{\sigma}, \quad \alpha = \frac{1}{9}g, \quad \beta = 3, \tag{11.5}$$

$$\bar{\sigma} = \left(\frac{1}{9}gJ_1^2 + 3J'_2\right)^{\frac{1}{2}}. \tag{11.6}$$

可以推出刚塑性可压缩材料的应力-应变速率关系为

$$\sigma_x = \frac{\bar{\sigma}}{\dot{\bar{\varepsilon}}}\left[\frac{2}{3}\dot{\varepsilon}_x + \left(\frac{1}{g} - \frac{2}{9}\right)\dot{\varepsilon}_v\right], \tag{11.7}$$

$$\sigma_y = \frac{\bar{\sigma}}{\dot{\bar{\varepsilon}}}\left[\frac{2}{3}\dot{\varepsilon}_y + \left(\frac{1}{g} - \frac{2}{9}\right)\dot{\varepsilon}_v\right], \tag{11.8}$$

$$\sigma_z = \frac{\bar{\sigma}}{\dot{\bar{\varepsilon}}}\left[\frac{2}{3}\dot{\varepsilon}_z + \left(\frac{1}{g} - \frac{2}{9}\right)\dot{\varepsilon}_v\right], \tag{11.9}$$

$$\tau_{xy} = \frac{1}{3} \cdot \frac{\bar{\sigma}}{\dot{\bar{\varepsilon}}} \cdot \dot{\gamma}_{xy}, \tag{11.10}$$

$$\tau_{yz} = \frac{1}{3} \cdot \frac{\bar{\sigma}}{\dot{\bar{\varepsilon}}} \cdot \dot{\gamma}_{yz}, \tag{11.11}$$

$$\tau_{zx} = \frac{1}{3} \cdot \frac{\bar{\sigma}}{\dot{\bar{\varepsilon}}} \cdot \dot{\gamma}_{zx}. \tag{11.12}$$

在(11.7)~(11.12)六式中,$\dot{\varepsilon}_x$,$\dot{\varepsilon}_y$ 和 $\dot{\varepsilon}_z$ 分别为 x,y 和 z 方向上的应变速率,$\dot{\gamma}_{xy}$,$\dot{\gamma}_{yz}$ 和 $\dot{\gamma}_{zx}$ 为剪应变速率,$\dot{\bar{\varepsilon}}$ 为等效应变速率,$\dot{\varepsilon}_v$ 为体积应变速率,且

$$\dot{\varepsilon}_v = \dot{\varepsilon}_x + \dot{\varepsilon}_y + \dot{\varepsilon}_z, \tag{11.13}$$

$$\dot{\bar{\varepsilon}} = \left\{\frac{2}{9}\left[(\dot{\varepsilon}_x - \dot{\varepsilon}_y)^2 + (\dot{\varepsilon}_y - \dot{\varepsilon}_z)^2 + (\dot{\varepsilon}_z - \dot{\varepsilon}_x)^2 + \frac{3}{2}(\dot{\gamma}_{xy}^2 + \dot{\gamma}_{yz}^2 + \dot{\gamma}_{zx}^2) + \frac{1}{g}\dot{\varepsilon}_v^2\right]\right\}^{\frac{1}{2}}. \tag{11.14}$$

　　为引用张量符号的方便,我们常用 (x_1, x_2, x_3) 替代 (x, y, z),这样,(11.7)~(11.12)六式可用张量记号

$$\sigma_{ij} = \frac{\bar{\sigma}}{\dot{\bar{\varepsilon}}}\left[\frac{2}{3}\dot{\varepsilon}_{ij} + \delta_{ij}\left(\frac{1}{g} - \frac{2}{9}\right)\dot{\varepsilon}_v\right], \tag{11.15}$$

此处

$$\dot{\varepsilon}_{ij}(v) = \frac{1}{2}(v_{i,j} + v_{j,i}), \tag{11.16}$$

$$v_{i,j} = \frac{\partial v_{x_i}}{\partial x_j}, \tag{11.17}$$

δ_{ij} 是克罗内克尔(Kronecker)符号,意为

$$\delta_{ij} = \begin{cases} 1, & i = j, \\ 0, & i \neq j. \end{cases} \tag{11.18}$$

(11.14)式有时也用下面的形式

$$\dot{\bar{\varepsilon}} = \sqrt{\frac{2}{3}\dot{\varepsilon}_{ij}\dot{\varepsilon}_{ij} + \left(\frac{1}{g} - \frac{2}{9}\right)\dot{\varepsilon}_v^2}, \tag{11.19}$$

或

$$\dot{\bar{\varepsilon}} = \sqrt{\frac{2}{3}\dot{\varepsilon}'_{ij}\dot{\varepsilon}'_{ij} + \frac{1}{g}\dot{\varepsilon}^2_v},\tag{11.20}$$

这里，$\dot{\varepsilon}'_{ij}$ 是偏差应变速率张量

$$\dot{\varepsilon}'_{ij} = \dot{\varepsilon}_{ij} - \delta_{ij}\dot{\varepsilon}_v/3.\tag{11.21}$$

利用 (11.7) 与 (11.8) 两式就可以从应变速率分量中直接求出应力场，当以节点速度为未知量，从运动许可速度场出发，能够同时简便地求出各种力能参数.

11.2 总能耗率泛函

在如图 11.1 所示的稳定轧制过程中，设工件是一各向同性的三维变形体 $\Omega \subset \mathbf{R}^3$，$\Omega$ 具有充分光滑的边界，其中已知表面力 p 的作用面为 S_P，已知速度 $\bar{v}$ 的作用面为 S_v，忽略质量力和惯性力，并且不考虑存在速度间断面时，在塑性变形区应满足：

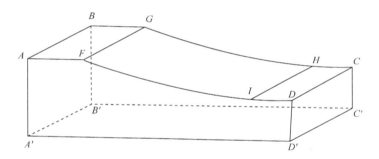

图 11.1 轧制边界面简图

(1) 静力平衡方程

$$\sigma_{ij,j} = 0;\tag{11.22}$$

(2) 几何方程

$$\dot{\varepsilon}_{ij}(v) = \frac{1}{2}(v_{i,j} + v_{j,i});\tag{11.23}$$

(3) 屈服条件

$$\bar{\sigma} = \sqrt{\frac{3}{2}\sigma'_{ij}\sigma'_{ij} + \frac{1}{9}g\sigma_{kk}\sigma_{kk}};\tag{11.24}$$

(4) 应力-应变关系

$$\sigma_{ij} = \frac{\bar{\sigma}}{\dot{\bar{\varepsilon}}}\left[\frac{2}{3}\dot{\varepsilon}_{ij} + \delta_{ij}\left(\frac{1}{g} - \frac{2}{9}\right)\dot{\varepsilon}_v\right];\tag{11.25}$$

(5) 边界条件

在外力已知表面 S_P 上的应力边界条件

$$\sigma_{ij} n_j = p_i,\tag{11.26}$$

在(11.26)式中，n_j 为外力已知表面的外法线方向的单位向量；

在位移速度已知的表面 S_v 上的速度边界条件

$$v = \bar{v}.\tag{11.27}$$

由刚塑性可压缩材料的变分原理，满足几何方程(11.23)，刚塑性可压缩材料的应力—应变关系(11.25)和速度边界条件(11.27)的一切运动许可速度场中，使总能耗率泛函

$$\varphi = \int_{\Omega} \bar{\sigma}\dot{\bar{\varepsilon}} d\Omega - \int_{S_p} p_i v_i dS\tag{11.28}$$

取最小值的速度场为问题的真解[28].

对于轧制问题，边界面上的外力为接触面上的摩擦应力，变形区端部的张应力等，这样，(11.28)式变为

$$\varphi = \int_{\Omega} \bar{\sigma}\dot{\bar{\varepsilon}} d\Omega + \int_{S_f} \tau_f \Delta v_f dS \pm \int_{S_t} t v_i dS.\tag{11.29}$$

下面对(11.29)式中的各项给出具体的说明：

(11.29)式中右端第一项表示塑性变形功率泛函，记为 $\varphi_w = \int_{\Omega} \bar{\sigma}\dot{\bar{\varepsilon}} d\Omega$. 求解热加工问题时，当等效应力 $\bar{\sigma}$ 等于变形抗力 σ_s 时发生屈服，而变形抗力 σ_s 是应变和应变速率的函数，变形抗力模型通常可以写成如下形式：

$$\bar{\sigma} = \sigma_s = a \cdot \varepsilon^n \cdot \dot{\bar{\varepsilon}}^m,\tag{11.30}$$

在(11.30)式中，ε 表示变形程度，不妨假定它是 $(x_1, x_2, x_3) \in \Omega$ 的连续函数. n 为应变硬化指数，$\dot{\bar{\varepsilon}}$ 表示等效应变速率，根据实际轧制过程，我们作如下的假设：

$$0 < \dot{\bar{\varepsilon}}_s \leqslant \dot{\bar{\varepsilon}}(v) \leqslant \dot{\bar{\varepsilon}}_g < +\infty,\tag{11.31}$$

在(11.31)式中，$\dot{\bar{\varepsilon}}_s, \dot{\bar{\varepsilon}}_g$ 分别是应变速率限. m 为速度敏感指数（$0<m<1$），对确定的钢种，当温度不变时，a 是常数，记

$$\alpha(x_1, x_2, x_3) = a \cdot \varepsilon^n,\tag{11.32}$$

因而，可设存在常数 $\alpha_1 > 0, \alpha_2 > 0$，使得

$$\alpha_1 < \alpha(x_1, x_2, x_3) < \alpha_2.\tag{11.33}$$

根据 Hill 的理论，对速度敏感材料，塑性变形功率泛函 φ_w 本质上应该表示为

$$\varphi_w(v) = \frac{1}{m+1} \int_{\Omega} \alpha(x_1, x_2, x_3) \cdot \dot{\bar{\varepsilon}}^{m+1} d\Omega.\tag{11.34}$$

(11.29)式中右端第二项表示摩擦功率泛函,记为 $\varphi_f = \int_{S_f} \tau_f \Delta v_f \mathrm{d}S$. 这里 S_f 为摩擦力作用面,Δv_f 为摩擦力作用面上轧件与轧辊的相对滑动速度

$$\Delta v_f = \sqrt{(v_{R_{x_1}} - v_{x_1})^2 + (v_{R_{x_2}} - v_{x_2})^2 + (v_{R_{x_3}} - v_{x_3})^2}, \qquad (11.35)$$

在(11.35)式中,$v = (v_{x_1}, v_{x_2}, v_{x_3})$ 为轧件的速度,$(v_{R_{x_1}}, v_{R_{x_2}}, v_{R_{x_3}})$ 为轧辊的速度. τ_f 为摩擦剪应力,由于轧制过程中轧件与轧辊之间的摩擦相当复杂,它不仅与工具、工件本身的物理性质和表面状态有关,也与轧制温度、轧制速度、变形程度等工艺因素有关. 目前还没有一个公认的理论公式能使轧制中接触面上摩擦计算问题得到圆满解决,人们根据具体的不同情况采用不同的摩擦规律对摩擦功率项加以处理. 本章将讨论人们常用的几种摩擦规律.

(1) 常剪应力摩擦条件　假设摩擦剪应力是常数,则

$$\tau_f = m\tau_k = m\frac{\sigma_s}{\sqrt{3}} = m_f\sigma_s \quad (0 < m \leqslant 1, 0 < m_f \leqslant 0.577). \qquad (11.36)$$

这种摩擦条件在程序处理上非常简单,因而在刚塑性有限元的求解中经常被人们采用.

(2) 常摩擦系数摩擦条件　假设摩擦力与轧制压力成正比,摩擦系数是常数,此即库仑摩擦定律,

$$\tau_f = \mu \cdot p(x_1, x_2, x_3), \qquad (11.37)$$

在(11.37)式中,μ 为摩擦系数,$p(x_1, x_2, x_3)$ 为正压力,假定它随 (x_1, x_2, x_3) 在接触面 $FGHI$ 上的变化而连续变化. 采用这种关系式进行有限元计算时,每个迭代步中都要利用得到的应力场对摩擦应力进行修整,因而不如常剪应力摩擦条件用起来简便.

(3) 考虑相对滑动速度影响的摩擦条件　有些文献在采用常剪应力摩擦条件时,前后滑区的摩擦力在中性点处突然变号,出现很大的阶跃,这与实验中发现摩擦力在中性点附近有个渐变的递减区的现象不符.

Kobayashi 等利用反正切函数对常剪应力摩擦规律进行修正,提出以下摩擦应力公式:

$$\tau_f = m_k \frac{\sigma_k}{\sqrt{3}} \left(\frac{2}{\pi} \tan^{-1} \left(\frac{\Delta v_f}{k_a} \right) \right), \qquad (11.38)$$

这里 k_a 是比相对滑动速度小得多的正值常数,k_a 越小,(11.38)式所表达的函数性态越接近于常剪应力摩擦定律,如图 11.2.

(11.38)式建立了摩擦剪应力与相对滑动速度的关系. 当 $\Delta V_f = 0$ 时,$\tau_f = 0$,克服了(11.36)式中的那种 τ_f 的阶跃. 在变形区入口和出口附近相对滑动速度较大的地方,τ_f 与(11.36)式非常接近. 应注意 k_a 的取值对 τ_f 的分布有明显的影响,

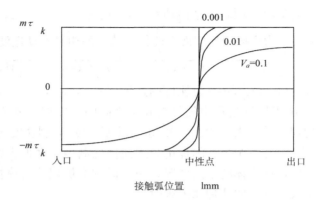

图 11.2 S. Kobayashi 模型摩擦应力分布

k_a 过大会引起摩擦剪应力 τ_f 失真，k_a 过小又可能导致数值计算方面的困难，Kobayashi 推荐当 ΔV_f 为 0.1 数量级时，可以取 $k_a = 10^{-3} \sim 10^{-5}$.

（4）Gratacos 摩擦模型

$$\tau_f = m_k \frac{\sigma_s}{\sqrt{3}} \frac{\Delta v_f}{\sqrt{(\Delta v_f)^2 + k_a^2}}, \tag{11.39}$$

采用求积方法，可得对应摩擦功率泛函

$$\varphi_f(v) = \int_{S_f} \left(\int_0^{\Delta v_f} \tau_f \mathrm{d}(\Delta v_f) \right) \mathrm{d}S = \int_{S_f} m_k \frac{\sigma_s}{\sqrt{3}} (\sqrt{(\Delta v_f)^2 + k_a^2} - k_a) \mathrm{d}S, \tag{11.40}$$

这一模型也是对（11.36）式的一种正则化或修正.

（5）Norton 的摩擦模型

$$\tau_f = aK \Delta v_f^s (s > 0), \tag{11.41}$$

在（11.41）式中，a，K 都是常数. 特别地，当 $s = 1$ 时，即是所谓的"**黏性摩擦规律**".

（11.29）式中右端第三项表示外（张）力功率泛函，记作 $\varphi_t = \pm \int_{S_t} tv_i \mathrm{d}S$，其中 S_t 为变形区前后张应力作用面，t 为变形区前后张应力，v_i 为张力面上轧件在张力方向的速度，前张力取正号，后张力取负号. 为了我们理论推导的方便，将外力抽象为三维向量 t，工件在张力面上的速度向量仍记作 v，则 φ_t 可以表示为

$$\varphi_t = \int_{S_t} \langle t, v \rangle \mathrm{d}S, \tag{11.42}$$

在（11.42）式中，$\langle t, v \rangle$ 表示外力向量 t 与速度向量 v 的内积.

这样，总能耗率泛函 φ 可以表示为

$$\varphi(v) = \varphi_w(v) + \varphi_f(v) + \varphi_t(v)$$

$$= \frac{1}{m+1} \int_\Omega \alpha(x_1, x_2, x_3) \, \dot{\bar{\varepsilon}}^{m+1} \mathrm{d}\Omega + \int_{S_f} \tau_f \cdot \Delta v_f \mathrm{d}S + \int_{s_t} \langle t, v \rangle \mathrm{d}S.$$

$$\tag{11.43}$$

下面我们给出常用的速度边界条件(边界面见图 11-1)：

(1) 在轧件与轧辊的接触表面 $FGHI$ 上，$v_N = 0$，这里 N 是接触表面 $FGHI$ 的法线方向；

(2) 在轧件的左右对称面 $A'ADD'$ 上，$v_{x_2} = 0$，即由对称性条件，金属在该面上没有左右流动；

(3) 在轧件的上下对称面 $A'B'C'D'$ 上，$v_{x_3} = 0$，即由对称性条件，金属在该面上没有上下流动；

(4) 在后外端界面 $A'ABB'$ 上，认为面上各点的水平速度相同，且速度的垂直分量和横向分量为零，即

$$v_{x_1} = c_{x_0} (\text{未知常数}), \quad v_{x_2} = 0, \quad v_{x_3} = 0;$$

(5) 在前外端界面 $D'DCC'$ 上，与(4)情形类似，一般情况下可以取边界条件如下：

$$v_{x_1} = c_{x_1} (\text{未知常数}), \quad v_{x_2} = 0, \quad v_{x_3} = 0;$$

(6) 在侧自由表面 $B'BCC'$ 上，是自由流动表面，但在稳定轧制过程中，合速度的方向应与轧件表面的方向相切，则 $v_N = 0$；

(7) 在后外端上表面 $ABGF$ 上 $v_{x_3} = 0$；

(8) 在前外端上表面 $HCDI$ 上 $v_{x_3} = 0$.

把这些条件的总体记作 Condition B.

11.3　热轧过程总能耗率泛函极值点的存在与唯一性

设 $L^2(\Omega)$ 是区域 Ω 上平方可积函数的全体，我们引入 Hilbert 空间

$$(L^2(\Omega))^3 = \{(u_1, u_2, u_3) : u_i \in L^2(\Omega), i = 1, 2, 3\},$$

其内积为 $(u, v)_0 = \int_\Omega u_i v_i \mathrm{d}\Omega$，范数为 $\| u \|_0 = (u, u)_0^{\frac{1}{2}}$. 在此基础上，再引入另一个 Hilbert 空间

$$(H^1(\Omega))^3 = \{(u_1, u_2, u_3) : u_i \in L^2(\Omega), D^r u_i \in L^2(\Omega), i = 1, 2, 3, |\alpha| = 1\},$$

其内积为 $(u, v) = \int_\Omega (u_i v_i + u_{i,j} v_{i,j}) \mathrm{d}\Omega$，范数为 $\| u \|_1 = (u, u)^{\frac{1}{2}}$. 另外，我们再引入 $(H^1(\Omega))^3$ 中的半范数 $|u|_1 = \left(\int_\Omega u_{i,j} u_{i,j} \mathrm{d}\Omega \right)^{\frac{1}{2}}$.

考虑 $(H^1(\Omega))^3$ 的一个子空间

$$V = \{v \in (H^1(\Omega))^3 : v \in \text{Condition B}\}. \tag{11.44}$$

有关 Sobolev 空间的概念和结论参见参考文献[18].

引理 11.1(Friedrichs 不等式) 记 $\partial\Omega = S_1 \bigcup S_2$，且 S_1 的度量为正. 在 S_1 上满足 $v_N = 0$. 则由(11.44)定义的空间 V 是 $(H^1(\Omega))^3$ 的一个闭子空间，并且在空间 V 上，范数与半范数等价，即存在常数 $c_1 > 0$，使得对任意给定的 $u \in V$，有

$$\| u \|_0 \leqslant c_1 \mid u \mid_1. \tag{11.45}$$

证明 对任意给定的 $u \in (H^1(\Omega))^3$，构造泛函

$$f_1(u) = \int_S \langle u, n \rangle \mathrm{d}S, \tag{11.46}$$

则类似于参考文献[28]中定理 3.6.2 的证明，易知存在常数 $c' > 0$，使得

$$\mid f_1(u) \mid \leqslant c' \| u \|_1. \tag{11.47}$$

从而，泛函 $f_1(u)$ 是 $(H^1(\Omega))^3$ 上的有界线性泛函. 再由参考文献[28]中的定理 3.6.1，可知存在常数 $c'' > 0$，使得

$$\| u \|_1 \leqslant c'' \left[\left| \int_{S_1} \langle u, n \rangle \mathrm{d}S \right|^2 + \mid u \mid_1^2 \right]^{\frac{1}{2}}. \tag{11.48}$$

因此，对于空间 V，存在常数 $c_1 > 0$，使得对任意给定的 $u \in V$，有

$$\| u \|_0 \leqslant c_1 \mid u \mid_1.$$

下面证明空间 V 是 $(H^1(\Omega))^3$ 的闭子空间.

设 $\{u_n\} \subset V$，且 $\| u_n - u \|_1 \to 0 (n \to \infty)$，由 Sobolev 空间的嵌入定理(参见参考文献[18])，有

$$\| u_n - u \|_{0, \partial\Omega} \leqslant c''' \| u_n - u \|_1.$$

因此，u_n 在 $\partial\Omega$ 上几乎处处收敛于 $u|_{\partial\Omega}$，又 $u_n|_{S_1} = 0$，由此可得结论. ∎

引理 11.2(Korn 不等式) 存在常数 $c_2 > 0$，使得对任意给定的 $u \in V$，有

$$\int_\Omega \dot{\varepsilon}_{ij}(u) \dot{\varepsilon}_{ij}(u) \mathrm{d}\Omega + \int_\Omega u_i \cdot u_i \mathrm{d}\Omega \geqslant c_2 \| u \|_1^2.$$

证明 对任意的 $u, v \in V$，注意到等式(见参考文献[29])

$$\int_\Omega \dot{\varepsilon}_{ij}(u) \dot{\varepsilon}_{ij}(v) \mathrm{d}\Omega = \frac{1}{2} \int_\Omega \langle \mathrm{grad} u, \mathrm{grad} v \rangle \mathrm{d}\Omega + \frac{1}{2} \int_\Omega \langle \mathrm{div} u, \mathrm{div} v \rangle \mathrm{d}\Omega$$

$$+ \oint_{\partial\Omega} [(v \cdot \mathrm{grad}) u \cdot n - (v \cdot n) \mathrm{div} u] \mathrm{d}s,$$

在边界面 $\partial\Omega$ 上，由速度边界条件，容易验证，$(v \cdot \mathrm{grad}) u \cdot n - (v \cdot n) \mathrm{div} u = 0$. ∎

为讨论的需要，我们引进一个 7 维向量 $\dot{\varepsilon}(v)$ 如下：

$$\dot{\varepsilon}(v) = \Big\{ \sqrt{\frac{2}{3}} \dot{\varepsilon}_{11}(v), \quad \sqrt{\frac{2}{3}} \dot{\varepsilon}_{22}(v), \quad \sqrt{\frac{2}{3}} \dot{\varepsilon}_{33}(v),$$

$$\sqrt{\frac{4}{3}} \dot{\varepsilon}_{12}(v), \quad \sqrt{\frac{4}{3}} \dot{\varepsilon}_{23}(v), \quad \sqrt{\frac{4}{3}} \dot{\varepsilon}_{31}(v), \quad \sqrt{\frac{1}{g} - \frac{2}{9}} \dot{\varepsilon}_v(v) \Big\}.$$

$$\tag{11.49}$$

明显,向量 $\dot{\varepsilon}(v)$ 关于速度向量 v 线性,且

$$\dot{\varepsilon}(v) = \langle \dot{\varepsilon}(v), \dot{\varepsilon}(v) \rangle^{\frac{1}{2}}, \tag{11.50}$$

这里 $\langle \dot{\varepsilon}(v), \dot{\varepsilon}(v) \rangle$ 是向量 $\dot{\varepsilon}(v)$ 与向量 $\dot{\varepsilon}(v)$ 的内积.

引理 11.3　存在常数 $c_3, c_3 > 0$,使得

$$c_3 \dot{\varepsilon}_{ij} \dot{\varepsilon}_{ij} \leqslant \dot{\varepsilon}^2 \leqslant c_3 \dot{\varepsilon}_{ij} \dot{\varepsilon}_{ij}. \tag{11.51}$$

证明　因为 $\dfrac{1}{g}$ 远比 1 大,容易选取常数 $c_3 > 0$,使得下面的不等式成立

$$\gamma(\dot{\varepsilon}_{11}, \dot{\varepsilon}_{22}, \dot{\varepsilon}_{33}) = \frac{2}{3} \dot{\varepsilon}_{ij} \dot{\varepsilon}_{ij} + \Big(\frac{1}{g} - \frac{2}{9}\Big) \dot{\varepsilon}_v^2 - c_3 \dot{\varepsilon}_{ij} \dot{\varepsilon}_{ij} \geqslant 0, \tag{11.52}$$

即

$$c_3 \dot{\varepsilon}_{ij} \dot{\varepsilon}_{ij} \leqslant \dot{\varepsilon}^2. \tag{11.53}$$

再由 Cauchy 不等式

$$\begin{aligned}
\dot{\varepsilon}_v^2 &= (\dot{\varepsilon}_{11} + \dot{\varepsilon}_{22} + \dot{\varepsilon}_{33})^2 \\
&= \dot{\varepsilon}_{11}^2 + \dot{\varepsilon}_{22}^2 + \dot{\varepsilon}_{33}^2 + 2\dot{\varepsilon}_{11}\dot{\varepsilon}_{22} + 2\dot{\varepsilon}_{11}\dot{\varepsilon}_{33} + 2\dot{\varepsilon}_{22}\dot{\varepsilon}_{33} \\
&\leqslant 3(\dot{\varepsilon}_{11}^2 + \dot{\varepsilon}_{22}^2 + \dot{\varepsilon}_{33}^2),
\end{aligned}$$

因此,可以选取 $c_3 > \dfrac{3}{g}$,使得 $\dot{\varepsilon}^2 \leqslant c_3 \dot{\varepsilon}_{ij} \dot{\varepsilon}_{ij}$. ■

引理 11.4　存在常数 $c_4 > 0$,使得对任意给定的 $u = (u_1, u_2, u_3) \in V$,有

$$\int_\Omega \dot{\varepsilon}_{ij}(u) \dot{\varepsilon}_{ij}(u) \mathrm{d}\Omega \geqslant c_4 \int_\Omega u_i \cdot u_i \mathrm{d}\Omega. \tag{11.54}$$

证明　首先,由 $\displaystyle\int_\Omega \dot{\varepsilon}_{ij}(u) \dot{\varepsilon}_{ij}(u) \mathrm{d}\Omega = 0$,有 $\dot{\varepsilon}_{ij}(u) = 0 (i, j = 1, 2, 3)$,解这个偏微分方程组并利用速度边界条件不难得到 $u = 0$.

其次,不失一般性,我们可以假定

$$\| u \|_0 = 1. \tag{11.55}$$

这样,只需证明

$$\int_\Omega \dot{\varepsilon}_{ij}(u) \dot{\varepsilon}_{ij}(u) \mathrm{d}\Omega \geqslant c_4. \tag{11.56}$$

如果不然,即存在点列 $\{u_n\} \in V$,使得 $\| u_n \|_0 = 1$,并且当 $n \to \infty$ 时,有

$$\int_\Omega \dot{\varepsilon}_{ij}(u_n)\dot{\varepsilon}_{ij}(u_n)\mathrm{d}\Omega \to 0, \tag{11.57}$$

则由 Korn 不等式(引理 11.2),$\{u_n\}$ 在空间 V 中按范数 $\|\cdot\|_1$ 是有界点列,即存在常数 $c_4'>0$,使得

$$\|u_n\|_1 \leqslant c_4'. \tag{11.58}$$

因空间 V 是 Hilbert 空间的闭子空间,从而,它也是 Hilbert 空间,因此它具有自反性,这样,存在 $\{u_n\}$ 的子列(不失一般性,我们仍然用 $\{u_n\}$ 表示这个子列),使得 $u_n \overset{w}{\longrightarrow} u \in (H^1(\Omega))^3$. 又由 Sobolev 空间的嵌入定理(参见参考文献[18])知,$(H^1(\Omega))^3$ 紧嵌入 $(L^2(\Omega))^3$,由此可有 $\{u_n\}$ 作为 $(L^2(\Omega))^3$ 中的点列,按照 $(L^2(\Omega))^3$ 中的范数收敛于 u,即在 $(L^2(\Omega))^3$ 中,$u_n \to u$.

最后,因为 $\int_\Omega \dot{\varepsilon}_{ij}(u)\dot{\varepsilon}_{ij}(u)\mathrm{d}\Omega$ 是弱下半连续泛函,故

$$\liminf_{n\to\infty}\int_\Omega \dot{\varepsilon}_{ij}(u_n)\dot{\varepsilon}_{ij}(u_n)\mathrm{d}\Omega \geqslant \int_\Omega \dot{\varepsilon}_{ij}(u)\dot{\varepsilon}_{ij}(u)\mathrm{d}\Omega. \tag{11.59}$$

由(11.57)和(11.59)两式,有 $\int_\Omega \dot{\varepsilon}_{ij}(u)\dot{\varepsilon}_{ij}(u)\mathrm{d}\Omega = 0$. 再由本引理证明中首先指出的,必有 $u=0$,即在空间 $(L^2(\Omega))^3$ 中,有 $u_n \to 0$. 这与(11.55)式矛盾. ■

定理 11.1 设 $\varphi(v)$ 是(11.43)式所述的总能耗率泛函,则问题

$$\begin{cases} \varphi(v^*) \leqslant \varphi(v), \forall v \in V, \\ v^* \in V \end{cases} \tag{11.60}$$

存在唯一的解 v^*. 另外,如果泛函 $\varphi(v)$ 在 v^* 可微,则 $\mathrm{d}\varphi(v^*)=0$.

为了证明定理 11.1,我们将分别研究热轧过程中总能耗率泛函(见(11.43)式)的塑性变形功率泛函,表面摩擦功率泛函及外(张)力功率泛函的一些性质.

11.3.1 塑性变形功率泛函的性质

设 $u,v \in V$,记

$$a(u,v) = \int_\Omega \alpha(x_1,x_2,x_3)\,\dot{\varepsilon}(u)^{p-2}\langle\dot{\varepsilon}(u),\dot{\varepsilon}(v)\rangle\mathrm{d}\Omega. \tag{11.61}$$

命题 11.1 对任意给定的 $u \in V$,$a(u,v)$ 是 V 上的有界线性泛函,且存在常数 $C_5>0$,使得

$$|a(u,v)| \leqslant C_5 \|u\|_1 \|v\|_1. \tag{11.62}$$

证明 由 Cauchy 不等式,可以得到

$$\langle\dot{\varepsilon}(u),\dot{\varepsilon}(v)\rangle \leqslant \langle\dot{\varepsilon}(u),\dot{\varepsilon}(u)\rangle^{\frac{1}{2}}\langle\dot{\varepsilon}(v),\dot{\varepsilon}(v)\rangle^{\frac{1}{2}} = \dot{\varepsilon}(u)\dot{\varepsilon}(v). \tag{11.63}$$

由假设条件(11.31)和(11.33)两式,必有常数 $C_5'>0$,使得

$$|a(u,v)| \leqslant \int_\Omega \alpha(x_1,x_2,x_3)\, \dot{\varepsilon}(u)^{p-1} \cdot \dot{\varepsilon}(v)\mathrm{d}\Omega \leqslant C_5' \int_\Omega \dot{\varepsilon}(u) \cdot \dot{\varepsilon}(v)\mathrm{d}\Omega.$$

$$(11.64)$$

由 Cauchy 不等式, 可得

$$|a(u,v)| \leqslant C_5' \left(\int_\Omega |\dot{\varepsilon}(u)|^2 \mathrm{d}\Omega \right)^{\frac{1}{2}} \left(\int_\Omega |\dot{\varepsilon}(v)|^2 \mathrm{d}\Omega \right)^{\frac{1}{2}}. \qquad (11.65)$$

利用引理 11.3, 得

$$\int_\Omega |\dot{\varepsilon}(u)|^2 \mathrm{d}\Omega \leqslant C_3 \int_\Omega (\dot{\varepsilon}_{ij}(u)\dot{\varepsilon}_{ij}(u))\mathrm{d}\Omega. \qquad (11.66)$$

再由 Cauchy 不等式并利用引理 11.1, 存在常数 $C_5'' > 0$, 使得

$$\int_\Omega (\dot{\varepsilon}_{ij}(u)\dot{\varepsilon}_{ij}(u))\mathrm{d}\Omega \leqslant \int_\Omega \left(\frac{\partial u_i}{\partial x_j} \cdot \frac{\partial u_i}{\partial x_j} \right)\mathrm{d}\Omega \leqslant C_5'' \parallel u \parallel_1^2. \qquad (11.67)$$

综合 (11.63)~(11.67) 五式, 结论得证. ∎

命题 11.2 塑性变形功率泛函 $\varphi_w(v)$ 是 G 可微泛函, 且对任意给定的 $v \in V$,

$$a(u,v) = (\mathrm{d}\varphi_w(u),v). \qquad (11.68)$$

证明 首先考虑实函数

$$\varphi(\lambda) = (|1+\lambda|^p - 1 - p\lambda)|\lambda|^{-p}. \qquad (11.69)$$

容易证明

$$\lim_{\lambda \to \infty} \varphi(\lambda) = 1, \quad \lim_{\lambda \to 0} \varphi(\lambda) = 0.$$

因此, 函数 $\varphi(\lambda)$ 在实数集合 $\mathbf{R}^1$ 上有界, 从而存在常数 $\mu_1,\mu_2 > 0$, 使得 $\lambda \in \mathbf{R}^1$,

$$\mu_1 |\lambda|^p \leqslant |1+\lambda|^p - 1 - p\lambda \leqslant \mu_2 |\lambda|^p. \qquad (11.70)$$

记

$$h = \sqrt{\langle \dot{\varepsilon}(u),\dot{\varepsilon}(u)\rangle + 2t\langle \dot{\varepsilon}(u),\dot{\varepsilon}(v)\rangle + t^2 \langle \dot{\varepsilon}(v),\dot{\varepsilon}(v)\rangle} - \sqrt{\langle \dot{\varepsilon}(u),\dot{\varepsilon}(u)\rangle}, \lambda = \frac{h}{\dot{\varepsilon}(u)},$$

则有

$$|1+\lambda|^p - 1 - p\lambda = \frac{1}{\dot{\varepsilon}(u)^p}(\dot{\varepsilon}(u+tv)^p - \dot{\varepsilon}(u)^p - p\dot{\varepsilon}(u)^{p-1}h). \qquad (11.71)$$

将其代入 (11.70) 式并整理得

$$\mu_1 h^p < \dot{\varepsilon}(u+tv)^p - \dot{\varepsilon}(u)^p - tp\dot{\varepsilon}(u)^{p-2}\langle \dot{\varepsilon}(u),\dot{\varepsilon}(v)\rangle + o(t) < \mu_2 h^p.$$

$$(11.72)$$

利用 Taylor 展开式, 我们得到

$$h = \frac{1}{2\dot{\varepsilon}(u)} \cdot 2t\langle \dot{\varepsilon}(u),\dot{\varepsilon}(v)\rangle + o(t). \qquad (11.73)$$

因此

$$\lim_{t \to 0} \frac{1}{t} \left(\frac{1}{p} \int_{\Omega} \alpha(x_1, x_2, x_3) \, \dot{\bar{\varepsilon}}(u+tv)^p \mathrm{d}\Omega - \frac{1}{p} \int_{\Omega} \alpha(x_1, x_2, x_3) \, \dot{\bar{\varepsilon}}(u)^p \mathrm{d}\Omega \right)$$

$$= \int_{\Omega} \alpha(x_1, x_2, x_3) \, \dot{\bar{\varepsilon}}(u)^{p-2} \langle \dot{\varepsilon}(u), \dot{\varepsilon}(v) \rangle \mathrm{d}\Omega. \tag{11.74}$$

(11.74)式说明,塑性变形功率泛函 $\varphi_w(u) = \dfrac{1}{p} \displaystyle\int_{\Omega} \alpha(x_1, x_2, x_3) \, \dot{\bar{\varepsilon}}(u)^p \mathrm{d}\Omega$ 在空间 V 上有 G 变分. 由 $(\delta\varphi_w(u), v) = a(u, v)$ 及命题 11.1,泛函 $\varphi_w(u)$ 是 G 可微的,且 $(\mathrm{d}\varphi_w(u), v) = a(u, v)$. ■

为方便,记 $Au = \mathrm{d}\varphi_w(u)$,则对任意给定的 $v \in V$,有

$$(Au, v) = (\mathrm{d}\varphi_w(u), v) = a(u, v). \tag{11.75}$$

命题 11.3 映射 A 是严格单调梯度映射,即对任意给定的 $u, v \in V$,当 $u \neq v$ 时,有

$$(Au - Av, u - v) > 0. \tag{11.76}$$

证明 首先我们指出当 $u \neq v$ 时,有 $\dot{\bar{\varepsilon}}(u) \neq \dot{\bar{\varepsilon}}(v)$. 事实上,如果不然,可得偏微分方程组 $\varepsilon_{ij}(u-v) = 0$,解此方程组并由速度边界条件可得 $u - v = 0$,矛盾.

其次设 $\zeta, \eta \in \mathbf{R}^7$,用 $|\zeta|$ 表示 ζ 在 $\mathbf{R}^7$ 中的模,$\zeta \cdot \eta$ 表示 $\mathbf{R}^7$ 中的内积. 考虑函数

$$g(\zeta, \eta) = |\zeta|^p - (|\zeta|^{p-2} + |\eta|^{p-2})(\zeta \cdot \eta) + |\eta|^p$$

$$\geqslant |\zeta|^p - |\zeta|^{p-1}|\eta| - |\eta|^{p-1}|\zeta| + |\eta|^p$$

$$= (|\zeta|^{p-1} - |\eta|^{p-1})(|\zeta| - |\eta|).$$

如果 $|\zeta| \neq |\eta|$,则 $g(\zeta, \eta) = (|\zeta|^{p-1} - |\eta|^{p-1})(|\zeta| - |\eta|) > 0$. 而如果 $|\zeta| = |\eta|$ 且 $\zeta \neq \eta$ 时,$g(\zeta, \eta) = 2 \cdot |\zeta|^{p-2}(|\zeta| \cdot |\eta| - \zeta \cdot \eta) > 0$,即当 $\zeta \neq \eta$ 时,$g(\zeta, \eta) > 0$.

因此,对任意给定的 $u, v \in V$,$u \neq v$ 时,

$$(Au - Av, u - v) = (Au, u) - (Av, u) - (Au, v) + (Av, v)$$

$$= \int_{\Omega} \alpha(x_1, x_2, x_3) \cdot g(\dot{\bar{\varepsilon}}(u), \dot{\bar{\varepsilon}}(v)) \mathrm{d}\Omega > 0. \blacksquare$$

引理 11.5 设 X 是实赋范线性空间,$\Omega \subset X$ 为凸开集,泛函 $\varphi: \Omega \to \mathbf{R}^1$ 在 Ω 上 G 可微. 如果对任意给定的 $u, v \in \Omega$,$u \neq v$,有 $(\mathrm{d}\varphi(u) - \mathrm{d}\varphi(v), u - v) > 0$,则 φ 是 Ω 上的严格凸泛函.

证明 由 Lagrange 公式(定理 8.1),对任意给定的 $u, v \in \Omega$,$u \neq v$,有

$$\varphi(u) - \varphi(v) = (\mathrm{d}\varphi(v + \tau(u-v)), u - v)$$

$$= \frac{1}{\tau}(\mathrm{d}\varphi(v + \tau(u-v)) - \mathrm{d}\varphi(v), \tau(u-v))$$

$$+ (\mathrm{d}\varphi(v), u - v)$$

$$> (\mathrm{d}\varphi(v), u - v). \tag{11.77}$$

令 $t \in (0,1)$，$x = tv + (1-t)u$. 由 (11.77) 式可得

$$\varphi(v) - \varphi(x) > (\mathrm{d}\varphi(x), v-x), \qquad \varphi(u) - \varphi(x) > (\mathrm{d}\varphi(x), u-x).$$

这两个不等式的凸组合是

$$t(\varphi(v) - \varphi(x)) + (1-t)(\varphi(u) - \varphi(x))$$
$$> (\mathrm{d}\varphi(x), t(v-x) + (1-t)(u-x)) = 0. \tag{11.78}$$

整理 (11.78) 式，即知 φ 是严格凸泛函. ■

由引理 11.5 可知 $\varphi_w(v)$ 是 V 上的严格凸泛函. 由定理 10.5 可知 $\varphi_w(v)$ 是 V 上的弱下半连续泛函.

命题 11.4　存在常数 $c_6 > 0$，使得对任意给定的 $v \in V$，有

$$\varphi_w(v) \geqslant c_6 \| v \|_1^2. \tag{11.79}$$

由此可知，塑性变形功率泛函 $\varphi_w(v)$ 在 V 上是强制的.

证明　由假设条件 (11.31) 和 (11.33) 两式，存在常数 $c_6' > 0$，使得对任意给定的 $v \in V$，有

$$\varphi_w(v) = \frac{1}{p} \int_\Omega \alpha(x_1, x_2, x_3) \cdot \dot{\varepsilon}(v)^p \, \mathrm{d}\Omega \geqslant c_6' \int_\Omega \dot{\varepsilon}(v)^2 \, \mathrm{d}\Omega.$$

由引理 11.3，引理 11.4 和引理 11.2，可得

$$\int_\Omega \dot{\varepsilon}(v)^2 \, \mathrm{d}\Omega \geqslant c_3 \int_\Omega \dot{\varepsilon}_{ij}(v) \dot{\varepsilon}_{ij}(v) \, \mathrm{d}\Omega \geqslant \frac{c_3}{2} \left[\int_\Omega \dot{\varepsilon}_{ij}(v) \dot{\varepsilon}_{ij}(v) \, \mathrm{d}\Omega + c_4 \int_\Omega v_i v_i \, \mathrm{d}\Omega \right]$$

$$\geqslant \min \left(\frac{c_3}{2}, \frac{c_3 c_4}{2} \right) \left[\int_\Omega \dot{\varepsilon}_{ij}(v) \dot{\varepsilon}_{ij}(v) \, \mathrm{d}\Omega + \int_\Omega v_i v_i \, \mathrm{d}\Omega \right] \geqslant c_6 \| v \|_1^2. \tag{11.80}$$

结论得证. ■

因此，由本小节的讨论知，热轧过程的塑性变形功率泛函是 G 可微分、弱下半连续和强制的严格凸泛函.

11.3.2　表面摩擦功率泛函的性质

首先我们指出，由 (11.35) 式定义的轧件与轧辊的相对滑动速度 Δv_f 关于 $v = (v_{x_1}, v_{x_2}, v_{x_3})$ 是一个连续的凸函数.

事实上，记

$$f(v) = \sqrt{(v_{Rx_1} - v_{x_1})^2 + (v_{Rx_2} - v_{x_2})^2 + (v_{Rx_3} - v_{x_3})^2},$$

则函数 f 的连续性显然. 下面证明函数 f 的凸性. 为此设 $t \in [0,1]$，$v^1 = (v_{x_1}^1, v_{x_2}^1, v_{x_3}^1)$，$v^2 = (v_{x_1}^2, v_{x_2}^2, v_{x_3}^2)$，则由 Cauchy 不等式

$$| (v_{Rx_1} - v_{x_1}^1)(v_{Rx_1} - v_{x_1}^2) + (v_{Rx_2} - v_{x_2}^1)(v_{Rx_2} - v_{x_2}^2) + (v_{Rx_3} - v_{x_3}^1)(v_{Rx_3} - v_{x_3}^2) |$$
$$\leqslant f(v^1) f(v^2).$$

从而,可以得到

$$[f(tv^1 + (1-t)v^2)]^2$$

$$= [t(v_{Rx_1} - v_{x_1}^1) + (1-t)(v_{Rx_1} - v_{x_1}^2)]^2 + [t(v_{Rx_2} - v_{x_2}^1) + (1-t)(v_{Rx_2} - v_{x_2}^2)]^2$$

$$+ [t(v_{Rx_3} - v_{x_3}^1) + (1-t)(v_{Rx_3} - v_{x_3}^2)]^2$$

$$= t^2[f(v^1)]^2 + (1-t)^2[f(v^2)]^2 + 2t(1-t)[(v_{Rx_1} - v_{x_1}^1)(v_{Rx_1} - v_{x_1}^2)$$

$$+ (v_{Rx_2} - v_{x_2}^1)(v_{Rx_2} - v_{x_2}^2) + (v_{Rx_3} - v_{x_3}^1)(v_{Rx_3} - v_{x_3}^2)]$$

$$\leqslant t^2[f(v^1)]^2 + (1-t)^2[f(v^2)]^2 + 2t(1-t)f(v^1)f(v^2)$$

$$= [tf(v^1) + (1-t)f(v^2)]^2. \tag{11.81}$$

从(11.81)式即得到了函数 f 的凸性.

下面将分别研究本章 11.2 节提到的五种摩擦规律导出的表面摩擦功率泛函的凸性和连续性.

(1) 常剪应力摩擦条件 假设摩擦剪应力是常数,则

$$\tau_f = m\frac{\sigma_s}{\sqrt{3}} = m_f\sigma_s (0 < m \leqslant 1, 0 < m_f \leqslant 0.577),$$

$$\varphi_f(v) = \int_{S_f} m_f\sigma_s \cdot \Delta v_f \mathrm{d}S. \tag{11.82}$$

由 Δv_f 关于 $v = (v_{x_1}, v_{x_2}, v_{x_3})$ 的凸性,τ_f 为常数,易知泛函 $\varphi_f(v)$ 是凸的.下面证明泛函 $\varphi_f(v)$ 是连续的.设 $v = (v_{x_1}, v_{x_2}, v_{x_3}) \in V, h \in V$,并且 $\| h \|_1 \to 0$.

当 $v = v_R$ 时,$\varphi_f(v) = 0$,

$$|\varphi_f(v+h) - \varphi_f(v)| = \left| \int_{S_f} \tau_f \cdot \sqrt{h_{x_1}^2 + h_{x_2}^2 + h_{x_3}^2} \mathrm{d}S \right|$$

$$\leqslant \left| \int_{S_f} \tau_f^2 \mathrm{d}S \right|^{\frac{1}{2}} \cdot \left| \int_{S_f} (h_{x_1}^2 + h_{x_2}^2 + h_{x_3}^2) \mathrm{d}S \right|^{\frac{1}{2}}$$

$$\leqslant M_1 \cdot \| h \|_1. \tag{11.83}$$

当 $v \neq v_R$ 时,令 $v^0 = (v_{x_1}^0, v_{x_2}^0, v_{x_3}^0) = (v_{Rx_1} - v_{x_1}, v_{Rx_2} - v_{x_2}, v_{Rx_3} - v_{x_3})$,

$$|\varphi_f(v+h) - \varphi_f(v)|$$

$$= \left| \int_{S_f} \tau_f \cdot (\sqrt{((v_{x_1}^0 - h_{x_1})^2 + (v_{x_2}^0 - h_{x_2})^2 + (v_{x_3}^0 - h_{x_3})^2} - \sqrt{(v_{x_1}^0)^2 + (v_{x_2}^0)^2 + (v_{x_3}^0)^2}) \mathrm{d}S \right|$$

$$= \left| \int_{S_f} \tau_f \cdot \frac{h_{x_1}^2 + h_{x_2}^2 + h_{x_3}^2 - 2v_{x_1}^0 \cdot h_{x_1} - 2v_{x_2}^0 \cdot h_{x_2} - 2v_{x_3}^0 \cdot h_{x_3}}{\sqrt{((v_{x_1}^0 - h_{x_1})^2 + (v_{x_2}^0 - h_{x_2})^2 + (v_{x_3}^0 - h_{x_3})^2} + \sqrt{(v_{x_1}^0)^2 + (v_{x_2}^0)^2 + (v_{x_3}^0)^2}} \mathrm{d}S \right|$$

$$\leqslant \int_{S_f} \tau_f \cdot \frac{h_{x_1}^2 + h_{x_2}^2 + h_{x_3}^2}{\sqrt{(v_{x_1}^0)^2 + (v_{x_2}^0)^2 + (v_{x_3}^0)^2}} \mathrm{d}S + \int_{S_f} \tau_f \cdot \frac{|2v_{x_1}^0 \cdot h_{x_1} + 2v_{x_2}^0 \cdot h_{x_2} + 2v_{x_3}^0 \cdot h_{x_3}|}{\sqrt{(v_{x_1}^0)^2 + (v_{x_2}^0)^2 + (v_{x_3}^0)^2}} \mathrm{d}S$$

$$\leqslant M_2 \cdot \| h \|_1^2 + M_3 \cdot \| h \|_1. \tag{11.84}$$

在(11.83)式和(11.84)式中,$M_i > 0 (i = 1, 2, 3)$ 是常数.由此,可知由(11.82)式定义的泛函是连续凸泛函.

（2）常摩擦系数摩擦条件　假设摩擦力与轧制压力成正比,摩擦系数是常数,此即简化的库仑摩擦定律

$$\tau_f = \mu \cdot p(x_1, x_2, x_3), \tag{11.37}$$

相应的摩擦功率泛函为

$$\varphi_f(v) = \int_{S_f} \mu p \cdot \Delta v_f \mathrm{d}S. \tag{11.85}$$

(11.85)与(11.82)两式的差别在于 τ_f 是否随 (x_1, x_2, x_3) 变化. 因此,由(11.85)式确定的 $\varphi_f(v)$ 的凸性不难得到. 而只要 τ_f 在 Ω 上关于 (x_1, x_2, x_3) 连续(甚至只须 τ_f 在 Ω 上 Lebesuge 平方可积),利用 Cauchy 不等式,完全类似于(11.83)和(11.84)两式的证明,可得类似的两个不等式. 这样,由(11.85)式确定的 $\varphi_f(v)$ 的连续性也就得证.

（3）考虑 S. Kobayashi 的摩擦条件

$$\tau_f = m_k \frac{\sigma_k}{\sqrt{3}} \left(\frac{2}{\pi} \tan^{-1} \left(\frac{\Delta v_f}{k_a} \right) \right), \tag{11.38}$$

相应的摩擦功率泛函为

$$\varphi_f(v) = \int_{S_f} m_k \frac{\sigma_k}{\sqrt{3}} \left(\frac{2}{\pi} \tan^{-1} \left(\frac{\Delta v_f}{k_a} \right) \right) \cdot \Delta v_f \mathrm{d}S. \tag{11.86}$$

首先证明 $\varphi_f(v)$ 的凸性. 为此,记 $q = \Delta v_f$ 且 $e = \frac{1}{k_a} > 0$. 考虑函数

$$y(q) = (\tan^{-1}(eq)) q, \tag{11.87}$$

$$y'(q) = \tan^{-1}(eq) + \frac{eq}{1 + (eq)^2} > 0, \tag{11.88}$$

$$y''(q) = \frac{2e}{(1 + (eq)^2)^2} > 0. \tag{11.89}$$

由(11.89)式知,函数 $y(q)$ 是 q 的凸函数,又因为 Δv_f 是 v 的凸函数,所以由(11.88)式可知 $y(\Delta v_f)$ 也是 v 的凸函数. 因此,容易证明,由(11.86)式确定的 $\varphi_f(v)$ 关于 v 是一个凸泛函.

其次证明由(11.86)式确定的 $\varphi_f(v)$ 关于 v 是连续泛函. 设 $v = (v_{x_1}, v_{x_2}, v_{x_3}) \in V, h \in V$,并且 $\| h \|_1 \to 0$.

当 $v = v_R$ 时,$\varphi_f(v) = 0$,

$$| \varphi_f(v+h) - \varphi_f(v) |$$

$$= \left| \int_{S_f} m_k \frac{\sigma_k}{\sqrt{3}} \left(\frac{2}{\pi} \tan^{-1} \frac{\sqrt{h_{x_1}^2 + h_{x_2}^2 + h_{x_3}^2}}{k_a} \right) \cdot \sqrt{h_{x_1}^2 + h_{x_2}^2 + h_{x_3}^2} \mathrm{d}S \right|$$

$$\leqslant \int_{S_f} \left| m_k \frac{\sigma_k}{\sqrt{3}} \left(\frac{2}{\pi} \tan^{-1} \frac{\sqrt{h_{x_1}^2 + h_{x_2}^2 + h_{x_3}^2}}{k_a} \right) \right| \cdot \sqrt{h_{x_1}^2 + h_{x_2}^2 + h_{x_3}^2} \mathrm{d}S \leqslant M_1' \cdot \| h \|_1.$$

$$\tag{11.83}'$$

当 $v \neq v_R$ 时, 令 $v^0 = (v_{x_1}^0, v_{x_2}^0, v_{x_3}^0) = (v_{Rx_1} - v_{x_1}, v_{Rx_2} - v_{x_2}, v_{Rx_3} - v_{x_3})$, 则

$$\mid \varphi_f(v+h) - \varphi_f(v) \mid = \mid \int_{S_f} m_k \frac{\sigma_k}{\sqrt{3}} \frac{2}{\pi} y'(\xi) \omega(h) \mathrm{d}S \mid, \tag{11.90}$$

$$\omega(h) = \sqrt{(v_{x_1}^0 - h_{x_1})^2 + (v_{x_2}^0 - h_{x_2})^2 + (v_{x_3}^0 - h_{x_3})^2} - \sqrt{(v_{x_1}^0)^2 + (v_{x_2}^0)^2 + (v_{x_3}^0)^2},$$

ξ 位于 $\sqrt{(v_{x_1}^0)^2 + (v_{x_2}^0)^2 + (v_{x_3}^0)^2}$ 与 $\sqrt{(v_{x_1}^0 - h_{x_1})^2 + (v_{x_2}^0 - h_{x_2})^2 + (v_{x_3}^0 - h_{x_3})^2}$ 之间.

由 (11.90) 式知, $y'(\xi) = \tan^{-1}(e\xi) + \dfrac{e\xi}{1 + (e\xi)^2}$, 并且

$$\mid y'(\xi) \mid = \left| \tan^{-1}(e\xi) + \frac{e\xi}{1+(e\xi)^2} \right| \leqslant \frac{\pi}{2} + 1,$$

即 $y'(\xi)$ 是有界函数. 完全类似于 (11.84) 式的证明, (11.90) 式可以进一步地估计

$$\mid \varphi_f(v+h) - \varphi_f(v) \mid \leqslant M_2' \cdot \parallel h \parallel_1^2 + M_3' \cdot \parallel h \parallel_1. \tag{11.84}'$$

由此, 我们证明了由 (11.86) 式确定的 $\varphi_f(v)$ 是连续泛函.

(4) Gratacos 摩擦模型

$$\tau_f = m_k \frac{\sigma_s}{\sqrt{3}} \frac{\Delta v_f}{\sqrt{(\Delta v_f)^2 + k_a^2}}, \tag{11.39}$$

k_a 是一常数. 采用求积方法, 可得对应摩擦功率泛函

$$\varphi_f(v) = \int_{S_f} \left(\int_0^{\Delta v_f} \tau_f \mathrm{d}(\Delta v_f) \right) \mathrm{d}S = \int_{S_f} m_k \frac{\sigma_s}{\sqrt{3}} \left(\sqrt{(\Delta v_f)^2 + k_a^2} - k_a \right) \mathrm{d}S. \tag{11.40}$$

如果记 $q = \Delta v_f$, 考虑函数 $y(q) = \sqrt{q^2 + k_a^2} - k_a$, 则

$$y'(q) = \frac{q}{\sqrt{q^2 + k_a^2}} > 0, \tag{11.91}$$

$$y''(q) = \frac{k_a^2}{(\sqrt{q^2 + k_a^2})^3} > 0. \tag{11.92}$$

由 (11.92) 式知, 函数 $y(q)$ 是 q 的凸函数, 又因为 Δv_f 是 v 的凸函数, 所以由 (11.91) 式可得 $y(\Delta v_f)$ 也是 v 的凸函数. 因此, 容易证明, 由 (11.40) 式确定的 $\varphi_f(v)$ 关于 v 是一个凸泛函.

其次, 证明由 (11.40) 式确定的 $\varphi_f(v)$ 关于 v 是连续泛函. 设 $v = (v_{x_1}, v_{x_2}, v_{x_3})$, $h \in V$, 并且 $\parallel h \parallel_1 \to 0$. 记 $v^0 = (v_{x_1}^0, v_{x_2}^0, v_{x_3}^0) = (v_{Rx_1} - v_{x_1}, v_{Rx_2} - v_{x_2}, v_{Rx_3} - v_{x_3})$, 则

$$\mid \varphi_f(v+h) - \varphi_f(v) \mid$$
$$= \left| \int_{S_f} m_k \frac{\sigma_s}{\sqrt{3}} \cdot \frac{h_{x_1}^2 + h_{x_2}^2 + h_{x_3}^2 - 2v_{x_1}^0 \cdot h_{x_1} - 2v_{x_2}^0 \cdot h_{x_2} - 2v_{x_3}^0 \cdot h_{x_3}}{\gamma} \mathrm{d}S \right|. \tag{11.93}$$

在(11.93)式中，γ 为

$$\gamma = \sqrt{(v_{x_1}^0 - h_{x_1})^2 + (v_{x_2}^0 - h_{x_2})^2 + (v_{x_3}^0 - h_{x_3})^2 + k_a^2}$$
$$+ \sqrt{(v_{x_1}^0)^2 + (v_{x_2}^0)^2 + (v_{x_3}^0)^2 + k_a^2},$$

由 γ 的表达式知 $\gamma \geqslant 2k_a$. 从而，完全类似于(11.84)式的证明，(11.93)式可以进一步地估计

$$| \varphi_f(v+h) - \varphi_f(v) | \leqslant M_2'' \cdot \| h \|_1^2 + M_3'' \cdot \| h \|_1. \qquad (11.84)''$$

由此，我们证明了由(11.40)式确定的 $\varphi_f(v)$ 是连续泛函.

（5）Norton 的摩擦模型

$$\tau_f = aK \Delta v_f^s (s > 0), \qquad (11.41)$$

在(11.41)式中，a, K 都是常数. 特别地，当 $s = 1$ 时，即是所谓的"**黏性摩擦规律**".

采用求积方法，可得对应摩擦功率泛函

$$\varphi_f(v) = \int_{S_f} \left(\int_0^{\Delta v_f} \tau_f \, \mathrm{d}(\Delta v_f) \right) \mathrm{d}S = \int_{S_f} \frac{aK}{s+1} (\Delta v_f)^{s+1} \mathrm{d}S. \qquad (11.94)$$

明显 $g(\Delta v_f) = \Delta v_f^{s+1} (s > 0)$ 是关于 Δv_f 的凸函数，再由 Δv_f 关于 v 的凸性知，由(11.94)定义的摩擦功率泛函 $\varphi_f(v)$ 是凸泛函.

其次，证明由(11.40)式所确定的 $\varphi_f(v)$ 关于 v 是连续泛函. 设 $v = (v_{x_1}, v_{x_2}, v_{x_3})$, $h \in V$, 并且 $\| h \|_1 \to 0$. 记 $v^0 = (v_{x_1}^0, v_{x_2}^0, v_{x_3}^0) = (v_{Rx_1} - v_{x_1}, v_{Rx_2} - v_{x_2}, v_{Rx_3} - v_{x_3})$, 则

$$| \varphi_f(v+h) - \varphi_f(v) | = \int_{S_f} \frac{aK}{s+1} (\xi^{s+1} - \eta^{s+1}) \mathrm{d}S. \qquad (11.95)$$

在(11.95)式中的 ξ, η 分别为

$$\xi = \sqrt{(v_{x_1}^0 - h_{x_1})^2 + (v_{x_2}^0 - h_{x_2})^2 + (v_{x_3}^0 - h_{x_3})^2},$$
$$\eta = \sqrt{(v_{x_1}^0)^2 + (v_{x_2}^0)^2 + (v_{x_3}^0)^2},$$
$$| \varphi_f(v+h) - \varphi_f(v) | = \int_{S_f} aK\zeta^s (\xi - \eta) \mathrm{d}S, \qquad (11.96)$$

其中 ζ 位于 ξ 与 η 之间，它是有界的. 利用(11.96)，完全类似于(11.84)的证明，可得由(11.94)式确定的 $\varphi_f(v)$ 是连续泛函.

综合上面的讨论，可得

命题 11.5 表面摩擦功率泛函 $\varphi_f(v)$ 是连续的凸泛函.

由定理 10.9 可知 $\varphi_f(v)$ 是 V 上的弱下半连续泛函.

11.3.3 外(张)力功率泛函的性质

命题 11.6 外(张)力功率泛函 $\varphi_t(v)$ 是有界线性泛函，即存在常数 $C_7 > 0$, 使得成立

$$| \varphi_t(t) | \leqslant C_7 \| v \|_1. \tag{11.97}$$

证明 外(张)力功率泛函 $\varphi_t(v)$ 可以表示为

$$\varphi_t = \int_{S_t} \langle t, v \rangle \mathrm{d}S. \tag{11.42}$$

由(11.42)式,明显可以看出泛函 $\varphi_t(v)$ 是线性的. 又由 Cauchy 不等式可知, 泛函 $\varphi_t(v)$ 是有界的,且有(11.97)式成立. ■

由于可以把有界线性泛函看作连续的凸泛函,由定理 10.9,外(张)力功率泛函 $\varphi_t(v)$ 也是 V 上的弱下半连续泛函.

11.3.4 定理 11.1 的证明

证明 由上面的讨论可知,塑性变形功率泛函 $\varphi_w(v)$ 是严格凸泛函,表面摩擦功率泛函 $\varphi_f(v)$ 和外(张)力功率泛函 $\varphi_t(v)$ 都是凸泛函,因此,总能耗率泛函

$$\varphi(v) = \varphi_w(v) + \varphi_f(v) + \varphi_t(v)$$

是 V 上的严格凸泛函. 其次,由于 $\varphi_w(v)$,$\varphi_f(v)$ 和 $\varphi_t(v)$ 都是 V 上的弱下半连续泛函,因此,总能耗率泛函 $\varphi(v)$ 是 V 上的弱下半连续泛函. 最后,由 $\varphi_w(v)$ 的强制性(命题 11.4 以及(11.79)式),$\varphi_f(v) \geqslant 0$ 和 $\varphi_t(v)$ 是有界线性泛函(命题 11.6 以及(11.97)式)可得

$$| \varphi(v) | \geqslant C_6 \| v \|_1^2 - C_7 \| v \|_1.$$

这说明总能耗率泛函 $\varphi(v)$ 是强制的. 根据定理 10.8 和命题 10.5,可知总能耗率泛函 $\varphi(v)$ 在空间 V 上存在唯一的极小值点. 设该极小值点是 v^*,如果 $\varphi(v)$ 在 v^* 点 G 可微的,那么由定理 10.7 得 $\mathrm{d}\varphi(v^*) = 0$. ■

【**注**】 (1) 由参考文献[30]知凸泛函的极小值必是全局极小值. 再由定理 11.1 可得,热轧问题刚塑性可压缩材料模型的总能耗率泛函的极小值点必为全局极小值点,即为最小值点,从而解决了总能耗率泛函极小值点与变分原理所要求的最小值点的一致性问题.

(2) 利用有限元求解热轧问题刚塑性可压缩材料模型时,不必再做静力许可条件检验. 这从理论上保证了有限元求解这类问题的可靠性,且使编程得以简化.

11.4 热轧问题的逼近可解性

11.4.1 逼近问题

11.3 节我们已经证明了刚塑性可压缩材料热轧问题的总能耗率泛函(11.43)式在空间 V 存在唯一的极小值点,且该点与变分原理要求的最小值点一致. 因此,

我们所求的解归根结底应该是求式(11.43)式表示的泛函 φ 在空间 V 上的唯一极小值点. 因为其精确解很难得到, 所以人们更为关心的是与精确充分接近且能够满足工程需要的近似解. 下面以刚塑性有限元可压缩法在求解三维热轧问题为例, 说明寻求近似解的方法.

将区域 Ω 及其边界剖分为 M 个 8 节点六面体的等参单元, 如图 11.3 所示(分别在自然坐标系 (ξ, η, ζ) 和笛卡尔坐标系 (x, y, z) 下).

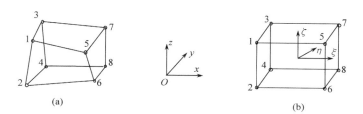

图 11.3　线性块状等参单元的坐标系与节点编号
(a)笛卡尔坐标系 (x, y, z); (b)自然坐标 (ξ, η, ζ)

在每一单元内的能耗率泛函 $\varphi_e(v)$ 可以用节点速度 $\{v\}_e$ 表示, 即

$$\varphi_e = \frac{1}{m+1} \int_{V^e} \bar{\sigma}(\{v\}_e^{\mathrm{T}}[B]^{\mathrm{T}}[Z][B]\{v\}_e + \frac{1}{g}\{v\}_e^{\mathrm{T}}[\bar{B}]^{\mathrm{T}}[C][C]^{\mathrm{T}}[\bar{B}]\{v\}_e)^{\frac{1}{2}} \mathrm{d}V^e$$

$$+ \int_{S_f^e} \tau_f(\{v\}_e^{\mathrm{T}}[N]^{\mathrm{T}}[N]\{v\}_e - 2v_R\{v\}_e^{\mathrm{T}}[N]^{\mathrm{T}}[\cos\beta \quad 0 \quad -\sin\beta]^{\mathrm{T}} + v_R^2)^{\frac{1}{2}} \mathrm{d}S$$

$$+ \int_{S_t^e} T \cdot [N] \cdot \{v\}_e \mathrm{d}S. \tag{11.98}$$

(11.98)式中各符号的意义:

1) $\{v\}_e$ 表示第 e 个单元上节点速度向量

$$\{v\}_e = \{v_{x_1} \quad v_{y_1} \quad v_{z_1} \quad \cdots \quad v_{x_i} \quad v_{y_i} \quad v_{z_i} \quad \cdots \quad v_{x_8} \quad v_{y_8} \quad v_{z_8}\}^{\mathrm{T}}.$$

2) N_i 是单元形函数

$$N_i(\xi, \eta, \zeta) = \frac{1}{8}(1 + \xi_i\xi)(1 + \eta_i\eta)(1 + \zeta_i\zeta),$$

$$[N] = \begin{bmatrix} N_1 & 0 & 0 & \cdots & N_i & 0 & 0 & \cdots & N_8 & 0 & 0 \\ 0 & N_1 & 0 & \cdots & 0 & N_i & 0 & \cdots & 0 & N_8 & 0 \\ 0 & 0 & N_1 & \cdots & 0 & 0 & N_i & \cdots & 0 & 0 & N_8 \end{bmatrix}.$$

3) $[B]$ 表示连接应变速率与位移速度的关系矩阵(我们称为 B 矩阵)

$$[B] = [B_1 \quad B_2 \quad \cdots \quad B_8],$$

这里

$$[B_i]^{\mathrm{T}} = \begin{bmatrix} \dfrac{\partial N_i}{\partial x} & 0 & 0 & \dfrac{\partial N_i}{\partial y} & 0 & \dfrac{\partial N_i}{\partial z} \\[2mm] 0 & \dfrac{\partial N_i}{\partial y} & 0 & \dfrac{\partial N_i}{\partial x} & \dfrac{\partial N_i}{\partial z} & 0 \\[2mm] 0 & 0 & \dfrac{\partial N_i}{\partial z} & 0 & \dfrac{\partial N_i}{\partial y} & \dfrac{\partial N_i}{\partial x} \end{bmatrix}.$$

这样，$\{\dot{\varepsilon}\} = [B]\{v\}_e$.

4）其他有关的符号.

$[Z]$ 是如下的矩阵：

$$[Z] = \begin{bmatrix} \dfrac{4}{9} & -\dfrac{2}{9} & -\dfrac{2}{9} & 0 & 0 & 0 \\[2mm] -\dfrac{2}{9} & \dfrac{4}{9} & -\dfrac{2}{9} & 0 & 0 & 0 \\[2mm] -\dfrac{2}{9} & -\dfrac{2}{9} & \dfrac{4}{9} & 0 & 0 & 0 \\[2mm] 0 & 0 & 0 & \dfrac{1}{3} & 0 & 0 \\[2mm] 0 & 0 & 0 & 0 & \dfrac{1}{3} & 0 \\[2mm] 0 & 0 & 0 & 0 & 0 & \dfrac{1}{3} \end{bmatrix},$$

$$[\overline{B}] = \frac{1}{8} \sum_{i=1}^{8} [B_i],$$

$$[C] = [1,1,1,0,0,0]^{\mathrm{T}},$$

$$[T] = [t,0,0].$$

将 M 个单元内的能耗率泛函 $\varphi_e(v)$ 相加，得到了泛函

$$\varphi_h(v) = \sum_{e=1}^{M} \varphi_e(v), \tag{11.99}$$

(11.99)式中的 $\varphi_h(v)$ 即为 $\varphi(v)$ 的一个逼近泛函.

刚塑性有限元方法是求逼近泛函 $\varphi_h(v)$ 的极小值点，并将该结果作为要求的速度场. (11.99)式中的 $\varphi_h(v)$ 是以节点速度为未知数，未知数的个数取决于划分单元后节点的个数. 因此，求它的极小值点本质上是求有限维空间（空间的维数为未知数的个数）上 $\varphi_h(v)$ 的极小值点. 而变分原理要求 $\varphi(v)$ 在空间 V 上的极小值点. 而一般而言，$\varphi_h(v)$ 的极小值点与 $\varphi(v)$ 的极小值点并不一致. 逼近可解性是指：若 v 和 v_h 分别是 $\varphi(v)$ 和 $\varphi_h(v)$ 的极小值点，当划分单元的"边长"无限小时，是否有 v_h 收敛于 v？只有证实这一结论，则当划分单元的"边长"充分小（或小到一定

的程度)时,就能用 $\varphi_h(v)$ 的极小值点作为要求的速度场.

11.4.2　摩擦功率泛函的可微性

前面证明了由五种摩擦规律导出的摩擦功率泛函在空间 V 上是连续的凸泛函,为证明逼近可解性的需要,我们将考虑总能耗率泛函的可微性. 由于已经指出塑性变形功率泛函是 G 可微分的,下面我们将主要考虑几种摩擦功率泛函的可微性.

G 可微分的摩擦功率泛函

1) 考虑 Kobayashi 的摩擦条件

$$\tau_f = m_k \frac{\sigma_k}{\sqrt{3}}(\frac{2}{\pi} \tan^{-1} \frac{\Delta v_f}{k_a}), \tag{11.100}$$

相应的摩擦功率泛函为

$$\varphi_f(v) = \int_{S_f} m_k \frac{\sigma_k}{\sqrt{3}}(\frac{2}{\pi} \tan^{-1} \frac{\Delta v_f}{k_a}) \cdot \Delta v_f \mathrm{d}S. \tag{11.101}$$

下面将证明由(11.101)式确定的泛函 $\varphi_f(v)$ 是 G 可微分的. 为此,设

$$v = (v_{x_1}, v_{x_2}, v_{x_3}) \in V, h = (h_{x_1}, h_{x_2}, h_{x_3}) \in V,$$

则当 $v = v_R$ 时, $\varphi_f(v) = 0$,

$$\begin{aligned}
&\lim_{t \to 0} \frac{\varphi_f(v + th) - \varphi_f(v)}{t} \\
&= \lim_{t \to 0} \frac{\int_{S_f} m_k \frac{\sigma_k}{\sqrt{3}}(\frac{2}{\pi} \tan^{-1} \frac{\sqrt{(th_{x_1})^2 + (th_{x_2})^2 + (th_{x_3})^2}}{k_a}) \cdot \sqrt{t^2(h_{x_1}^2 + h_{x_2}^2 + h_{x_3}^2)} \mathrm{d}S}{t} \\
&= 0.
\end{aligned} \tag{11.102}$$

当 $v \neq v_R$ 时,令

$$v^0 = (v_{x_1}^0, v_{x_2}^0, v_{x_3}^0) = (v_{x_1} - v_{R x_1}, v_{x_2} - v_{R x_2}, v_{x_3} - v_{R x_3}),$$

$$\Delta v_f' = \sqrt{(v_{R x_1} - v_{x_1} - th_{x_1})^2 + (v_{R x_2} - v_{x_2} - th_{x_2})^2 + (v_{R x_3} - v_{x_3} - th_{x_3})^2},$$

则

$$\begin{aligned}
&\lim_{t \to 0} \frac{\varphi_f(v + th) - \varphi_f(v)}{t} \\
&= \lim_{t \to 0} \frac{\int_{S_f} m_k \frac{\sigma_k}{\sqrt{3}} \frac{2}{\pi}(\Delta v_f' \tan^{-1} \frac{\Delta v_f'}{k_a} - \Delta v_f \tan^{-1} \frac{\Delta v_f}{k_a}) \mathrm{d}S}{t} \\
&= \int_{S_f} m_k \frac{\sigma_k}{\sqrt{3}} \frac{2}{\pi} \left(\frac{\frac{\Delta v_f}{k_a}}{1 + (\frac{\Delta v_f}{k_a})^2} + \tan^{-1} \frac{\Delta v_f}{k_a} \right) \cdot \frac{\langle v^0, h \rangle}{\Delta v_f} \mathrm{d}S. \tag{11.103}
\end{aligned}$$

(11.102)与(11.103)两式说明：由(11.101)式确定的表面摩擦功率泛函 $\varphi_f(v)$ 是 G 可微分的泛函.

　　2）Gratacos 摩擦模型

$$\tau_f = m_k \frac{\sigma_s}{\sqrt{3}} \frac{\Delta v_f}{\sqrt{(\Delta v_f)^2 + k_a^2}}, \tag{11.104}$$

k_a 是一常数. 采用求积方法，可得对应摩擦功率泛函

$$\varphi_f(v) = \int_{S_f} \left(\int_0^{\Delta v_f} \tau_f \, \mathrm{d}(\Delta v_f) \right) \mathrm{d}S = \int_{S_f} m_k \frac{\sigma_s}{\sqrt{3}} \left(\sqrt{(\Delta v_f)^2 + k_a^2} - k_a \right) \mathrm{d}S. \tag{11.105}$$

　　我们将证明由(11.105)式确定的泛函 $\varphi_f(v)$ 是 G 可微分的.

　　为此，设 $v = (v_{x_1}, v_{x_2}, v_{x_3}) \in V, h = (h_{x_1}, h_{x_2}, h_{x_3}) \in V,$ 令

$$v^0 = (v_{x_1}^0, v_{x_2}^0, v_{x_3}^0) = (v_{x_1} - v_{Rx_1}, v_{x_2} - v_{Rx_2}, v_{x_3} - v_{Rx_3}),$$

$$\Delta v_f^t = \sqrt{(v_{Rx_1} - v_{x_1} - t h_{x_1})^2 + (v_{Rx_2} - v_{x_2} - t h_{x_2})^2 + (v_{Rx_3} - v_{x_3} - t h_{x_3})^2 + k_a^2},$$

则

$$\lim_{t \to 0} \frac{\varphi_f(v + th) - \varphi_f(v)}{t}$$

$$= \lim_{t \to 0} \frac{\int_{S_f} m_k \frac{\sigma_s}{\sqrt{3}} \left(\sqrt{(\Delta v_f^t)^2 + k_a^2} - \sqrt{(\Delta v_f)^2 + k_a^2} \right) \mathrm{d}S}{t}$$

$$= \int_{S_f} m_k \frac{\sigma_s}{\sqrt{3}} \cdot \frac{1}{\sqrt{(\Delta v_f)^2 + k_a^2}} \cdot \langle v^0, h \rangle \mathrm{d}S. \tag{11.106}$$

(11.106)式说明：由(11.101)式确定的表面摩擦功率泛函 $\varphi_f(v)$ 是 G 可微分的泛函.

　　3）Norton 的摩擦模型

$$\tau_f = a K \Delta v_f^s (s > 0), \tag{11.107}$$

a, K 都是常数.

　　特别地，当 $s = 1$ 时，即是所谓的**"黏性摩擦规律"**.

　　采用求积方法，可得对应摩擦功率泛函

$$\varphi_f(v) = \int_{S_f} \left(\int_0^{\Delta v_f} \tau_f \, \mathrm{d}(\Delta v_f) \right) \mathrm{d}S = \int_{S_f} \frac{a K}{s+1} (\Delta v_f)^{s+1} \mathrm{d}S. \tag{11.108}$$

下面将证明由(11.101)式确定的泛函 $\varphi_f(v)$ 是 G 可微分的.

　　为此，设 $v = (v_{x_1}, v_{x_2}, v_{x_3}) \in V, h = (h_{x_1}, h_{x_2}, h_{x_3}) \in V,$ 则当 $v = v_R$ 时，$\varphi_f(v) = 0,$

$$\lim_{t \to 0} \frac{\varphi_f(v + th) - \varphi_f(v)}{t}$$

$$= \lim_{t \to 0} \frac{\int_{S_f} \frac{aK}{s+1} \cdot (\sqrt{t^2(h_{x_1}^2 + h_{x_2}^2 + h_{x_3}^2)})^{s+1} \mathrm{d}S}{t} = 0. \quad (11.109)$$

当 $v \neq v_R$ 时，$v = (v_{x_1}, v_{x_2}, v_{x_3}) \in V$，$h = (h_{x_1}, h_{x_2}, h_{x_3}) \in V$，令

$$v^0 = (v_{x_1}^0, v_{x_2}^0, v_{x_3}^0) = (v_{x_1} - v_{Rx_1}, v_{x_2} - v_{Rx_2}, v_{x_3} - v_{Rx_3}),$$

$$\Delta v_f^t = \sqrt{(v_{Rx_1} - v_{x_1} - th_{x_1})^2 + (v_{Rx_2} - v_{x_2} - th_{x_2})^2 + (v_{Rx_3} - v_{x_3} - th_{x_3})^2},$$

则

$$\lim_{t \to 0} \frac{\varphi_f(v + th) - \varphi_f(v)}{t}$$

$$= \lim_{t \to 0} \frac{\int_{S_f} \frac{aK}{s+1} \cdot [(\Delta v_f^t)^{s+1} - (\Delta v_f)^{s+1}] \mathrm{d}S}{t}$$

$$= \int_{S_f} aK (\Delta v_f)^{s-1} \cdot \langle v^0, h \rangle \mathrm{d}S. \quad (11.110)$$

(11.109)与(11.110)两式说明：由(11.108)式确定的表面摩擦功率泛函 $\varphi_f(v)$ 是 G 可微分的泛函.

次可微的摩擦功率泛函

泛函 $\varphi: D \subset X \to R$ 称为正则的泛函，是指对一切 $x \in D$，$\varphi(x) > -\infty$，且至少有一点 $x \in D$，使 $\varphi(x) < \infty$.

在微积分中，我们知道函数 $f(x) = |x|$ 在 $x = 0$ 处不可微分，即函数 f 的图形在坐标原点 $(0,0)$ 不光滑. 但此函数在 $x = 0$ 处仍有极小值. 对不可微函数如何考虑极值呢？ 如果利用更弱的微分概念，即所谓次微分，仍能考虑相应的问题.

下面引进正则泛函的次微分概念.

设 X 为实线性赋范空间，$\varphi: X \to R$ 是正则泛函，$x \in X$. 若存在 X 上的泛函 $f \in X^*$，使得对任意给定的 $y \in X$，有

$$\varphi(y) - \varphi(x) \geqslant (f, y - x), \quad (11.111)$$

则称 $\varphi(x)$ 于点 x 是次可微分的. 此时，f 称为 $\varphi(x)$ 在点 x 处的次梯度. 点 x 处的所有次梯度的集合称为 $\varphi(x)$ 在点 x 处的次微分，我们用 $\partial \varphi(x)$ 表示 $\varphi(x)$ 在点 x 处的次微分. 若 $\partial \varphi(x) = \varnothing$，则 $\varphi(x)$ 在 x 点不是次可微分的. 不等式(11.111)叫做次梯度不等式.

例如，设 $\varphi(x) = |x|$，$x \in R$，则

$$\partial\varphi(x) = \begin{cases} 1, & x > 0, \\ (-1,1), & x = 0, \\ -1, & x < 0. \end{cases}$$

下面的引理告诉我们 G 可微分与次可微分的关系以及次微分的性质(见参考文献[7]).

引理 11.6　设 X 为实线性赋范空间, φ 为 X 上的凸泛函. 若 φ 在 x 点处 G 可微,则它在 x 点处次可微,且 $\partial\varphi(x) = \{\varphi'(x)\}$.

次微分具有如下性质:

(1) 对任一 $x \in X$, 集合 $\partial\varphi(x)$ 在 X^* 内是凸的.

(2) φ 在 $x \in D(\partial\varphi)$($D(\partial\varphi)$ 表示 $\partial\varphi$ 的定义域)处取极值的充要条件

$$0 \in \partial\varphi(x). \tag{11.112}$$

(3) 对任意的 $\lambda > 0$, $\partial(\lambda\varphi) = \lambda\partial\varphi$.

引理 11.7　设 X 为实线性赋范空间, φ_1, φ_2 为 X 上两个凸泛函, $D(\varphi_1) \bigcap D(\varphi_2) \neq \varnothing$. 如果存在 $x_0 = D(\varphi_1) \bigcap D(\varphi_2)$(这里 $D(\varphi_1)$ 表示泛函 φ_1 的定义域,其他类同),使得 φ_1 或 φ_2 在 x_0 连续,则

$$\partial(\varphi_1 + \varphi_2) = \partial\varphi_1 + \partial\varphi_2. \tag{11.113}$$

引理 11.8　设 X 为实 Banach 空间, $\varphi: X \rightarrow R$ 为下半连续的正则凸泛函,且 φ 的定义域内部非空,则 φ 在 $D(\varphi)$ 上次可微分.

引理 11.9　设 X 为实 Banach 空间, $\varphi: X \rightarrow R$ 是正则凸泛函且下半连续,则 $\partial\varphi$ 是极大单调映射.

【注】　极大单调映射及性质见参考文献[7].

1) **常剪应力摩擦条件**　假设摩擦剪应力是常数,则

$$\tau_f = m\frac{\sigma_s}{\sqrt{3}} = m_f\sigma_s, \tag{11.114}$$

相应的摩擦功率泛函为

$$\varphi_f(v) = \int_{S_f} m_f\sigma_s \cdot \Delta v_f \mathrm{d}S. \tag{11.115}$$

2) **常摩擦系数摩擦条件(简化的库仑摩擦定律)**

$$\tau_f = \mu \cdot p(x_1, x_2, x_3), \tag{11.116}$$

相应的摩擦功率泛函为

$$\varphi_f(v) = \int_{S_f} \mu p \cdot \Delta v_f \mathrm{d}S. \tag{11.117}$$

从 11.3 节可知,(11.115)和(11.117)两式所定义的表面摩擦功率泛函 $\varphi_f(v)$ 是连续的凸泛函,由引理 11.8 可知,这两个泛函都是次可微分的.

11.4.3　塑性变形功率泛函梯度映射的(S)₊性质

首先给出(S)₊型映射的概念,它是一类非线性单调型映射.

设 X 是实 Banach 空间,X^* 是它的对偶空间. 称 $T:X \to X^*$ 为(S)₊型映射是指:如果对任何 $\{x_n\} \subset X$,满足 $x_n \xrightarrow{w} x$ 和 $\overline{\lim\limits_n}(Tx_n,x_n-x) \leqslant 0$ 时,必有 $x_n \to x$.

由前面可知,设 $u,v \in V$,塑性变形功率泛函的梯度映射 $\mathrm{d}\varphi_w(v)$ 满足

$$(\mathrm{d}\varphi_w(v),u) = \int_\Omega \alpha(x_1,x_2,x_3)\dot\varepsilon(v)^{p-2}\langle\dot\varepsilon(v),\dot\varepsilon(u)\rangle\mathrm{d}\Omega, \qquad (11.118)$$

且 $\mathrm{d}\varphi_w(v)$ 具有严格单调性,下面将证明 $\mathrm{d}\varphi_w(v)$ 是(S)₊型映射,它在逼近可解性讨论中起着十分重要的作用.

命题 11.7　塑性变形功率泛函的梯度映射 $\mathrm{d}\varphi_w(v)$ 是(S)₊型映射.

证明　设 $Tv = \mathrm{d}\varphi_w(v),\{v^n\} \subset V,v^n \xrightarrow{w} v \in V$,且

$$\overline{\lim\limits_n}(Tv^n,v^n-v) \leqslant 0. \qquad (11.119)$$

首先,在空间 $L^p(\Omega)$ 内,有

$$\mathrm{D}v^n \xrightarrow{w} \mathrm{D}v, \qquad (11.120)$$

这里 $\mathrm{D}v$ 表示 $\dfrac{\partial v_i}{\partial x_j}(i,j=1,2,3)$ 之一. 因此,在空间 $L^p(\Omega)$ 内,有

$$\dot\varepsilon^i(v^n) \xrightarrow{w} \dot\varepsilon^i(v), \quad i=1,2,\cdots,7. \qquad (11.121)$$

其次,由 $|\dot\varepsilon^i(v^n)| \leqslant \dot\varepsilon(v^n) \leqslant \dot\varepsilon_g < \infty$,在 Ω 内,函数 $\dot\varepsilon^i(v^n)(i=1,2,\cdots,7)$ 的积分绝对连续且关于 n 一致成立.

再次,由 T 的严格单调性及(11.119),得

$$\lim\limits_{n\to\infty}(Tv^n-Tv,v^n-v) = 0, \qquad (11.122)$$

即

$$\lim\limits_{n\to\infty}\int_\Omega \alpha(x_1,x_2,x_3)(\dot\varepsilon(v^n)^p - (\dot\varepsilon(v^n)^{p-2}+\dot\varepsilon(v)^{p-2})\langle\dot\varepsilon(v^n),\dot\varepsilon(v)\rangle + \dot\varepsilon(v)^p)\mathrm{d}\Omega = 0.$$

$$\qquad (11.123)$$

因为(11.123)式的被积函数是非负函数,这使得被积函数列在 $L^1(\Omega)$ 中收敛于 0. 故存在测度为零的子集 N,使得被积函数列在 $\Omega \backslash N$ 上收敛于 0,即对于 $(x_1,x_2,x_3) \in \Omega \backslash N$,有

$$\lim\limits_{n\to\infty}(\dot\varepsilon(v^n)^p - (\dot\varepsilon(v^n)^{p-2}+\dot\varepsilon(v)^{p-2})\dot\varepsilon(v^n)\dot\varepsilon(v) + \dot\varepsilon(v)^p) = 0. \qquad (11.124)$$

由于对给定的 $(x_1,x_2,x_3) \in \Omega \backslash N$,数列 $\dot\varepsilon^i(v^n)(i=1,2,\cdots,7)$ 有界关于 n 一致成立. 因此可以取数列 $\dot\varepsilon^i(v^n)$ 的收敛子列,仍用该记号,它收敛于 $\zeta(i=1,2,\cdots,$

7). 我们记 $\zeta=(\zeta^1,\zeta^2,\zeta^3,\zeta^4,\zeta^5,\zeta^6,\zeta^7)$，由(11.124)式得

$$|\zeta|^p-(|\zeta|^{p-2}+\dot{\varepsilon}(v)^{p-2})\langle\zeta,\varepsilon(v)\rangle+\dot{\varepsilon}(v)^p=0, \qquad (11.125)$$

则 $\zeta=\dot{\varepsilon}(v)$. 因此，向量 $\dot{\varepsilon}(v^n)$ 的任一收敛的子列都收敛于 $\dot{\varepsilon}(v)$. 这说明 $\dot{\varepsilon}(v^n)$ 收敛于 $\dot{\varepsilon}(v)$. 这样函数 $\dot{\varepsilon}(v^n)$ 在 Ω 上几乎处处收敛于 $\dot{\varepsilon}(v)$. 综合这一结论与函数 $\dot{\varepsilon}^i(v^n)$ 在 Ω 内绝对连续关于 n 一致成立的结论可得，$\dot{\varepsilon}^i(v^n)$ 在 $L^p(\Omega)$ 内强收敛于 $\dot{\varepsilon}^i(v)$（$i=1,2,\cdots,7$）.

最后，对每个 $i,j=1,2,3,\dfrac{\partial v_i}{\partial x_j}$ 是 $\dot{\varepsilon}^i(v)$（$i=1,2,\cdots,7$）的线性组合. 故 $\mathrm{D}v^n$ 在 $L^p(\Omega)$ 内强收敛于 $\mathrm{D}v$. 这就证明了 T 是 $(\mathrm{S})_+$ 型映射. ∎

11.4.4　外(张)力功率泛函的可微性

命题 11.8　外(张)力功率泛函 $\varphi_t(v)$ 是 G 可微的泛函.

证明　对任意给定的 $v\in V,h\in V,s\in R$ 有

$$\lim_{s\to 0}\frac{\varphi_t(v+sh)-\varphi_t(v)}{s}=\lim_{s\to 0}\int_{S_t}\frac{\langle t,v+sh\rangle-\langle t,v\rangle}{s}\mathrm{d}S=\int_{S_t}\langle t,h\rangle\mathrm{d}S,$$

即

$$\mathrm{d}\varphi_t(v)h=\int_{S_t}\langle t,h\rangle\mathrm{d}S. \qquad (11.126)$$

(11.126)式说明外力功率泛函 $\varphi_t(v)$ 是 G 可微的泛函. ∎

11.4.5　逼近可解性

由上一节的结论，若 $\varphi(v)$ 是总能耗率泛函，则问题

$$\mathrm{P}:\begin{cases}\varphi(v^*)\leqslant\varphi(v),\quad\forall v\in V,\\ v^*\in V\end{cases}$$

存在唯一解 v^*.

设 (V_h)（$h>0$ 且 $h\to0$）是空间 V 的一族有限维闭子空间，则问题 P 的逼近问题为

$$\mathrm{P}^*:\begin{cases}\varphi(v_h^*)\leqslant\varphi(v),\quad\forall v\in V_h,\\ v_h^*\in V_h.\end{cases}$$

注意到 $\varphi(v)$ 在 V_h 上也满足 $\varphi(v)$ 在 V 上相应的一些性质，因此我们可以得到如下的结论：

命题 11.9　对每一个 $h>0$，问题 P^* 有唯一解 v_h^*.

为证明我们的结论，还需要用到下面的引理(见参考文献[7]).

引理 11.10　设 $\{x_n\}\subset X,\{f_n\}\subset X^*$，满足条件：当 $n\to\infty$ 时，$x_n\to0$，且 $\|f_n\|\to\infty$，则对任意给定的 $\rho>0$，存在 $z\in\bar{B}(0,\rho)$（$\bar{B}(0,\rho)$ 表示以 0 为中心，半径为 ρ 的

闭球)及 $\{x_n\}$,$\{f_n\}$ 的子列 $\{x_{n_j}\}$,$\{f_{n_j}\}$,满足 $\lim\limits_{j\to\infty}(f_{n_j},x_{n_j}-z)=-\infty$.

G 可微的总能耗率泛函的逼近可解性

这一小节里,我们假定问题 P 和问题 P* 中的总能耗率泛函是 G 可微分的.

定理 11. 2　设 v^* 是问题 P 的解,且对每个 $h>0$,v_h^* 是问题 P* 的解.若存在 V 的稠密子集 V_1,使得对每个 $h>0$,有映射 $P_h:V_1\to V_h$ 满足对任意给定的 $v\in V_1$,有

$$\lim_{h\to 0}\|P_h v-v\|_1=0,\tag{11.127}$$

则在空间 V 上,有

$$\lim_{h\to 0}v_h^*=v^*.\tag{11.128}$$

证明　首先,证明 $\{v_h^*\}$ 在 V 内有界.如若不然,若 $\{v_h^*\}$ 无界,则可以找到一个子列,仍然用 $\{v_h^*\}$ 表示,满足 $\|v_h^*\|\to\infty(h\to 0)$.因此定理 11. 1 证明中的不等式,即总能耗率泛函 $\varphi(v)$ 的强制性,必有 $\varphi(v_h^*)\to\infty$.这样,对任意给定的 $v\in V_1$,因 $\varphi(v_h^*)\leqslant\varphi(P_h v)$,则 $\varphi(P_h v)\to\infty$.而由泛函 $\varphi(v)$ 的有界性,有 $\{P_h v\}$ 无界.矛盾.

其次,证明 $\{v_h^*\}$ 弱收敛于 v^*.为此,任意选取 $\{v_h^*\}$ 的一个子列,仍然用 $\{v_h^*\}$ 表示,使得 $v_h^*\overset{w}{\longrightarrow}v_0\in V$.由上一节已知总能耗率泛函 $\varphi(v)$ 是连续凸泛函,这说明 $\varphi(v)$ 是弱下半连续泛函.从而,对任意给定的 $v\in V_1$,有

$$\varphi(v_0)\leqslant\varliminf_{h\to 0}\varphi(v_h^*)\leqslant\varliminf_{h\to 0}\varphi(P_h v)=\varphi(v).$$

由 V_1 在 V 中稠密,则 $\forall v\in V$,成立 $\varphi(v_0)\leqslant\varphi(v)$.由定理 11. 1,可得 $v_0=v^*$.再由选取子列的任意性和 $v_h^*\overset{w}{\longrightarrow}v_0$ 即有

$$v_h^*\overset{w}{\longrightarrow}v^*.\tag{11.129}$$

再次,证明 $\{d\varphi(v_h^*)\}$ 有界.我们先指出对任意给定的 $v\in V$,有

$$(d\varphi(v_h^*),v-v_h^*)\leqslant\varphi(v)-\varphi(v_h^*)\leqslant\varphi(v)-\varphi(v^*),\tag{11.130}$$

即有

$$(d\varphi(v_h^*),v)\leqslant\varphi(v)-\varphi(v^*).\tag{11.131}$$

作了上面的准备,我们可以证明 $\{d\varphi(v_h^*)\}$ 有界.若不然,则有子列(不妨设其本身),使得 $\|d\varphi(v_h^*)\|\to\infty$,由 $P_h v\to v$.记 $x_h=P_h v-v$,则 $x_h\to 0$.由引理 11. 10,对任意给定的 $\rho>0$,存在 $z\in\bar{B}(0,\rho)$ 及 $\{d\varphi(v_h^*)\}$ 与 $\{x_h\}$ 的子列(仍记为本身)使得

$$\lim_{h\to 0}(d\varphi(v_h^*),x_h-z)=-\infty.\tag{11.132}$$

注意到 $x_h=P_h v-v$ 及 $(d\varphi(v_h^*),P_h v)=0$,可得

$$\lim_{h\to 0}(d\varphi(v_h^*),v+z)=+\infty.\tag{11.133}$$

但是

$$(\mathrm{d}\varphi(v_h^*), v+z) = (\mathrm{d}\varphi(v_h^*), v) + (\mathrm{d}\varphi(v_h^*), z) \leqslant \varphi(v) + \varphi(z) - 2\varphi(v^*),$$

$$(11.134)$$

(11.134)式与(11.133)式相矛盾. 从而, $\{\mathrm{d}\varphi(v_h^*)\}$ 的有界性得证.

最后, 证明 $\{v_h^*\}$ 在空间 V 上按范数 $\|\cdot\|_1$ 强收敛于 v^*. 因 v^* 和 v_h^* 分别是 φ 和 $\varphi|_{V_h}$ 的极小值点, 可得对任意的 $v \in V$,

$$(\mathrm{d}\varphi_w(v^*) + \mathrm{d}\varphi_f(v^*) + \mathrm{d}\varphi_t(v^*), v) = 0; \tag{11.135}$$

对任意的 $v_h \in V_h$,

$$(\mathrm{d}\varphi_w(v_h^*) + \mathrm{d}\varphi_f(v_h^*) + \mathrm{d}\varphi_t(v_h^*), v_h) = 0. \tag{11.136}$$

由 $\varphi_t(v)$ 的 G 微分的表达式可知, 对任意的 $w \in V$,

$$(\mathrm{d}\varphi_t(v_h^*) - \mathrm{d}\varphi_t(v^*), w) = 0. \tag{11.137}$$

由 $\varphi_f(v)$ 关于 v 是凸泛函且 G 可微分, 则有 $\mathrm{d}\varphi_f(v)$ 是一单调映射, 即

$$(\mathrm{d}\varphi_f(v_h^*) - \mathrm{d}\varphi_f(v^*), v_h^* - v^*) \geqslant 0.$$

一方面,

$$(\mathrm{d}\varphi_w(v^*) - \mathrm{d}\varphi_w(v_h^*) + \mathrm{d}\varphi_f(v^*) - \mathrm{d}\varphi_f(v_h^*) + \mathrm{d}\varphi_t(v^*) - \mathrm{d}\varphi_t(v_h^*), v^* - v_h^*)$$
$$\geqslant (\mathrm{d}\varphi_w(v^*) - \mathrm{d}\varphi_w(v_h^*), v^* - v_h^*), \tag{11.138}$$

另一方面,

$$(\mathrm{d}\varphi_w(v^*) - \mathrm{d}\varphi_w(v_h^*) + \mathrm{d}\varphi_f(v^*) - \mathrm{d}\varphi_f(v_h^*) + \mathrm{d}\varphi_t(v^*) - \mathrm{d}\varphi_t(v_h^*), v^* - v_h^*)$$
$$= (\mathrm{d}\varphi(v^*), v^* - v_h^*) + (\mathrm{d}\varphi(v_h^*), v^*) - (\mathrm{d}\varphi(v_h^*), v_h^*). \tag{11.139}$$

由于对任意给定的 $v \in V, P_h v \to v$ 及 $\{\mathrm{d}\varphi(v_h^*)\}$ 有界, 有

$$\lim_{h \to 0} (\mathrm{d}\varphi(v_h^*), P_h v - v) = 0. \tag{11.140}$$

又因为

$$\lim_{h \to 0} (\mathrm{d}\varphi(v_h^*), P_h v) = 0, \tag{11.141}$$

这样, 我们得到

$$\lim_{h \to 0} (\mathrm{d}\varphi(v_h^*), v) = 0. \tag{11.142}$$

由于对任意给定的 $v \in V$, (11.142)式成立. 当然有

$$\lim_{h \to 0} (\mathrm{d}\varphi(v_h^*), v^*) = 0. \tag{11.143}$$

而由于 $v_h^* \xrightarrow{w} v^*$, 因此

$$\lim_{h \to 0} (\mathrm{d}\varphi(v^*), v_h^* - v^*) = 0. \tag{11.144}$$

再由于

$$(\mathrm{d}\varphi(v_h^*), v_h^*) = 0, \tag{11.145}$$

综合式(11.139),(11.143),(11.144)和(11.145)四式可得

$$\lim_{h\to 0}(d\varphi_w(v^*)-d\varphi_w(v_h^*)+d\varphi_f(v^*)-d\varphi_f(v_h^*)+d\varphi_t(v^*)-d\varphi_t(v_h^*),v^*-v_h^*)=0.$$

$$(11.146)$$

从而,由(11.138)和(11.146)两式得到

$$\overline{\lim_{h\to 0}}(d\varphi_w(v_h^*),v_h^*-v^*)\leqslant 0. \tag{11.147}$$

由(11.129),(11.137)两式,命题 11.7 以及(S)$_+$型映射的定义,可得

$$v_h^* \to v^* (h\to 0). \tag{11.148}$$

(11.148)式说明在空间 V 内,有 $\lim\limits_{h\to 0}v_h^*=v^*$.

至此,我们得到了:当表面摩擦功率泛函可微时,总能耗率泛函极值点的逼近可解性成立. ■

次可微的总能耗率泛函的逼近可解性

这一段里,我们假定问题 P 和问题 P* 中的总能耗率泛函是次可微分的.

定理 11.3　设 v^* 是问题 P 的解,对每个 $h>0$,v_h^* 是问题 P* 的解. 若存在 V 的稠密子集 V_1,使得对每个 $h>0$,有映射 $P_h:V_1\to V_h$ 满足对任意给定的 $v\in V_1$,有式(11.127)成立,则在空间 V 中,有

$$\lim_{h\to 0}v_h^* = v^*. \tag{11.128}$$

证明　完全类似于定理 11.2 的证明,可以得到$\{v_h^*\}$弱收敛于 v^*,即(11.129)式也成立.

下面证明$\{v_h^*\}$强收敛于 v^*. 因 v^* 和 v_h^* 分别是 φ 和 $\varphi|_{V_h}$ 的极小值点,由次微分的性质,得

$$0\in d\varphi_w(v^*)+\partial\varphi_f(v^*)+d\varphi_t(v^*),$$
$$0\in d\varphi_w(v_h^*)+\partial\varphi_f(v_h^*)+d\varphi_t(v_h^*).$$

从而,有 $z\in\partial\varphi_f(v^*)$ 使得对任意的 $v\in V$,有 $z_h\in\partial\varphi_f(v_h^*)$,使得

$$(d\varphi_w(v^*)+z+d\varphi_t(v^*),v)=0, \tag{11.149}$$

由 $z_h\in\partial\varphi_f(v_h^*)$ 使得对任意的 $v_h\in V_h$,有

$$(d\varphi_w(v_h^*)+z_h+d\varphi_t(v_h^*),v_h)=0. \tag{11.150}$$

由引理 11.9,$\partial\varphi_f(v)$ 是极大单调映射. 当然有

$$(z_h-z,v_h^*-v^*)\geqslant 0. \tag{11.151}$$

由 $\varphi_t(v)$ 的 G 微分的表达式可知,对任意的 $w\in V$,

$$(d\varphi_t(v_h^*)-d\varphi_t(v^*),w)=0. \tag{11.152}$$

这样,一方面,

$$(\mathrm{d}\varphi_w(v^*) - \mathrm{d}\varphi_w(v_h^*) + z - z_h + \mathrm{d}\varphi_t(v^*) - \mathrm{d}\varphi_t(v_h^*), v^* - v_h^*)$$

$$\geqslant (\mathrm{d}\varphi_w(v^*) - \mathrm{d}\varphi_w(v_h^*), v^* - v_h^*). \tag{11.153}$$

另一方面,

$$(\mathrm{d}\varphi_w(v^*) - \mathrm{d}\varphi_w(v_h^*) + z - z_h + \mathrm{d}\varphi_t(v^*) - \mathrm{d}\varphi_t(v_h^*), v^* - v_h^*)$$
$$= (\mathrm{d}\varphi_w(v^*) + z + \mathrm{d}\varphi_t(v^*), v^* - v_h^*) + (\mathrm{d}\varphi_w(v_h^*) + z^* + \mathrm{d}\varphi_t(v_h^*), v_h^*)$$
$$- (\mathrm{d}\varphi_w(v_h^*) + z^* + \mathrm{d}\varphi_t(v_h^*), v^*). \tag{11.154}$$

由此,完全类似于定理 11.2 中的证明,可得

$$\lim_{h \to 0}(\mathrm{d}\varphi_w(v_h^*) + z^* + \mathrm{d}\varphi_t(v_h^*), v_h^*) = 0, \tag{11.155}$$

$$\lim_{h \to 0}(\mathrm{d}\varphi_w(v^*) + z + \mathrm{d}\varphi_t(v^*), v^* - v_h^*) = 0, \tag{11.156}$$

$$(\mathrm{d}\varphi_w(v_h^*) + z^* + \mathrm{d}\varphi_t(v_h^*), v^*) = 0. \tag{11.157}$$

综合式(11.154),(11.155),(11.156)和(11.157)四式可得

$$\lim_{h \to 0}(\mathrm{d}\varphi_w(v^*) - \mathrm{d}\varphi_w(v_h^*) + z - z_h + \mathrm{d}\varphi_t(v^*) - \mathrm{d}\varphi_t(v_h^*), v^* - v_h^*) = 0.$$

$$\tag{11.158}$$

从而,由(11.153)和(11.158)两式得到

$$\overline{\lim_{h \to 0}}(\mathrm{d}\varphi_w(v_h^*), v_h^* - v^*) \leqslant 0. \tag{11.159}$$

由(11.129),(11.159)两式,命题 11.7 以及(S)$_+$型映射的定义,可得

$$v_h^* \to v^* (h \to 0). \tag{11.160}$$

(11.160)式说明在空间 V 内,有 $\lim\limits_{h \to 0} v_h^* = v^*$.

至此,我们又得到:当表面摩擦功率泛函次可微分时,总能耗率泛函极值点的逼近可解性成立. ■

无论表面摩擦功率泛函是 G 可微分还是次可微分,定理 11.2 和定理 11.3 告诉我们:无论采用那一种摩擦规律(前面提到的五种)的表面摩擦功率泛函,由其构成的总能耗率泛函的极值点都具有逼近可解性.

【注】 用刚塑性有限元的可压缩法时,一般先剖分区域,并通过形函数把总能耗率泛函((11.43)式)表示为节点速度的总能耗率泛函((11.99)式). 这样,我们就完整地回答了在热轧过程中,使用(11.36),(11.37),(11.38),(11.39)和(11.41)五式的摩擦规律中的任何一种作为表面摩擦功率泛函,用刚塑性有限元中的可压缩法所求得的解能够作为原问题的解. 从理论上保证了该方法的可行性.

参 考 文 献

[1] 宋叔尼,张国伟,王晓敏. 实变函数与泛函分析. 北京:科学出版社,2007.

[2] 夏道行,吴卓人,严绍宗等. 实变函数论与泛函分析(下册). 2 版. 北京:高等教育出版社,1985.

[3] Kreyszig E. Introductory Functional Analysis with Applications. New York:John Wiley & Sons,1978.

[4] 郑维行,王声望. 实变函数与泛函分析概要. 2 版. 北京:高等教育出版社,1989.

[5] 陆文端. 微分方程中的变分方法(修订版). 北京:科学出版社,2003.

[6] 定光桂. 巴拿赫空间引论. 2 版. 北京:科学出版社,2008.

[7] 赵义纯. 非线性泛函分析及其应用. 北京:高等教育出版社,1989.

[8] 张恭庆,林源渠. 泛函分析讲义(上册). 北京:北京大学出版社,1987.

[9] 胡适耕. 泛函分析. 北京:高等教育出版社,2001.

[10] Milnor J. Analytic proofs of the "hairy ball theorem" and the Brouwer fixed point theorem. American Mathematics Monthly,1978,85(7):521-524.

[11] 叶彦谦. 常微分方程讲义. 北京:高等教育出版社,1982.

[12] 郭大钧. 非线性泛函分析. 2 版. 济南:山东科学技术出版社,2004.

[13] 孙经先. 非线性泛函分析及其应用. 北京:科学出版社,2007.

[14] Granas A,Dugundji J. Fixed Point Theory. New York:Springer-Verlag,2003.

[15] Istratescu V I. Fixed Point Theory—An Introduction. Dordrecht:D. Reidel Publishing Company,1981.

[16] Zhang G W,Jiang Dan. On the fixed point theorems of Caristi type. Fixed Point Theory,2013,13(2):523-530.

[17] 陈祖墀. 偏微分方程. 2 版. 合肥:中国科学技术大学出版社,2004.

[18] Adams R A,Fournier J J F. Sobolev Spaces. 2nd ed. Singapore:Academic Press,2003.

[19] 王术. Sobolev 空间与偏微分方程引论. 北京:科学出版社,2009.

[20] Evans L C. Partial Differential Equations. Rhode Island:American Mathematical Society,1998.

[21] 郭大钧,孙经先. 抽象空间常微分方程. 济南:山东科学技术出版社,2002.

[22] 张恭庆. 临界点理论及其应用. 上海:上海科学技术出版社,1986.

[23] Chang K-C. Methods in Nonlinear Analysis. Berlin:Springer-Verlag,2005.

[24] Ambrosetti A,Malchiodi A. Nonlinear Analysis and Semilinear Elliptic Problems. Cambridge:Cambridge University Press,2007.

[25] Jabri Y. The Mountain Pass Theorem. Cambridge:Cambridge University Press,2003.

[26] Zeidler E. Applied Functional Analysis I,II. New York:Springer-Verlag,1995.

[27] Ao En,Zhang G W. A note on Dirichlet problem for semilinear second order elliptic equation. J. of Math (PRC),2014,34(1):37-42.

[28] 宋叔尼,刘相华,王国栋. 刚塑性有限元中的非线性分析方法. 沈阳:东北大学出版社,2001.

[29] 李开泰,马逸尘. 数理方程 Hilbert 空间方法. 西安:西安交通大学出版社,1990.

[30] Aubin J P,Ekeland R I. Applied Nonlinear Analysis. New York:John Wiley & Sons,1980.